高等职业院校土建专业创新系列教材

工程招投标与合同管理
(微课版)

李 新 主 编
张兴平 副主编

清华大学出版社
北京

内容简介

本书依据我国最新的《招标投标法》《民法典》《建筑法》以及《工程建设项目勘察设计招标投标办法》等相关法律法规和合同示范文本进行编写。本书采用案例导入的方式引出问题，同时融合思政元素，在学习目标和教学要求的基础上力争将知识系统化，具体化。书中插入了相关案例，便于相关人员参考。

本书共计13章，主要内容包括：招标投标基本原理；建设工程招标投标；合同的订立；合同的效力；合同的履行与保全；合同的变更、转让与终止；违约责任；建设工程合同概述；实行建设工程合同示范文本制度；与建设工程相关的合同；建设工程合同管理；建设工程合同的谈判、签订与审查；建设工程合同的风险管理。

本书可作为建设行业高等职业技术教育建筑施工技术、工程监理、工程造价、建筑经济管理、建筑工程管理、水利工程等相关专业的教材，也可作为工程建设类相关人员的岗位培训教材，供建筑施工企业工程技术人员和工程管理人员、建设单位的建设项目管理人员、监理单位工程项目监理人员及建筑工程项目咨询机构的技术人员参考。还可以作为注册建造师、监理工程师、造价工程师等职业资格考试的参考书。

本书封面贴有清华大学出版社防伪标签，无标签者不得销售。
版权所有，侵权必究。举报：010-62782989，beiqinquan@tup.tsinghua.edu.cn。

图书在版编目(CIP)数据

工程招投标与合同管理：微课版/李新主编. —北京：清华大学出版社，2024.3
高等职业院校土建专业创新系列教材
ISBN 978-7-302-65696-8

Ⅰ.①工… Ⅱ.①李… Ⅲ.①建筑工程—招标—高等职业教育—教材 ②建筑工程—投标—高等职业教育—教材 ③建筑工程—经济合同—管理—高等职业教育—教材 Ⅳ.①TU723

中国国家版本馆CIP数据核字(2024)第051094号

责任编辑：石　伟
封面设计：刘孝琼
责任校对：周剑云
责任印制：丛怀宇

出版发行：清华大学出版社
　　　网　　址：https://www.tup.com.cn, https://www.wqxuetang.com
　　　地　　址：北京清华大学学研大厦A座　　邮　编：100084
　　　社 总 机：010-83470000　　邮　购：010-62786544
　　　投稿与读者服务：010-62776969, c-service@tup.tsinghua.edu.cn
　　　质量反馈：010-62772015, zhiliang@tup.tsinghua.edu.cn
　　　课件下载：https://www.tup.com.cn, 010-62791865
印 装 者：三河市人民印务有限公司
经　　销：全国新华书店
开　　本：185mm×260mm　　印　张：17.75　　字　数：431千字
版　　次：2024年3月第1版　　印　次：2024年3月第1次印刷
定　　价：49.90元

产品编号：099746-01

前　言

　　工程招投标是工程项目承发包的一种主要形式，合同管理是工程项目管理的核心内容。

　　因此，培养掌握实用、完整的工程招标投标与合同管理理论和方法，具有相关理论知识应用能力、实际工程招投标操作能力和合同管理能力的应用型人才，已势在必行。为了提升人才培养质量，大力推动专业设置与产业需求、课程内容与职业标准、教学过程与生产过程"三对接"，做到学以致用，以适应社会对应用型人才的需求，我们结合建筑工程管理类专业的特色和教学要求编写了本书。

　　本书以最新的《中华人民共和国招标投标法》《中华人民共和国民法典》《中华人民共和国建筑法》以及《工程建设项目勘察设计招标投标办法》等相关法律法规和合同示范文本为基础，以建筑工程实践为背景，结合相关法律、法规、规章，体现了理论与实践的统一，突出了实用性。对建筑工程管理中招标投标、勘察设计、建筑材料与设备采购、工程施工、竣工验收，以及工程监理等合同管理的理论与实务进行了讲解。为了便于教学和学习，本书每章节设有学习目标、教学要求、案例导入，项目实训等，注重培养和提高学生的应用能力；同时为实现课堂思政与专业知识的融合，本书在每章节设置课程思政，以课堂教学为切入点，引导和培养学生正确的辩证思维、历史思维和实践思维，激发学生的认知认同，提升学生思想政治素质和能力。

　　本书与同类书相比具有的显著特点如下：

　　(1) 形式新颖，使用思维导图串联各部分内容，对应案例分析，结构清晰，层次分明。

　　(2) 知识点全，知识点分门别类，内容全面，由浅入深，便于学习。

　　(3) 系统性强，知识讲解追寻建筑工程招标投标和合同管理的规律，前后呼应。

　　(4) 实用性强，理论和实际相结合，举一反三，学以致用。

　　(5) 配套资源丰富，本书准备了丰富的配套资源，主要有PPT电子课件、电子教案、文中穿插案例的答案与解析、每章习题的答案及模拟测试AB试卷，还相应地配套有大量的讲解音频、动画视频、三维模型、扩展图片、扩展资源等，以扫描二维码的形式再次拓展工程招标投标与合同管理的相关知识点，力求让初学者在学习时最大化地接受新知识，高效地达到学习目的。

　　本书由江苏建筑职业技术学院李新任主编，张兴平任副主编。其中，李新负责编写第1章、第2章、第3章、第4章、第5章、第12章和第13章，并对全书进行统稿；张兴平负责编写第6章、第7章、第8章、第9章、第10章和第11章。

　　由于编者水平有限，书中难免存在疏漏和不足之处，衷心欢迎读者提出宝贵意见，予以赐教指正。本书在编写过程中参考了相关资料、著作和教材及相关方面的规范、标准、手册等，在此特向相关作品的作者表示诚挚的感谢。

编　者

目　　录

习题案例答案及课件获取方式

第 1 章　招标投标基本原理 1

  1.1　招标投标法概述 3
      1.1.1　招标投标的基本含义 3
      1.1.2　规范招标投标活动的必要性 4
      1.1.3　我国出台的规范招标投标活动的法律、法规和规章简介 4
      1.1.4　我国《招标投标法》的适用范围 5
      1.1.5　招标投标活动应当遵循的原则 6
  1.2　招标 9
      1.2.1　招标人与招标代理机构 9
      1.2.2　招标方式 10
      1.2.3　招标文件一般应包括的内容 11
  1.3　投标 12
      1.3.1　投标人及其应具备的条件 12
      1.3.2　投标的要求 13
      1.3.3　关于投标的禁止性规定 14
  1.4　开标、评标和中标 16
      1.4.1　开标 16
      1.4.2　评标 17
      1.4.3　中标 18
  1.5　实训练习 18
  项目实训 20

第 2 章　建设工程招标投标 21

  2.1　建设工程设计招标投标 23
      2.1.1　建设工程设计招标文件应包括的内容 23
      2.1.2　编制建设工程设计投标文件的要求 24
      2.1.3　建设工程设计投标文件作废的情形 24
      2.1.4　评标标准与方法 25
  2.2　工程建设项目勘察设计招标投标 25
      2.2.1　勘察设计项目的招标 26
      2.2.2　勘察设计项目的投标 28
      2.2.3　勘察设计项目的开标、评标和中标 29
  2.3　工程建设项目施工招标投标 31
      2.3.1　工程建设项目的施工招标 32

		2.3.2 工程建设项目的投标	35
		2.3.3 开标、评标和定标	36
		2.3.4 违法招标投标应承担的法律责任	37
	2.4	工程建设项目货物招标投标	40
		2.4.1 工程建设项目货物招标	41
		2.4.2 工程建设项目货物投标	44
		2.4.3 开标、评标和定标	46
		2.4.4 违反建设项目货物招标与投标的罚则	48
	2.5	实训练习	48
	项目实训		52

第3章 合同的订立 53

3.1	合同与合同法概述	55
	3.1.1 合同概述	55
	3.1.2 《民法典》合同编概述	58
3.2	订立合同应遵循的基本原则	60
	3.2.1 合同当事人法律地位平等原则	61
	3.2.2 自愿原则	61
	3.2.3 公平原则	61
	3.2.4 诚实信用原则	62
	3.2.5 合法原则	62
3.3	订立合同的方式	63
	3.3.1 要约	63
	3.3.2 承诺	68
3.4	订立合同采用的形式与合同的一般条款	70
	3.4.1 订立合同采用的形式	71
	3.4.2 合同的一般条款	73
3.5	缔约过失责任	75
	3.5.1 缔约过失责任的含义	75
	3.5.2 缔约过失责任的几种情形	75
3.6	实训练习	77
项目实训		79

第4章 合同的效力 80

4.1	合同的生效	81
4.2	效力待定的合同	83
	4.2.1 效力待定合同的含义	84
	4.2.2 效力待定合同的几种情况	84
4.3	无效合同与可撤销合同	86

         4.3.1 无效合同 86
         4.3.2 可撤销合同 88
    4.4 实训练习 90
    项目实训 93

第 5 章 合同的履行与保全 94

    5.1 合同履行的原则 95
         5.1.1 全面履行原则 95
         5.1.2 诚实信用原则 96
    5.2 合同履行的规则 96
         5.2.1 合同约定不明的履行规则 97
         5.2.2 由第三人代为履行的合同 97
         5.2.3 向第三人履行的合同 98
    5.3 双务合同履行中的抗辩权 98
         5.3.1 同时履行抗辩权 99
         5.3.2 后履行抗辩权 100
         5.3.3 不安抗辩权 101
    5.4 实训练习 101
    项目实训 103

第 6 章 合同的变更、转让与终止 104

    6.1 合同的变更 105
         6.1.1 合同变更的含义与特点 106
         6.1.2 合同变更的条件 107
    6.2 合同的转让 108
         6.2.1 合同权利的转让 108
         6.2.2 合同义务的移转 110
         6.2.3 合同权利义务的概括转移 111
    6.3 合同权利义务的终止 113
         6.3.1 合同终止的含义 114
         6.3.2 合同终止的法定情形 114
         6.3.3 合同终止的效力 120
    6.4 实训练习 120
    项目实训 123

第 7 章 违约责任 124

    7.1 违约责任及其构成要件 126
         7.1.1 违约责任的概念与特点 126
         7.1.2 违约责任的构成要件 127
         7.1.3 免责事由——不可抗力 128

7.2 违约行为形态 130
　　7.2.1 违约行为形态的概念及其分类意义 130
　　7.2.2 几种违约行为形态 131
7.3 承担违约责任的主要方式 135
　　7.3.1 继续履行 135
　　7.3.2 采取补救措施 137
　　7.3.3 赔偿损失 137
　　7.3.4 支付违约金 139
　　7.3.5 定金责任 139
7.4 责任竞合 140
　　7.4.1 责任竞合的概念 141
　　7.4.2 违约责任和侵权责任竞合发生的原因 141
　　7.4.3 对违约责任和侵权责任竞合的处理 141
7.5 实训练习 142
项目实训 146

第8章　建设工程合同概述 147

8.1 建设工程合同当事人的权利和义务 148
　　8.1.1 建设工程合同的概念和特点 149
　　8.1.2 建设工程合同当事人的权利和义务 149
8.2 建设工程合同的种类 151
　　8.2.1 建设工程勘察合同 152
　　8.2.2 建设工程设计合同 152
　　8.2.3 建设工程施工合同 153
8.3 实训练习 154
项目实训 156

第9章　实行建设工程合同示范文本制度 157

9.1 建设工程勘察合同示范文本 158
　　9.1.1 合同协议书部分的主要内容与格式 159
　　9.1.2 通用合同条款的主要内容 161
　　9.1.3 专用条款部分的主要内容 171
9.2 建设工程设计合同示范文本 175
　　9.2.1 建设工程设计合同示范文本(一) 175
　　9.2.2 建设工程设计合同示范文本(二) 177
9.3 建设工程施工合同示范文本 180
　　9.3.1 合同协议书部分的主要内容与格式 180
　　9.3.2 通用合同条款的主要内容 183
　　9.3.3 专用条款部分的主要内容概述 204

| 9.4 | 实训练习 | 205 |

项目实训 ... 207

第 10 章　与建设工程相关的合同 ... 208

10.1　建设工程委托监理合同 ... 210
- 10.1.1　建设工程委托监理合同的概念和特点 ... 210
- 10.1.2　建设工程委托监理合同示范文本 ... 211
- 10.1.3　建设工程委托监理合同双方当事人的义务、权利与责任 ... 211
- 10.1.4　完成监理业务时间的延长与监理合同的变更和终止 ... 214
- 10.1.5　关于监理报酬、费用、奖励与保密的规定 ... 215

10.2　工程建设项目货物采购合同 ... 216
- 10.2.1　工程建设项目货物采购合同的概念与特点 ... 216
- 10.2.2　工程建设项目材料采购合同 ... 217
- 10.2.3　工程建设项目设备采购合同 ... 219

10.3　借款合同 ... 224
- 10.3.1　借款合同的概念和特点 ... 224
- 10.3.2　借款合同的种类 ... 225

10.4　租赁合同 ... 227
- 10.4.1　租赁合同的概念和特征 ... 227
- 10.4.2　租赁合同当事人的权利、义务与责任 ... 227

10.5　融资租赁合同 ... 231
- 10.5.1　融资租赁合同的概念及其特征 ... 231
- 10.5.2　融资租赁合同中当事人的权利、义务与责任 ... 232

10.6　承揽合同 ... 233
- 10.6.1　承揽合同的概念和特征 ... 233
- 10.6.2　承揽合同中当事人的义务与责任 ... 234

10.7　运输合同 ... 236

10.8　实训练习 ... 237

项目实训 ... 239

第 11 章　建设工程合同管理 ... 240

11.1　我国建设工程合同管理的特点与模式 ... 241
- 11.1.1　我国建设工程合同管理的特点 ... 241
- 11.1.2　我国建设工程合同管理的模式 ... 242

11.2　勘察设计合同的管理 ... 243
- 11.2.1　从事勘察设计活动应遵循的原则 ... 243
- 11.2.2　关于资质资格管理 ... 244
- 11.2.3　建设工程勘察设计的发包与承包 ... 244
- 11.2.4　建设工程勘察设计文件的编制与实施 ... 245

11.3　实训练习 ... 246
项目实训 ... 248

第 12 章　建设工程合同的谈判、签订与审查 ... 249

12.1　建设工程合同的谈判 ... 250
　　12.1.1　合同谈判的准备工作 ... 251
　　12.1.2　合同谈判的策略和技巧 ... 252
12.2　建设工程合同的签订与审查 ... 253
　　12.2.1　订立建设工程合同的方式与形式 ... 254
　　12.2.2　审查建设工程合同的效力 ... 255
　　12.2.3　审查建设工程合同的主要内容 ... 256
12.3　实训练习 ... 258
项目实训 ... 259

第 13 章　建设工程合同的风险管理 ... 260

13.1　建设工程合同风险管理概述 ... 261
　　13.1.1　合同签订和履行带来的风险 ... 262
　　13.1.2　建设工程合同的自身特点与履行环境带来的风险 ... 263
　　13.1.3　风险的控制与转移 ... 264
13.2　建设工程担保合同管理 ... 265
　　13.2.1　担保的概念及特征 ... 266
　　13.2.2　担保方式 ... 266
　　13.2.3　工程合同中可采用的主要担保 ... 269
　　13.2.4　工程担保合同的风险管理应注意的问题 ... 270
13.3　实训练习 ... 271
项目实训 ... 273

参考文献 ... 274

A 卷

B 卷

第1章 招标投标基本原理

学习目标

(1) 掌握招标投标的基本含义、原则以及我国招标投标法的适用范围。
(2) 熟悉招标的方式与招标文件的内容。
(3) 熟悉投标人、投标的要求,以及投标禁止性规定。
(4) 熟悉开标、评标、中标的内容和程序。
(5) 了解我国招标投标方面的法律、法规、规范。
(6) 了解招标代理机构。

第1章教案

第1章案例答案

教学要求

章节知识	掌握程度	相关知识点
招标投标法概述	熟悉并掌握招标投标的基本含义、《招标投标法》的适用范围	招标投标的基本含义、国家出台规范、《招标投标法》的适用范围、招标投标活动遵循的原则
招标	熟悉招标人与招标代理机构、招标方式、招标文件一般应包括的内容	招标人、工程建设项目招标代理机构、公开招标、邀请招标、招标文件一般应包括的内容
投标	熟悉投标人及其应具备的条件、投标的要求、关于投标的禁止性规定	投标人应具备的条件、编制投标文件的基本要求、对投标行为的要求、投标时间与投标人数量的要求、禁止串通招标
开标、评标和中标	熟悉开标、评标、中标的程序	开标程序要求、确定中标人的依据、中标通知书

课程思政

招标投标是市场经济环境下的产物。在市场经济中，存在采购方和供货方，他们可以对货物、工程和服务达成交易。那么采购方是招标方，供货方是投标方。在这个过程中，双方应当遵循一定的规则，这样才能顺利地开展招标投标活动。本章对学生在思政方面的要求就是领悟招标投标的强制性以及禁止性的规则。

案例导入

招标投标法内容涵盖广泛，需要对其主要概念仔细理解。对于大型货物的招标投标，涉及人员以及相关工作较多。因此，若企业具有招标或投标专业知识的人员，那么该企业在招标或投标活动中就具有相对优势。不仅能更好地推进招标或投标活动，而且能保障本企业的利益不受损。

第1章扩展资源

思维导图

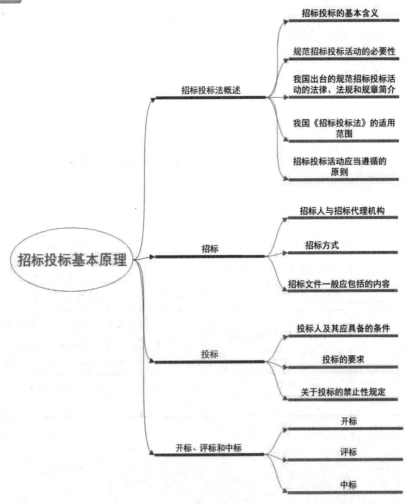

1.1 招标投标法概述

思维导图

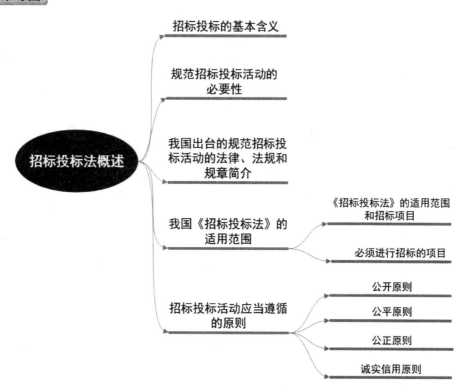

带着问题学知识

招标投标的基本含义是什么?
必须进行招标的项目类型有哪些?
招标投标活动应当遵循的原则有哪些?

1.1.1 招标投标的基本含义

在市场经济条件下,招标投标是采购方和供货方对需要采购的货物、工程和服务达成交易的一种方式。在这种交易方式下,一般采购方作为招标方,通过发布招标公告,或者向一定行业范围或一定地域的供货商发出投标邀请书等方式,发出招标采购的信息以及招标采购文件。此时,各有意提供采购方需要的货物、工程和服务的供货方作为投标方,向招标方书面作出响应招标文件要求的文件,参加投标竞争。对于中标者,招标方按照规定的招标程序在满足招标条件的投标人中选定中标人,双方无意见的情况下,签订采购合同。

1.1.2 规范招标投标活动的必要性

在招标投标活动中存在一些突出的问题,主要表现在以下几个方面:

(1) 推行招标投标的力度不够,不少单位不愿意招标或者想方设法规避招标。原因有这几点:①某些单位不习惯招标,同时也不熟悉招标的一些规定;②招标投标有成本投入,例如发布招标公告、设置资格预审、编制招标书等;③招标投标有透明度,不容易搞小动作,实际上不同程度地剥夺了一些人的权力。

音频1:规范招标投标活动的必要性

(2) 招标投标程序不规范,做法不统一,漏洞较多,不少项目有招标之名而无招标之实。

(3) 招标投标中不正当交易和腐败现象比较严重,招标人虚假招标、私泄标底;招标人与投标人之间、投标人与投标人之间进行不正当交易;中标人中标后违法分包、转包;招标人吃回扣等现象时有发生。

(4) 政府对招标投标活动的行政干预过多,例如强行指定招标代理机构或中标人。

(5) 一些地方和部门搞地方、部门保护主义,限制公平竞争。这些问题亟待通过立法途径加以解决。

为了规范招标投标活动,保护国家、社会公共利益和招标投标活动当事人的合法权益,提高社会经济效益,保证项目质量,制定招标投标法、推行招标投标制度、规范招标投标行为十分必要。

1.1.3 我国出台的规范招标投标活动的法律、法规和规章简介

我国出台了一系列关于规范招标投标的法律、法规和规章。1991年10月18日原能源部(现为国家能源局)发布《大中型水电站工程建设施工与设备采购招投标工作管理规定》;1995年11月27日原国内贸易部(现属商务部)发布《建设工程设备招标投标管理试行办法》;1998年1月12日原电力工业部下发《关于颁发<电力工程设计招标投标管理规定>的通知》;1998年8月6日原建设部(现为住房和城乡建设部)发布《关于进一步加强工程招标投标管理的规定》;1998年2月9日水利部下发《关于修改并重新发布<水利工程建设项目施工招标投标管理规定>的通知》;1998年12月28日原交通部(现为交通运输部)发布《公路工程施工监理招标投标管理办法》;2000年1月1日《中华人民共和国招标投标法》正式施行;2000年5月1日原国家发展计划委员会(现为国家发展和改革委员会)发布《工程建设项目招标范围和规模标准规定》;2000年6月30日原建设部发布《工程建设项目招标代理机构资格认定办法》;2000年7月1日原国家发展计划委员会发布《招标公告发布暂行办法》;2000年7月1日原国家发展计划委员会发布《工程建设项目自行招标试行办法》;2000年10月18日原建设部发布《建设工程设计招标投标管理办法》;2001年6月1日原建设部发布《房屋建筑和市政基础设施工程施工招标投标管理办法》;2001年7月5日原国家发展计划委员会、国家经济贸易委员会、建设部、铁道部、交通部、信息产业部、水利部联合发布《评标委员会和评标方法暂行规定》;2002年6月6日交通部发布《公路工程施工招标投标管理办法》;2002年6月19日交通部发布《水运工程施工监理招标投标管理办法》;

2002年12月25日水利部发布《关于印发〈水利工程建设项目监理招标投标管理办法〉的通知》；2003年2月22日原国家发展计划委员会公布《评标专家和评标专家库管理暂行办法》；2003年3月11日原交通部发布《公路工程施工招标评标委员会评标工作细则》；2003年3月8日原国家发展计划委员会、建设部、铁道部、交通部、信息产业部、水利部、民航总局联合发布《工程建设项目施工招标投标办法》；2003年6月12日国家发改委、建设部、铁道部、交通部、信息产业部、水利部、民航总局、广电总局联合发布《工程建设项目勘察设计招标投标办法》；2004年8月11日财政部发布《政府采购货物和服务招标投标管理办法》；2004年12月7日国家电网办发布《国家电网公司招标活动管理办法》，于2004年12月31日实施；2005年1月18日国家发改委、建设部、铁道部、信息产业部、水利部、民航总局联合发布了《工程建设项目货物招标投标办法》，于2005年3月1日起施行。

随着我国经济的进一步发展，规范招标投标活动的法律、法规和规章逐渐增多，相互之间需要协调，国家在立法时应对此予以充分考虑，使法律、法规、规章更具规范性、权威性、严肃性、统一性和有效性。

1.1.4 我国《招标投标法》的适用范围

1.《招标投标法》的适用范围和招标项目

《中华人民共和国招标投标法》(以下简称《招标投标法》)第二条规定，在中华人民共和国境内进行招标投标活动，适用本法。这是关于招标投标法适用范围和调整对象的规定。按照该条规定，《招标投标法》的适用范围为中华人民共和国境内。凡在我国境内进行招标投标活动，必须依照《招标投标法》的规定进行。

音频2：《招标投标法》的适用范围和招标项目

(1) 这里的"境内"，从领土的范围上说，包括香港特别行政区、澳门特别行政区，但是由于我国实行"一国两制"，按照我国香港、澳门两个特别行政区基本法的规定，只有被列入这两个基本法附件3的法律，才适用于这两个特别行政区。《招标投标法》没有被列入这两个基本法的附件3中，因此，《招标投标法》不适用香港、澳门两个特别行政区。

(2)《招标投标法》只适用于在中国境内进行的招标投标活动，不适用于国内企业到中国境外投标。国内企业到中国境外投标的，应当适用招标所在地国家(地区)的法律。

(3) 在我国境内进行的招标投标活动，其资金来源属于国际组织或者外国政府贷款、援助资金的，贷款方、资金提供方对招标投标的具体条件和程序有不同规定的，可以适用其规定，但违背中华人民共和国社会公共利益的除外。

2. 必须进行招标的项目

《招标投标法》规定，在中国境内进行该法第三条规定的工程建设项目包括项目的勘察、设计、施工、监理，以及与工程建设有关的重要设备、材料的采购，必须进行招标。关于工程建设项目，《招标投标法实施条例》第二条对所称工程建设项目做了进一步解释，是指工程以及与工程建设有关的货物、服务。所称工程，是指建设工程，包括建筑物和构筑物的新建、改建、扩建及其相关的装修、拆除、修缮等。所称工程建设有关的货物，是指构成工程不可分割的组成部分，且为实现工程基本功能所必需的设备、材料等。所称工程建设有关的服务，是指为完成工程所需的勘察、设计、监理等服务。

必须进行招标的项目包括以下几种。

1) 大型基础设施、公用事业等关系社会公共利益、公众安全的项目

(1) 关系社会公共利益、公众安全的基础设施项目。主要包括：煤炭、石油、天然气、电力、新能源等能源项目；铁路、公路、管道、水运、航空以及其他交通运输业等交通运输项目；邮政、电信枢纽、通信、信息网络等邮电通信项目；防洪、灌溉、排涝、引(供)水、滩涂治理、水土保持、水利枢纽等水利项目；道路、桥梁、地铁和轻轨交通、污水排放及处理、垃圾处理、地下管道、公共停车场等城市设施项目；生态环境保护项目；其他基础设施项目。

(2) 关系社会公共利益、公众安全的公用事业项目。主要包括：供水、供电、供气、供热等市政工程项目；科技、教育、文化等项目；体育、旅游等项目；卫生、社会福利等项目；商品住宅项目，包括经济适用住房项目；其他公用事业项目。

2) 全部或者部分使用国有资金投资或者国家融资的项目

(1) 使用国有资金投资的项目。主要包括：使用各级财政预算资金的项目；使用纳入财政管理的各种政府性专项建设基金的项目；使用国有企业事业单位自有资金并且国有资产投资者实际拥有控制权的项目。

(2) 国家融资项目。主要包括：使用国家发行债券所筹资金的项目；使用国家对外借款或者担保所筹资金的项目；使用国家政策性贷款的项目；国家授权投资主体融资的项目；国家特许的融资项目。

3) 使用国际组织或外国政府贷款、援助资金的项目。主要包括：使用世界银行、亚洲开发银行等国际组织贷款资金的项目；使用外国政府及其机构贷款资金的项目；使用国际组织或者外国政府援助资金的项目

另外，根据《工程建设项目招标范围和规模标准规定》，依法必须进行招标的各类工程建设项目，包括项目的勘察、设计、施工、监理，以及与工程建设有关的重要设备、材料等的采购，达到下列标准之一的，必须进行招标：①施工单项合同估算价在 200 万元人民币以上的；②重要设备、材料等货物的采购，单项合同估算价在 100 万元人民币以上的；③勘察、设计、监理等服务的采购，单项合同估算价在 50 万元人民币以上的；单项合同估算价低于第①②③项规定的标准，但项目总投资额在 3000 万元人民币以上的。

建设项目的勘察、设计采用特定专利或者专有技术的，或者其建筑艺术造型有特殊要求的，经项目主管部门批准，可以不进行招标。

1.1.5 招标投标活动应当遵循的原则

1. 公开原则

公开原则主要是为了体现参与市场活动的主体之间在法律地位上处于平等、公平的竞争条件和竞争环境中。公开原则具体表现为：招标项目的信息公开、开标的程序公开、评标的标准和程序公开、中标的结果公开等。

1) 招标项目的信息公开

对于招标方式一般有两种，一种是公开招标，另一种是邀请招标。其中，公开招标的招标的方式比较常用。

对于公开招标方式，首先，必须发布招标公告，其次，应当通过报刊、信息网络或者其他媒介发布；对于必须进行招标的项目的公告，应当通过国家指定的报刊、信息网络或者其他媒介发布。依据《招标投标法实施条例》第十五条的规定，依法必须进行招标的项目的资格预审公告和招标公告应当在国务院发展改革部门依法指定的媒介发布。在不同媒介发布的同一招标项目的资格预审公告或者招标公告的内容应当一致。指定媒介发布依法必须进行招标的项目的境内资格预审公告、招标公告不得收取费用。

对于邀请招标方式，应当向 3 个以上具备承担招标项目的能力、资信良好的特定的法人或者其他组织发出投标邀请书。招标公告、投标邀请书应当载明招标人的名称和地址、招标项目的性质、数量、实施地点和时间，以及获取招标文件的办法等事项。招标人要求投标人提供有关资质证明文件和业绩情况、对潜在投标人进行资格审查的，应当在招标公告或者投标邀请书中载明。在发布招标公告、发出投标邀请书的基础上，招标人还应按照招标公告或者投标邀请书中载明的时间、地点提供招标文件。

招标文件必须包括招标项目的技术要求、对投标人资格审查的标准、投标报价要求、评标标准等所有实质性要求和条件，以及拟签订合同的主要条款。招标人对已发出的招标文件进行必要的澄清或者修改的,应当在招标文件要求提交投标文件截止时间至少 15 日前，以书面形式通知所有招标文件收受人。

2) 开标的程序公开

首先，开标时间应当是招标文件确定的提交投标文件截止时间的同一时间。其次，开标地点是招标文件中确定的地点。最后，开标应当邀请所有投标人参加。开标由主持人主持，投标人或者其推选的代表检查投标文件的密封情况，也可以由招标人委托的公证机构检查并公证。密封情况确认无误后，开标小组的工作人员按顺序当众拆封所有投标文件，宣读各个投标文件的投标人名称、投标价格和投标文件的其他主要内容。开标小组需有专人记录开标过程并存档备查。

3) 评标的标准和程序公开

评标的标准和方法应当在提供给所有投标人的招标文件中载明，评标应当严格按照招标文件确定的评标标准和方法进行，不得采用招标文件未列明的标准。依据《招标投标法实施条例》第四十九条的规定，评标委员会成员应当依照《招标投标法》和《招标投标法实施条例》的规定，按照招标文件规定的评标标准和方法，客观、公正地对投标文件提出评审意见。招标文件没有规定的评标标准和方法，不得作为评标的依据。评标委员会成员不得私下接触投标人，不得收受投标人给予的财物或者其他好处，不得向招标人征询确定中标人的意向，不得接受任何单位、个人明示或者暗示提出的倾向、排斥特定投标人的要求，不得有其他不客观、不公正履行职务的行为。

4) 中标的结果公开

中标人确定后，招标人应当向中标人发出中标通知书，同时将中标结果通知所有未中标的投标人。未中标的投标人和其他利害关系人认为招标投标活动不符合《招标投标法》有关规定的，有权向招标人提出异议或者依法向有关行政监督部门投诉。

2. 公平原则

所谓公平原则，主要包括机会平等、标底保密、所有投标人都有权参加开标会。对招标人来说，就是严格按照公开的招标条件和程序办事，给予所有投标人平等的机会，使其享有同等的权利并履行相应的义务，不歧视任何一方。对于投标方来说，就是以正当的手段参加投标竞争，不得有不正当竞争行为。

按照《招标投标法》第十八条的规定，招标人不得以不合理的条件限制或者排斥潜在投标人，不得对潜在投标人实行歧视待遇。《招标投标法实施条例》第三十二条规定，招标人不得以不合理的条件限制、排斥潜在投标人或者投标人。招标人有下列行为之一的，属于以不合理条件限制、排斥潜在投标人或者投标人。

(1) 同一招标项目的潜在投标人或者投标人得到有差异的项目信息。

(2) 对于招标文件中设定的资格、技术、商务条件与招标项目的具体要求、合同履行不相关。

(3) 依法必须进行招标的项目以特定行政区域，或者以特定行业的业绩、奖项作为加分条件、中标条件。

(4) 对潜在投标人或者投标人采取不同的资格审查、评标标准。

(5) 限定或者指定特定的专利、商标、品牌、原产地、供应商。

(6) 依法必须进行招标的项目非法限定潜在投标人、投标人的所有制形式、组织形式。

(7) 以其他不合理条件限制、排斥潜在投标人。

招标文件不得要求或者标明特定的生产供应者，以及含有倾向或者排斥潜在投标人的其他内容；招标人对已发出的招标文件进行必要的澄清或者修改的，应当以书面形式通知所有招标文件收受人；投标人不得相互串通投标报价，不得排挤其他投标人的公平竞争，损害招标人或者其他投标人的合法权益；投标人不得以向招标人或者评标委员会成员行贿的手段谋取中标。

3. 公正原则

所谓公正原则，就是要求评标时按事先公布的标准对待所有投标人。按照《招标投标法》的规定，评标委员会应当按照招标文件确定的评标标准和方法对投标文件进行评审和比较，从中推选出合格的中标候选人；任何单位和个人不得非法干预、影响评标的过程和结果。

4. 诚实信用原则

"诚实信用"是民事活动的基本原则，在《中华人民共和国民法典》(以下简称《民法典》)等民事基本法律中都规定了这一原则。招标投标活动是以订立采购合同为目的的民事活动，当然也适用这一原则。在招标投标活动中遵守诚实信用原则，要求招标投标当事人应当以诚实、守信的态度行使权利、履行义务，不得有欺骗、背信的行为。

1.2 招 标

> 思维导图

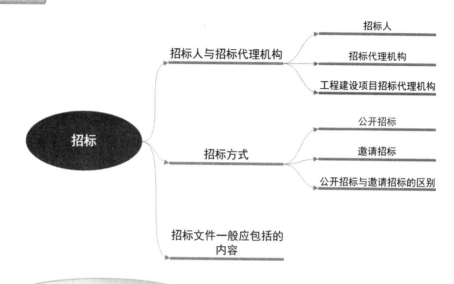

> 带着问题学知识

工程建设项目招标代理机构是什么？
招标方式有哪些？
招标文件一般应包括的内容有哪些？

1.2.1 招标人与招标代理机构

1. 招标人

《招标投标法》第八条规定，招标人是依照该法规定提出招标项目、进行招标的法人或其他组织。正确理解招标人的定义，应当把握以下两点。

第一，招标人应当是法人或者其他组织，而自然人不能成为《招标投标法》意义上的招标人。根据《民法典》(总则编)有关条款的规定，法人是指具有民事权利能力和民事行为能力并依法享有民事权利和承担民事义务的组织，包括企业法人、机关法人、事业单位法人和社会团体法人(《民法典》中分为营利法人、非营利法人、特别法人，下面还有具体分类)。法人必须具备以下条件：必须依法成立；必须有必要的财产或经费；有自己的名称、组织机构和场所；能够独立承担民事责任。所谓其他组织，是指除法人以外的不具备法人资格的其他实体，例如法人的分支机构、合伙组织等。

第二，法人或者其他组织必须依照《招标投标法》的规定提出招标项目、进行招标。提出招标项目，是根据招标人的实际情况以及《招标投标法》的有关规定确定需要招标的具体项目，办理有关审批手续，落实项目的资金来源等。进行招标，是根据《招标投标法》规定的程序和实质内容确定招标方式，编制招标文件，发布招标公告，审查潜在投标人的资格，进行开标、评标、确定中标人及订立书面合同等。

2. 招标代理机构

《招标投标法》第十三条规定，招标代理机构是依法设立、从事招标代理业务并提供相关服务的社会中介组织。招标代理机构应当具备下列条件。

(1) 有从事招标代理业务的营业场所和相应资金。这是开展业务所必须的物质条件，也是招标代理机构成立的外部条件。营业场所，是提供代理服务的固定地点。相应资金，是开展代理业务所必要的资金。

(2) 有能够编制招标文件和组织评标的相应专业力量。是否能够编制招标文件和组织评标，既是衡量招标人能否自行办理招标事宜的标准，也是招标代理机构必须具备的实质要件。招标文件是整个招标过程所遵循的基础性文件，是投标和评标的住所，也是合同的重要组成部分。组织评标，即组织评标委员会，严格按照招标文件所确定的标准和方法，对能否顺利地组织评标，直接影响到招标的效果，也是体现招标公正性的重要保证。

招标代理机构与行政机关和其他国家机关不得存在隶属关系或者其他利益关系。招标代理机构应当在招标人委托的范围内办理招标事宜，并遵守《招标投标法》关于招标人的规定。

3. 工程建设项目招标代理机构

工程招标代理机构是指对工程的勘察、设计、施工、监理以及与工程建设有关的重要设备(进口机电设备除外)、材料采购招标的代理。工程招标代理机构可以跨省、自治区、直辖市承担工程招标代理业务。任何单位和个人不得限制或者排斥工程招标代理机构依法开展工程招标代理业务。

招标代理机构是提供招标业务咨询和代理服务的中介机构，招标人可自主选择招标代理机构。主要通过市场竞争、信用约束、行业自律来规范招标代理行为。任何单位和个人不得以任何方式为招标人指定招标代理机构。

招标代理机构可按照自愿原则向工商注册所在地省级建筑市场监管一体化工作平台报送基本信息。信息内容包括：营业执照相关信息、注册执业人员、具有工程建设类职称的专职人员、近3年代表性业绩、联系方式。上述信息统一在住房和城乡建设部全国建筑市场监管公共服务平台(以下简称公共服务平台)对外公开，供招标人根据工程项目实际情况选择参考。

1.2.2 招标方式

1. 公开招标

公开招标，是指招标人以招标公告的方式邀请不待定的法人或者其他组织投标。招标人通过公开的媒体发布招标公告，所有符合招标文件条件的潜在投标人都可以参加投标竞争。

公开招标的特点：①广泛的竞争性，投标人在数量上没有限制；②招标信息采用公告

视频2：招标都有哪些方式？其区别是什么？

的方式发布，社会公众都知道招标要求。

2. 邀请招标

邀请招标，是指招标人以投标邀请书的方式邀请不待定的法人或者其他组织投标。招标人预先确定一定数量的符合招标项目基本要求的潜在投标人并向其发出投标邀请书，由被邀请的潜在投标人参加竞争。

邀请招标的特点：①招标人邀请参加投标的法人或者其他组织在数量上是确定的，应当向 3 个以上的潜在投标人发出投标邀请书；②接受投标邀请书的法人或者其他组织才可以参加投标竞争。

3. 公开招标与邀请招标的区别

1) 发布招标信息的方式不同

公开招标是以发布招标公告的方式发布招标信息。邀请招标是以发布投标邀请书的方式发布招标信息。

2) 潜在投标人的范围不同

公开招标是针对所有对招标项目有兴趣的法人或者其他组织，招标人事先不知道潜在投标人的数量。邀请招标是以发布投标邀请书的方式，潜在投标人的数量是预先知道的。

3) 公开的程度不同

公开招标的公开程度高于邀请招标的公开程度，其公开的范围也是不同的。

1.2.3 招标文件一般应包括的内容

招标人应当根据招标项目的特点和需要编制招标文件。招标文件应当包括招标项目的技术要求、对投标人资格审查的标准、投标报价要求和评标标准等所有实质性要求和条件，以及拟签订合同的主要条款。国家对招标项目的技术、标准有规定的，招标人应当按照其规定在招标文件中提出相应要求。招标项目需要划分标段、确定工期的，招标人应当合理划分标段、确定工期，并在招标文件中载明。

【例题 1-1】上海某块地拟新建一栋 40 层的办公楼，上海章台建设公司现进行施工招标。此时某施工企业在上海的分公司对该项目的施工招标有意向，其资质以及企业在业内口碑较好，所以想参加施工投标。

(1) 招标方式有几种？上海章台建设公司应该采用什么招标方式？

(2) 该企业在得到招标邀请书后，在拟建投标书时，投标人的名称应怎么写？

(3) 如果上海章台建设公司没有能力进行招标，必须选择一家合适的招标代理机构。那么在选择招标代理机构时，应从哪些方面进行考察？

1.3 投　　标

思维导图

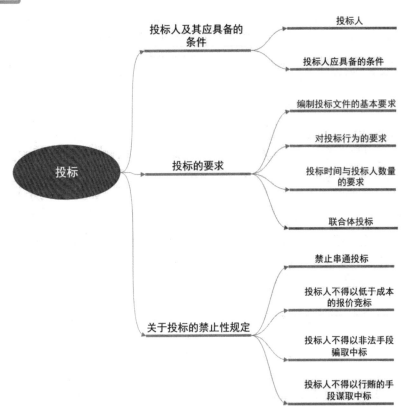

带着问题学知识

投标人应具备的条件有哪些？
编制投标文件的基本要求有哪些？
禁止串通投标有哪些？

1.3.1 投标人及其应具备的条件

1. 投标人

根据《招标投标法》第二十五条的规定，投标人是指响应招标公告、参加投标竞争的法人或者其他组织。

招标公告或者投标邀请书发出后，所有对招标项目感兴趣并有可能参加投标的人，称为潜在投标人。那些购买招标文件、参加投标的潜在投标人称为投标人。所谓响应招标公告、参加投标竞争是指潜在投标人获得了招标公告或者投标邀请书以后，购买招标文件，接受资格审查，编制投标文件，按照招标人的要求依法参加投标的活动。

2. 投标人应具备的条件

根据《招标投标法》第二十六条的规定，投标人应当具备下列条件。

(1) 投标人应当具备承担招标项目的能力。投标人通常应当具备下列条件：①与招标文件要求相适应的人力、物力和财力；②招标文件要求的资质证书和相应的工作经验与业绩证明；③法律、法规规定的其他条件。

(2) 国家有关规定对投标人资格条件或者招标文件对投标人资格条件有规定的，投标人应当具备规定的资格条件。一些大型建设项目对供应商或承包商有一定的资质要求，当投标人参加这类招标时，必须具有相应的资质。例如，根据《中华人民共和国建筑法》(以下简称《建筑法》)的规定，从事房屋建筑活动的建筑施工企业、勘察单位、设计单位和监理单位按其拥有的注册资本、专业技术人员、技术装备和已完成的建筑工程业绩等资质条件，被划分为不同的资质等级，经资质审查合格，取得相应等级的资质证书后，才可在其资质等级许可范围内从事建筑活动。

1.3.2 投标的要求

1. 编制投标文件的基本要求

根据《招标投标法》第二十七条的规定，投标人编制投标文件应符合以下要求。

(1) 按照招标文件的要求编制投标文件。招标文件是由招标人编制的，希望投标人向自己发出要约的意思表示。从《民法典》合同编的意义上讲，招标文件属于要约邀请书。招标文件通常包括编制投标书的说明、投标人的资格条件、投标人需要提交的资料等内容。投标人只有按照招标文件载明的要求编制自己的投标文件，才有中标的可能。

(2) 投标文件应当对招标文件提出的实质性要求和条件作出响应。对招标文件提出的实质性要求和条件作出响应，是指投标文件的内容应当对招标文件规定的实质要求和条件(包括招标项目的技术要求、投标报价要求和评标标准等)一一作出相对应的回答，不能存有遗漏或重大的偏离，否则将被视为废标，失去中标的可能。

(3) 项目属于建设施工的，投标文件的内容应当包括拟派出的项目负责人与主要技术人员的简历、业绩和拟用于完成招标项目的机械设备等。

2. 对投标行为的要求

1) 保密要求

由于投标是一次性的竞争行为，所以必须对当事人各方提出严格的保密要求，体现招标投标的公正性原则。因此，与投标文件相关的文件都必须以密封的形式送达，招标人签收后必须原样保存、保管好，防止泄露。

2) 报价要求

《招标投标法》第三十三条规定："投标人不得以低于成本的价格报价竞标。"若投标人的价格报价是远低于成本的价格，那么一旦中标，必然会采取偷工减料、以次充好等非法手段来避免亏损，这将严重破坏社会主义市场经济秩序，法律是禁止的。但若投标人从长远利益出发,放弃近期利益,不要利润,仅以成本价投标,这是合法的竞争手段,并且法律是予以保护的。这里所说的成本,是以社会平均成本和企业个别成本来计算的,并要综合考虑各种价格差别因素。

3) 诚实信用

《招标投标法》第三十二条规定:投标人不得相互串通投标报价,不得排挤其他投标人的公平竞争,损害招标人或者其他投标人的合法权益;投标人不得与招标人串通投标,损害国家利益、社会公共利益或者他人的合法权益;禁止投标人以向招标人或者评标委员会成员行贿的手段谋取中标。

3. 投标时间与投标人数量的要求

1) 投标时间

投标人应当在招标文件要求的提交投标文件及投标文件的补充、修改、撤回通知的截止时间前,将文件送达投标地点。在截止时间后送达的投标文件,招标人应拒收。因此,以邮寄方式送交投标文件的,投标人应留出足够的邮寄时间,以保证投标文件在截止时间前送达。另外,如果发生地点方面的错送、误送,其后果皆由投标人自行承担。

2) 投标人数量的要求

投标人少于3人的,招标人应当依法重新招标。投标人少于3人,就会缺乏有效竞争,从而损害招标人的利益,与招标原则不符。类似的,通过资格预审的申请人少于3个的,应当重新招标。

4. 联合体投标

根据《招标投标法》第三十一条的规定,两个以上法人或者其他组织可以组成一个联合体,以一个投标人的身份共同投标。联合体各方均应当具备承担招标项目的相应能力;国家有关规定或者招标文件对投标人资格条件有规定的,联合体各方均应当具备规定的相应资格条件。由同一专业的单位组成的联合体,按照资质等级较低的单位确定资质等级。在投标之前,联合体各方应当签订共同投标协议,目的是明确约定各方拟承担的工作和责任。在投标时,将共同投标协议连同投标文件一并提交招标人。联合体中标的,联合体各方应当共同与招标人签订合同,就中标项目向招标人承担连带责任。

1.3.3 关于投标的禁止性规定

1. 禁止串通招标

1) 投标人之间串通投标

《招标投标法》第三十二条规定,投标人不得相互串通投标报价,不得排挤其他投标人的公平竞争,损害招标人或者其他投标人的合法权益。

(1) 投标者之间相互约定,一致抬高或者压低投标报价。

(2) 投标者之间相互约定,在招标项目中轮流以高价位或低价位中标。

(3) 投标者之间先进行内部竞价,内定中标人,然后参加投标。

(4) 投标者之间其他串通投标行为。

音频3:投标人与招标人之间串通投标

2) 投标人与招标人之间串通投标

《招标投标法》第三十二条规定，投标人不得与招标人串通投标，损害国家利益、社会公共利益或者他人的合法权益。

(1) 招标者在公开开标前，开启标书，并将投标情况告知其他投标者，或者协助投标者撤换标书，更改报价。

(2) 招标者向投标者泄露标底。

(3) 投标者与招标者商定，在招标投标时压低或者抬高标价，中标后再给投标者或者招标者额外补偿。

(4) 招标者预先内定中标者，在确定中标者时以此决定取舍。

(5) 招标者和投标者之间其他串通招标投标行为(例如通过贿赂等不正当手段，使招标人在审查、评选投标文件时，对投标文件实行歧视待遇；招标人在要求投标人就其投标文件澄清时，故意作导向性提问，以使其中标等)。

2. 投标人不得以低于成本的报价竞标

《招标投标法》第三十三条规定，投标人不得以低于成本的报价竞标。投标人以低于成本的报价竞标，一方面满足了招标人的最低价中标的目的，另一方面为了排挤其他竞争对手，达到占领市场和扩大市场份额的目的。

这里的成本是指企业的个别成本。投标人的报价一般由成本、税金和利润三部分组成。当报价为成本价时，企业利润为零。如果投标人以低于成本的报价竞标，就很难保证工程的质量，会出现偷工减料、以次充好等各种现象。因此，投标人以低于成本的报价竞标的手段是法律所不允许的。

3. 投标人不得以非法手段骗取中标

《招标投标法》第三十三条规定，投标人不得以他人名义投标或者以其他方式弄虚作假，骗取中标。在工程实践中，投标人以非法手段骗取中标的现象大量存在，主要表现为以下几个方面：

(1) 挂靠或者借用资质证书。非法挂靠其他企业或借用其他企业的资质证书参加投标。

(2) 模糊语言表达骗取中标。投标文件中故意在商务上和技术上采用模糊的语言骗取中标，提供低档劣质货物、工程或服务。

(3) 存在虚假业绩证明、资格文件。投标文件中存在企业虚假业绩证明、资格文件等。

(4) 作假法定代表人信息。投标公司中的其他人假冒法定代表人签名、私刻公章或者递交虚假或无效的委托书等。

4. 投标人不得以行贿的手段谋取中标

《招标投标法》第三十二条第三款规定："禁止投标人以向招标人或者评标委员会成员行贿的手段谋取中标。"投标人以行贿的手段谋取中标是违背《招标投标法》基本原则的行为，对其他投标人是不公平的。因此，其中标的法律后果是中标无效。此外，直接相关的责任人和单位需要承担相应的行政责任或刑事责任；给他人造成损失的，还应当承担民事赔偿责任。

1.4 开标、评标和中标

思维导图

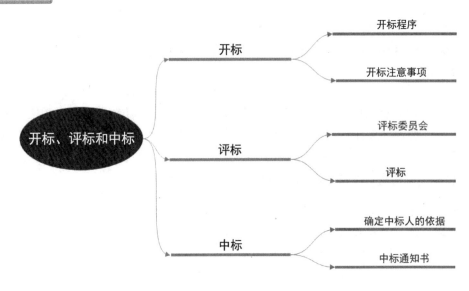

带着问题学知识

评标流程是什么？
中标后有哪些流程？

1.4.1 开标

1. 开标程序

(1) 由投标人或者其推选的代表检查投标文件的密封情况，也可以由招标人委托的公证机构检查并公证。投标人数较少时，可由投标人自行检查；投标人数较多时，也可以由投标人推举代表进行检查。招标人也可以根据情况委托公证机构进行检查并公证。所谓公证，是指国家专门设立的公证机构根据法律的规定和当事人的申请，按照法定的程序证明法律行为、有法律意义的事实和文书的真实性、合法性的非诉讼活动。公证机构是国家专门设立的，依法行使国家公证职权，代表国家办理公证事务，进行公证证明活动的司法证明机构。按照《中华人民共和国公证暂行条例》的规定，公证处是国家公证机关。是否需要委托公证机关到场检查并公证，完全由招标人根据具体情况决定。招标人或者其推选的代表或者公证机构经检查发现密封被破坏的投标文件，应当予以拒收。

(2) 经确认无误的投标文件，由工作人员当众拆封。投标人或者投标人推选的代表或者公证机构对投标文件的密封情况进行检查以后，确认密封情况良好，没有问题，则可以由现场的工作人员在所有在场的人的监督之下进行当众拆封。

(3) 宣读投标人名称、投标价格和投标文件的其他主要内容。即拆封以后，现场的工作人员应当高声唱读投标人的名称、每一个投标的投标价格以及投标文件中的其他主要内容。其他主要内容，主要是指投标报价有无折扣或者价格修改等。如果要求或者允许报替代方案的话，还应包括替代方案投标的总金额。比如建设工程项目，其他主要内容还应包括：工期、质量、投标保证金等。这样做的目的在于，使全体投标者了解各家投标者的报价和自己在其中的顺序，了解其他投标的基本情况，以充分体现公开开标的透明度。

2. 开标注意事项

招标人在招标文件要求提交投标文件的截止时间前收到的所有投标文件，开标时都应当当众予以拆封，不能遗漏，否则就构成对投标人的不公正对待。如果是招标文件所要求的提交投标文件的截止时间以后收到的投标文件，则应不予开启，原封不动地退回。按照本法的规定，对于截止时间以后收到的投标文件应当拒收。如果对于截止时间以后收到的投标文件也进行开标的话，则有可能造成舞弊行为，出现不公正，也是一种违法行为。

开标过程应当记录，并存档备查。这是保证开标过程透明和公正，维护投标人利益的必要措施。要求对开标过程进行记录，可以使权益受到侵害的投标人行使要求复查的权利，有利于确保招标人尽可能自我完善，加强管理，少出漏洞。此外，还有助于有关行政主管部门进行检查。开标过程进行记录，要求对开标过程中的重要事项进行记载，包括开标时间、开标地点、开标时具体参加单位、人员、唱标的内容、开标过程是否经过公证等都要记录在案。记录以后，应当作为档案保存起来，以方便查询。任何投标人要求查询，都应当允许。

1.4.2 评标

1. 评标委员会

(1) 评标委员会的组成：招标人的代表，以及有关技术、经济等方面的专家，成员人数应为 5 人以上的单数。其中技术、经济等方面的专家不得少于成员总数的 2/3。

(2) 评标委员会专家：指从事相关领域工作满 8 年、具有高级职称或者具有同等专业水平，由招标人从国务院有关部门或者省、自治区、直辖市人民政府有关部门提供的专家名册或者招标代理机构的专家库内相关专业的专家名单中确定。

(3) 评标委员会专家的选取办法：一般采取随机抽取的方式；对于特殊的招标项目，招标人自行确定。

(4) 评标委员会选取专家的原则：与投标人有利害关系的人不得进入相关项目的评标委员会。

2. 评标

评标由招标人依法组建的评标委员会负责，评标委员会应依法履行下述各项职责。

(1) 评标委员会成员应当客观、公正地履行职务，遵守职业道德，对所提出的评审意见承担个人责任。

(2) 评标委员会可以要求投标人对投标文件中含义不明确的内容做必要的澄清或者说明，但其内容不得超出投标文件范围或改变投标文件的实质性内容。

(3) 评标委员会应当按照招标文件确定的评标标准和方法，对投标文件进行评审和比较；设有标底的，应当参考标底。

(4) 评标委员会完成评标后，应当向招标人提出书面评标报告，并推荐合格的中标候选人。评标委员会经评审，认为所有投标都不符合招标文件要求的，可以否决所有投标。

1.4.3 中标

1. 确定中标人的依据

招标人根据评标委员会提出的书面评标报告和推荐的中标候选人确定中标人或授权评标委员会直接确定中标人。

2. 中标通知书

(1) 发布中标结果：中标人确定后，招标人应当向中标人发出中标通知书，并同时将中标结果通知所有未中标的投标人。

(2) 法律效力：中标通知书对招标人和中标人具有法律效力；中标通知书发出后，招标人改变中标结果的，或者中标人放弃中标项目的，应当依法承担法律责任。

(3) 发出中标通知书：招标人和中标人应当自中标通知书发出之日起 30 日内，按照招标文件和中标人的投标文件订立书面合同。招标文件要求中标人提交履约保证金的，中标人应当提交。

【例题 1-2】南京某建筑公司总承包政府对某城区老旧房子进行重建的项目。因此，进行施工招标计划采用公开招标方式，招标文件于 2022 年 5 月 15 日发放在公共平台上，接收投标文件截止时间是 2022 年 7 月 15 日上午 10 点整，于 2022 年 7 月 25 日上午 10 点整召开开标会议。

(1) 参与投标的其中一家施工单位在 2022 年 7 月 10 日上午 11 点将投标文件送至指定的接收地点后，又于 2022 年 7 月 16 日上午 11 点将对之前提交的投标文件进行了修改，并将其及部分内容的澄清送至指定地点。请问，招标人是否可以接收对投标文件的修改和澄清内容部分的文件？

(2) 开标会议于 2022 年 7 月 25 日上午 10 点整召开，请问关于评标委员会的要求有哪些？

1.5 实训练习

一、单选题

1. 招标投标活动应当遵循的原则不包括(　　)。
   A. 公开原则　　　　　　　　　B. 诚实信用原则
   C. 双方地位平等原则　　　　　D. 公正原则
2. 以下关于招标代理机构的说法，错误的是(　　)。
   A. 招标代理机构须依法设立
   B. 招标代理机构须从事招标代理业务并提供相关服务
   C. 招标代理机构是社会中介组织，这是招标代理机构的性质

D. 从事工程建设项目招标代理业务的招标代理机构，其资格由国务院或者省、自治区、直辖市人民政府的建设行政主管部门认定，和其他国家机关或者部门存在隶属关系

3. 公开招标与邀请招标的区别中不包括的是(　　)。
   A. 发布招标信息的方式不同　　B. 发函内容不同
   C. 潜在投标人的范围不同　　　D. 公开的程度不同
4. 对投标行为的要求中不包括的是(　　)。
   A. 投标时间　　B. 保密要求　　C. 报价要求　　D. 诚实信用

二、多选题

1. 申请工程招标代理机构应具备的条件有(　　)。
   A. 是依法设立的中介组织
   B. 与行政机关和其他国家机关没有行政隶属关系或者其他利益关系
   C. 有固定的营业场所和开展工程招标代理业务所需设施及办公条件
   D. 有健全的组织机构和内部管理的规章制度
   E. 具备编制招标文件和组织评标的相应专业力量
2. 投标的要求有哪些方面(　　)。
   A. 编制投标文件的基本要求　　B. 对投标行为的要求
   C. 投标时间的要求　　　　　　D. 联合体投标
   E. 投标人数量的要求
3. 关于投标的禁止性规定有(　　)。
   A. 投标人之间串通投标　　　　B. 投标人不得以低于成本的报价竞标
   C. 投标人不得以非法手段骗取中标　D. 投标人不得以行贿的手段谋取中标
   E. 投标人与招标人之间串通投标
4. 评标由招标人依法组建的评标委员会负责，评标委员会应依法履行的各种职责有(　　)。
   A. 评标委员会成员应当客观、公正地履行职务，遵守职业道德，对所提出的评审意见承担个人责任
   B. 评标委员会可以要求投标人对投标文件中含义不明确的内容做必要的澄清或者说明，但其内容不得超出投标文件范围或是澄清或改变投标文件的实质性内容
   C. 评标委员会应当按照招标文件确定的评标标准和方法，对投标文件进行评审和比较；设有标底的，应当参考标底
   D. 评标委员会完成评标后，应当向招标人提出书面评标报告，并推荐合格的中标候选人
   E. 评标委员会经评审，认为所有投标都不符合招标文件要求的，可以否决所有投标

三、简答题

1. 简述必须进行招标的项目。
2. 简述招标文件一般应包括的内容。
3. 简述编制投标文件的基本要求。
4. 简述评标委员会基本情况。

第1章习题答案

项 目 实 训

班级		姓名		日期	
教学项目		招标投标基本原理			
任务	掌握招标投标的基本含义、原则和我国招标投标法适用范围；熟悉招标和投标的方式与文件的内容		方式		查找招标投标相关视频理解其含义及其大概内容
相关知识			招标投标的基本含义、原则和我国招标投标法适用范围；招标和投标的方式与文件的内容、投标人、招标人、招标和投标的要求，以及招标投标禁止性规定、开标、评标、中标的内容和程序		
其他要求			无		
学习总结记录					
评语				指导老师	

第 2 章　建设工程招标投标

学习目标

(1) 掌握编制建设工程设计投标文件的要求、设计投标作废的情形。
(2) 掌握工程建设项目施工招标、投标，以及违法招标投标应承担的法律责任。
(3) 熟悉工程建设项目勘察设计招标、投标内容。
(4) 了解工程建设项目货物招标、投标内容。

第 2 章教案

第 2 章案例答案

教学要求

章节知识	掌握程度	相关知识点
建设工程设计招标投标	熟悉并掌握建设工程设计招标文件应包括的内容、编制建设工程设计投标文件的要求	建设工程设计招标文件应包括的内容、编制建设工程设计投标文件的要求、建设工程设计投标文件作废的情形
工程建设项目勘察设计招标投标	熟悉勘察设计项目的招标、勘察设计项目的投标、勘察设计项目的开标、评标和中标内容	勘察设计项目的招标、勘察设计项目的投标、勘察设计项目的开标、评标和中标
工程建设项目施工招标投标	熟悉并掌握工程建设项目的施工招标、工程建设项目的投标、违法招标投标应承担的法律责任	工程建设项目的施工招标、工程建设项目的投标、开标、评标和定标内容、违法招标投标应承担的法律责任
工程建设项目货物招标投标	熟悉并掌握工程建设项目货物招标、工程建设项目货物投标、违反建设项目货物招标与投标的罚则	工程建设项目货物招标、工程建设项目货物投标、开标、评标和定标、违反建设项目货物招标与投标的罚则

课程思政

招标投标是市场经济环境下的产物。在市场经济中，存在采购方和供货方，他们可以对货物、工程和服务达成交易。那么采购方是招标方，供货方是投标方。在这个过程中，双方应当遵循一定的规则，这样才能顺利地开展招标投标活动。本章对学生在思政方面的要求是领悟招标投标的强制性以及禁止性的规则。

案例导入

建设工程招标投标活动繁杂，参与的单位较多。因此，在招标投标活动中，主办方应当认真做好工作，按照程序开展活动，减少意外事情发生，以免造成不必要的争端。而参与投标的单位应当按照法律规定、招标文件规定编制投标文件。

思维导图

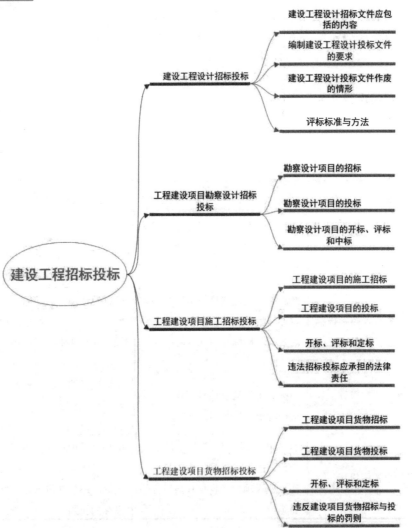

第2章扩展资源

2.1 建设工程设计招标投标

思维导图

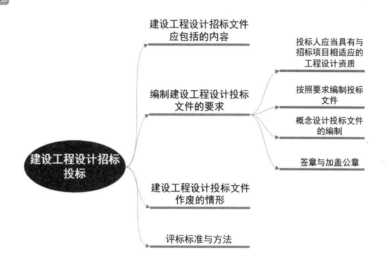

带着问题学知识

编制建设工程设计投标文件的要求有哪些？
建设工程设计投标文件作废的情形有哪些？
最优方案的选择与评标报告的主要内容是什么？

2.1.1 建设工程设计招标文件应包括的内容

根据《建设工程设计招标投标管理办法》第十条的规定，招标文件应当包括以下内容：

(1) 项目基本情况；
(2) 城乡规划和城市设计对项目的基本要求；
(3) 项目工程经济技术要求；
(4) 项目有关基础资料；
(5) 招标内容；
(6) 招标文件答疑、现场踏勘安排；
(7) 投标文件编制要求；
(8) 评标标准和方法；
(9) 投标文件送达地点和截止时间；
(10) 开标时间和地点；
(11) 拟签订合同的主要条款。

音频1：招标条件

招标文件一经发出，招标人不得随意变更。招标人可以对已发出的招标文件进行必要的澄清或者修改。澄清或者修改的内容可能影响投标文件编制的，招标人应当在投标截止时间至少 15 日前，以书面形式通知所有获取招标文件的潜在投标人，不足 15 日的，招标人应当顺延提交投标文件的截止时间。

潜在投标人或者其他利害关系人对招标文件有异议的，应当在投标截止时间 10 日前提出。招标人应当自收到异议之日起 3 日内作出答复；作出答复前，应当暂停招标投标活动。

招标人应当确定投标人编制投标文件所需要的合理时间，自招标文件开始发出之日起至投标人提交投标文件截止之日止，时限最短不少于 20 日。

2.1.2 编制建设工程设计投标文件的要求

1. 投标人应当具有与招标项目相适应的工程设计资质

根据《建设工程勘察设计资质管理规定》的规定，从事建设工程勘察、工程设计活动的企业，应当按照其拥有的注册资本、专业技术人员、技术装备和勘察设计业绩等条件申请资质，经审查合格，取得建设工程勘察、工程设计资质证书后，方可在资质许可的范围内从事建设工程勘察、工程设计活动。

工程设计资质分为工程设计综合资质、工程设计行业资质、工程设计专项资质。工程设计综合资质只设甲级；工程设计行业资质、工程设计专业资质、工程设计专项资质设甲级、乙级；根据工程性质和技术特点，个别行业、专业、专项资质可以设丙级，建筑工程专业资质可以设丁级。

(1) 取得工程设计综合资质的企业，承接工程设计业务范围不受限制。

(2) 取得工程设计行业资质的企业，可以承接同级别相应行业的工程设计业务。

(3) 取得工程设计专项资质的企业，可以承接同级别相应的专项工程设计业务。

(4) 取得工程设计专业资质的企业，可以承接本专业相应等级的专业工程设计业务及同级别的相应专项工程设计业务(设计施工一体化资质除外)。

2. 按照要求编制投标文件

投标人应当按照招标文件、《建筑工程设计文件编制深度规定》的要求编制投标文件。

3. 概念设计投标文件的编制

进行概念设计招标的，应当按照招标文件的要求编制投标文件。

4. 签章与加盖公章

投标文件应当由具有相应资格的注册建筑师签章，并加盖单位公章。

2.1.3 建设工程设计投标文件作废的情形

根据《建设工程设计招标投标管理办法》第十七条的规定，有下列情形之一的，投标文件作废。

(1) 投标文件未按招标文件要求经投标人盖章和单位负责人签字；

(2) 投标联合体没有提交共同投标协议；

(3) 投标人不符合国家或者招标文件规定的资格条件；

(4) 同一投标人提交两个以上不同的投标文件或者投标报价，但招标文件要求提交备选投标的除外；

(5) 投标文件没有对招标文件的实质性要求和条件作出响应；

(6) 投标人有串通投标、弄虚作假、行贿等违法行为；

(7) 法律法规规定的其他应当否决投标的情形。

2.1.4 评标标准与方法

评标委员会应当按照招标文件确定的评标标准和方法，对投标文件进行评审。

采用设计方案招标的，评标委员会应当在符合城乡规划、城市设计以及安全、绿色、节能、环保要求的前提下，重点对功能、技术、经济和美观等进行评审。采用设计团队招标的，评标委员会应当对投标人拟从事项目设计的人员构成、人员业绩、人员从业经历、项目解读、设计构思、投标人信用情况和业绩等进行评审。

评标委员会应当在评标完成后，向招标人提出书面评标报告，推荐不超过 3 个中标候选人，并标明顺序。招标人应当公示中标候选人。采用设计团队招标的，招标人应当公示中标候选人投标文件中所列主要人员、业绩等内容。

招标人根据评标委员会的书面评标报告和推荐的中标候选人确定中标人。招标人也可以授权评标委员会直接确定中标人。采用设计方案招标的，招标人认为评标委员会推荐的候选方案不能最大限度满足招标文件规定的要求的，应当依法重新招标。

2.2 工程建设项目勘察设计招标投标

◎ 思维导图

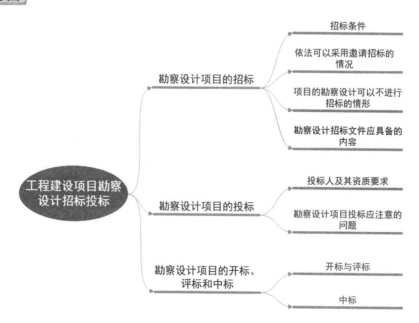

> **带着问题学知识**
>
> 勘察设计项目依法可以采用邀请招标的情况有哪些？
> 勘察设计招标文件应具备的内容是什么？
> 勘察设计项目投标应注意的问题有哪些？

2.2.1 勘察设计项目的招标

1. 招标条件

依据《工程建设项目勘察设计招标投标办法》第九条的规定，依法必须进行勘察设计招标的工程建设项目，在招标时应当具备下列条件：

(1) 招标人已经依法成立；

(2) 按照国家有关规定需要履行项目审批、核准或者备案手续的，已经审批、核准或者备案；

(3) 勘察设计有相应资金或者资金来源已经落实；

(4) 所必需的勘察设计基础资料已经收集完成；

(5) 法律法规规定的其他条件。

依据《工程建设项目勘察设计招标投标办法》第七条的规定，招标人可以依据工程建设项目的实际情况，实行勘察设计一次性总体招标；也可以在保证项目完整性、连续性的前提下，按照技术要求实行分段或分项招标。

招标人不得利用上述规定限制或者排斥潜在投标人或者投标。依法必须进行招标的项目的招标人不得利用上述规定规避招标。

依据《工程建设项目勘察设计招标投标办法》第八条的规定，依法必须招标的工程建设项目，招标人可以对项目的勘察、设计、施工，以及与工程建设有关的重要设备、材料的采购，实行总承包招标。

2. 依法可以采用邀请招标的情况

工程建设项目勘察设计招标可分为公开招标和邀请招标。国有资金投资占控股或者主导地位的工程建设项目，以及国务院发展和改革部门确定的国家重点项目和省、自治区、直辖市人民政府确定的地方重点项目，除符合《工程建设项目勘察设计招标投标办法》第十一条规定的条件并依法获得批准外，应当公开招标。

依据《工程建设项目勘察设计招标投标办法》第十一条的规定，依法必须进行公开招标的项目，在下列情况下可以进行邀请招标：

(1) 技术复杂、有特殊要求或者受自然环境限制，只有少量潜在投标人可供选择；

(2) 采用公开招标方式的费用占项目合同金额的比例过大。

采用公开招标方式的费用占项目合同金额的比例过大，属于按照国家有关规定需要履行项目审批、核准手续的项目，由项目审批、核准部门在审批、核准项目时作出认定；其他项目由招标人申请有关行政监督部门作出认定。招标人采用邀请招标方式的，应保证有3

个以上具备承担招标项目勘察设计的能力,并具有相应资质的特定法人或者其他组织参加投标。

依据《工程建设项目勘察设计招标投标办法》第十二条的规定,招标人应当按照资格预审公告、招标公告或者投标邀请书规定的时间、地点出售招标文件或者资格预审文件。自招标文件或者资格预审文件出售之日起至停止出售之日止,最短不得少于5日。

3. 项目的勘察设计可以不进行招标的情形

依据《工程建设项目勘察设计招标投标办法》相关规定,按照国家规定需要履行项目审批、核准手续的依法必须进行招标的项目,有下列情形之一的,经项目审批、核准部门审批、核准,项目的勘察设计可以不进行招标:

(1) 涉及国家安全、国家秘密、抢险救灾或者属于利用扶贫资金实行以工代赈、需要使用农民工等特殊情况,不适宜进行招标;

(2) 主要工艺、技术采用不可替代的专利或者专有技术,或者其建筑艺术造型有特殊要求;

(3) 采购人依法能够自行勘察、设计;

(4) 已通过招标方式选定的特许经营项目投资人依法能够自行勘察、设计;

(5) 技术复杂或专业性强,能够满足条件的勘察设计单位少于3家,不能形成有效竞争;

(6) 已建成项目需要改、扩建或者技术改造,由其他单位进行设计会影响功能配套性的项目;

(7) 国家规定的其他特殊情形。

4. 勘察设计招标文件应具备的内容

依据《工程建设项目勘察设计招标投标办法》第十五条的规定,招标人应当根据招标项目的特点和需要编制招标文件。勘察设计招标文件应当包括下列内容:

(1) 投标须知;

(2) 投标文件格式及主要合同条款;

(3) 项目说明书,包括资金来源情况;

(4) 勘察设计范围,对勘察设计进度、阶段和深度的要求;

(5) 勘察设计基础资料;

(6) 勘察设计费用支付方式,对未中标人是否给予补偿及补偿标准;

(7) 投标报价要求;

(8) 对投标人资格审查的标准;

(9) 评标标准和方法;

(10) 投标有效期。

投标有效期从提交投标文件截止日起计算。对招标文件的收费应仅限于补偿印刷、邮寄的成本支出,招标人不得通过出售招标文件谋取利益。

依据《工程建设项目勘察设计招标投标办法》第十七条规定,对于潜在投标人在阅读招标文件和现场踏勘中提出的疑问,招标人可以以书面形式或召开投标预备会的方式解答,但须同时将解答以书面方式通知所有招标文件收受人。该解答的内容为招标文件的组成部分。

2.2.2 勘察设计项目的投标

1. 投标人及其资质要求

1) 投标人

依据《工程建设项目勘察设计招标投标办法》第二十一条，投标人是响应招标、参加投标竞争的法人或者其他组织；在其本国注册登记，从事建筑、工程服务的国外设计企业参加投标的，必须符合中华人民共和国缔结或者参加的国际条约、协定中所作的市场准入承诺，以及有关勘察设计市场准入的管理规定。

2) 投标人应当符合国家规定的资质条件

依据最新《建设工程勘察设计资质管理规定》的规定，建设工程勘察设计资质可分为工程勘察资质和工程设计资质。工程勘察资质可分为工程勘察综合资质、工程勘察专业资质和工程勘察劳务资质。工程勘察综合资质只设甲级。工程勘察专业资质根据工程性质和技术特点设立类别和级别。工程勘察劳务资质不设级别。取得工程勘察综合资质的企业，承接工程勘察业务范围不受限制。取得工程勘察专业资质的企业，可以承接同级别相应专业的工程勘察业务。取得工程勘察劳务资质的企业，可以承接岩土工程治理、工程钻探、凿井工程勘察劳务工作。

2. 勘察设计项目投标应注意的问题

1) 勘察设计收费报价

依据《工程建设项目勘察设计招标投标办法》第二十二条的规定，投标人应当按照招标文件或者投标邀请书的要求编制投标文件。投标文件中的勘察设计收费报价，应当符合国务院价格主管部门制定的工程勘察设计收费标准。

音频2：勘察设计项目投标应注意的问题

2) 投标保证金

依据《工程建设项目勘察设计招标投标办法》第二十四条的规定，招标文件要求投标人提交投标保证金的，保证金数额不得超过勘察设计估算费用的 2%，最多不超过 10 万元人民币。依法必须进行招标的项目的境内投标单位，以现金或者支票形式提交的投标保证金应当从其基本账户转出。

3) 投标文件的提交、补充、修改与撤回

依据《工程建设项目勘察设计招标投标办法》第二十五条、第二十六条的规定，在提交投标文件截止时间后到招标文件规定的投标有效期终止之前，投标人不得撤销其投标文件，否则招标人可以不退还投标保证金。投标人在投标截止时间前提交的投标文件，补充、修改或撤回投标文件的通知、备选投标文件等，都必须加盖所在单位公章，并由其法定代表人或授权代表签字，但招标文件另有规定的情况除外。招标人在接收这些材料时，应检查其密封或签章是否完好，并向投标人出具标明签收人和签收时间的回执。

4) 关于联合体投标

依据《工程建设项目勘察设计招标投标办法》第二十七条的规定，以联合体形式投标的，联合体各方应签订共同投标协议，连同投标文件一并提交招标人。联合体各方不得再单独以自己的名义，或者参加另外的联合体投同一个标。招标人接受联合体投标并进行资格预审的,联合体应当在提交资格预审申请文件前组成。资格预审后联合体增减、更换成员的,其投标无效。

依据《工程建设项目勘察设计招标投标办法》第二十八条的规定,联合体中标的,应指定牵头人或代表,授权其代表所有联合体成员与招标人签订合同,负责整个合同实施阶段的协调工作。但是,需要向招标人提交由所有联合体成员法定代表人签署的授权委托书。

2.2.3 勘察设计项目的开标、评标和中标

1. 开标与评标

1) 开标

依据《工程建设项目勘察设计招标投标办法》第三十一条的规定,开标应当在招标文件确定的提交投标文件截止时间的同一时间公开进行;除不可抗力原因外,招标人不得以任何理由拖延开标,或者拒绝开标。

投标人对开标有异议的,应当在开标现场提出,招标人应当当场作出答复,并制作记录。

2) 评标

依据《工程建设项目勘察设计招标投标办法》第三十二条的规定,评标工作由评标委员会负责。评标委员会的组成方式及要求,应按《招标投标法》《招标投标法实施条例》及《评标委员会和评标方法暂行规定》(国家计委等七部委联合令第12号)的有关规定执行。

依据《工程建设项目勘察设计招标投标办法》第三十三条的规定,勘察设计评标一般采取综合评估法进行。评标委员会应当按照招标文件确定的评标标准和方法,结合经批准的项目建议书、可行性研究报告或者上阶段设计批复文件,对投标人的业绩、信誉和勘察设计人员的能力,以及勘察设计方案的优劣进行综合评定。

3) 投标被否决

(1) 投标文件不符合要求。

依据《工程建设项目勘察设计招标投标办法》第三十六条的规定,投标文件有下列情况之一的,评标委员会应当否决其投标。

① 投标文件没有投标单位的盖章以及单位负责人的签字;

② 投标报价不符合国家颁布的勘察设计取费标准,低于成本或高于招标文件的最高投标限价;

③ 与招标文件的实质性要求和条件不符。

(2) 投标人违反规定。

依据《工程建设项目勘察设计招标投标办法》第三十七条的规定,投标人有下列情况之一的,评标委员会应当否决其投标:

① 与国家或者招标文件规定的资格条件不符合;

② 与其他投标人或者与招标人串通投标;

③ 以他人名义投标,或者以其他方式弄虚作假;

④ 以向招标人或者评标委员会成员行贿的手段谋取中标;

⑤ 以联合体形式投标,未提交共同投标协议;

⑥ 招标单位只要求一个投标文件或报价的情况下,提交两个以上不同的投标文件或者投标报价。

2. 中标

1) 中标候选人

依据《工程建设项目勘察设计招标投标办法》第三十八条的规定，评标委员会完成评标后，应当向招标人提出书面评标报告，推荐合格的中标候选人。评标报告的内容应当符合《评标委员会和评标方法暂行规定》第四十二条的规定。但是，评标委员会决定否决所有投标的，应在评标报告中详细说明理由。

依据《工程建设项目勘察设计招标投标办法》第三十九条的规定，评标委员会推荐的中标候选人应当限定在 1~3 人，并标明排列顺序。

能够最大限度地满足招标文件中规定的各项综合评价标准的投标人，应该推荐为中标候选人。

依据《工程建设项目勘察设计招标投标办法》第四十条的规定，国有资金占控股或者主导地位的依法必须招标的项目，招标人应当确定排名第一的中标候选人为中标人。

排名第一的中标候选人放弃中标、因不可抗力提出不能履行合同，以及其他不符合中标条件的，招标人可以按照中标候选人名单排序依次确定其他中标候选人为中标人。此外，若中标候选人与招标人预期差距较大、对招标人明显不利的，招标人可以重新招标。

招标人可以授权评标委员会直接确定中标人。国务院对中标人的确定另有规定的，应从其规定。

依据《工程建设项目勘察设计招标投标办法》第四十一条的规定，招标人应在接到评标委员会的书面评标报告之日起 3 日内公示中标候选人，公示期至少为 3 日。

2) 订立合同

依据《工程建设项目勘察设计招标投标办法》第四十二条规定，招标人和中标人应当在投标有效期内并在自中标通知书发出之日起 30 日内按照招标文件和中标人的投标文件订立书面合同。

中标人履行合同应当遵守《合同法》《民法典》合同编以及《建设工程勘察设计管理条例》中勘察设计文件编制实施的有关规定。招标人不得以压低勘察设计费、增加工作量、缩短勘察设计周期等作为发出中标通知书的条件，也不得与中标人再行订立背离合同实质性内容的其他协议。

3) 投标保证金的退回与履约保证金的提交

(1) 投标保证金的退回与投标保证金期限的延长。

① 依据《工程建设项目勘察设计招标投标办法》第四十四条的规定，投标保证金及银行同期存款利息退还时间：招标人与中标人签订合同后 5 日内一次性退还。

招标文件中规定给予未中标人经济补偿的，也应在此期限内一并给付。

② 依据《工程建设项目勘察设计招标投标办法》第四十六条的规定，评标定标工作应当在投标有效期内完成，不能如期完成的，招标人应当通知所有投标人延长投标有效期。同意延长投标有效期的投标人应当相应延长其投标担保的有效期，但不得修改投标文件的实质性内容。拒绝延长投标有效期的投标人有权收回投标保证金。招标文件中规定给予未中标人补偿的，拒绝延长的投标人有权获得补偿。

(2) 履约保证金的提交。依据《工程建设项目勘察设计招标投标办法》第四十四条的规定，招标文件要求中标人提交履约保证金的，中标人应当提交；经中标人同意，可将其投标保证金抵作履约保证金。

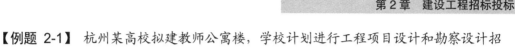

【例题 2-1】 杭州某高校拟建教师公寓楼，学校计划进行工程项目设计和勘察设计招标，采用公开招标方式。

(1) 建设工程设计招标投标应该包括的内容有哪些？

(2) 对于不完整的建设工程设计投标文件，哪些文件不完整时可以对投标文件进行作废处理？

(3) 学校在招标时，委托了一家招标代理机构负责编制勘察设计招标文件，那么文件应具备的内容有哪些？

(4) 某勘察设计单位在提交投标文件后，招标代理机构召开开标后，又经过评标委员会的评比，该单位中标，其投标保证金招标单位什么时候给退还？或者投标保证金能不能不退还？

2.3　工程建设项目施工招标投标

思维导图

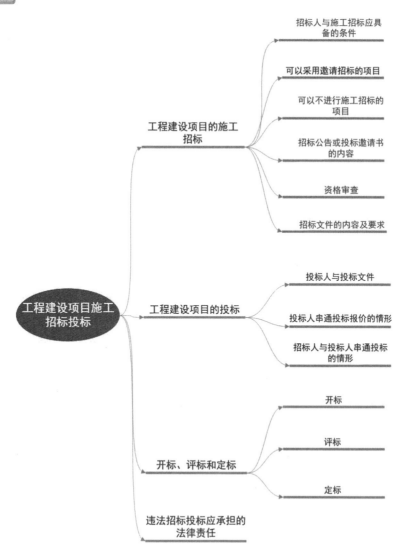

> **带着问题学知识**
>
> 哪些工程建设项目的施工可以采用邀请招标？
> 资格审查有几种？
> 关于工程建设项目的施工投标，投标人串通投标报价的情形有哪些？

2.3.1 工程建设项目的施工招标

1. 招标人与施工招标应具备的条件

1）施工招标人

施工招标人是依法提出施工招标项目、进行招标的法人或者其他组织。

2）施工招标应具备的条件

根据《工程建设项目施工招标投标办法》第八条的规定，依法必须招标的工程建设项目，应当具备下列条件才能进行施工招标：

(1) 招标人已经依法成立；
(2) 初步设计及概算应当履行审批手续的，已经批准；
(3) 有相应资金或资金来源已经落实；
(4) 有招标所需的设计图纸及技术资料。

2. 可以采用邀请招标的项目

工程施工招标分为公开招标和邀请招标。采用公开招标方式的，招标人应当发布招标公告，邀请不特定的法人或者其他组织投标。依法必须进行施工招标项目的招标公告，应当在国家指定的报刊和信息网络上发布。

音频3：可以采用邀请招标的项目

采用邀请招标方式的，招标人应当向3家以上具备承担施工招标项目的能力、资信良好的特定的法人或者其他组织发出投标邀请书。

按照国家有关规定需要履行项目审批、核准手续的依法必须进行施工招标的工程建设项目，其招标范围、招标方式、招标组织形式应当报项目审批部门审批、核准。项目审批、核准部门应当及时将审批、核准确定的招标内容通报有关行政监督部门。

根据《工程建设项目施工招标投标办法》第十一条的规定，依法必须进行公开招标的项目，有下列情形之一的，可以邀请招标：

(1) 项目技术复杂或有特殊要求，或者受自然地理环境限制，只有少量潜在投标人可供选择；
(2) 涉及国家安全、国家秘密或者抢险救灾，适宜招标但不宜公开招标的项目；
(3) 采用公开招标方式的费用占项目合同金额的比例过大。

涉及国家安全、国家秘密或者抢险救灾，适宜招标但不宜公开招标的项目，按照国家有关规定需要履行项目审批、核准手续的，由项目审批、核准部门在审批、核准项目时作出认定；其他项目由招标人申请有关行政监督部门作出认定。

全部使用国有资金投资或者国有资金投资占控股或者主导地位并需要审批的工程建设项目的邀请招标，应当经项目审批部门批准，但项目审批部门只审批立项的，由有关行政监督部门批准。

3. 可以不进行施工招标的项目

根据《工程建设项目施工招标投标办法》第十二条的规定，依法必须进行施工招标的工程建设项目有下列情形之一的，可以不进行施工招标：

(1) 涉及国家安全、国家秘密、抢险救灾，或者属于利用扶贫资金实行以工代赈，需要使用农民工等特殊情况，不适宜进行招标；

(2) 施工主要技术采用不可替代的专利或者专有技术；

(3) 已通过招标方式选定的特许经营项目投资人依法能够自行建设；

(4) 采购人依法能够自行建设；

(5) 在建工程追加的附属小型工程或者主体加层工程，原中标人仍具备承包能力，并且其他人承担将影响施工或者功能配套要求；

(6) 国家规定的其他情形。

4. 招标公告或投标邀请书的内容

根据《工程建设项目施工招标投标办法》第十四条的规定，招标公告或者投标邀请书应当至少载明下列内容：

(1) 招标人的名称和地址；

(2) 招标项目的内容、规模、资金来源；

(3) 招标项目的实施地点和工期；

(4) 获取招标文件或者资格预审文件的地点和时间；

(5) 对招标文件或者资格预审文件收取的费用；

(6) 对招标人的资质等级的要求。

5. 资格审查

根据《工程建设项目施工招标投标办法》第十六条的规定，招标人可以根据招标项目本身的特点和需要，要求潜在投标人或者投标人提供满足其资格要求的文件，对潜在投标人或者投标人进行资格审查；国家对潜在投标人或者投标人的资格条件有规定的，依照其规定。

1) 资格审查的类型

根据《工程建设项目施工招标投标办法》第十七条至第十九条的规定，资格审查分为资格预审和资格后审。进行资格预审的，一般不再进行资格后审，但招标文件另有规定的除外。

音频4：资格审查的内容

(1) 资格预审：在投标前，对潜在投标人进行的资格审查。

进行资格预审的，招标人应当发布资格预审公告。资格预审公告必须适用有关招标公告的规定。进行资格预审的，招标人应当在资格预审文件中载明资格预审的条件、标准和方法。经资格预审后，招标人应当向资格预审合格的潜在投标人发出资格预审合格通知书，告知获取招标文件的时间、地点、方法，并可以参与投标；同时向资格预审不合格的潜在投标人告知资格预审结果,不可以参与投标。

(2) 资格后审:在开标后,对投标人进行的资格审查。招标人不得改变载明的资格条件或者以没有载明的资格条件对潜在投标人或者投标人进行资格审查。

2) 资格审查的内容

根据《工程建设项目施工招标投标办法》第二十条的规定,资格审查应主要审查潜在投标人或者投标人是否符合下列条件:

(1) 具有独立订立合同的权利。

(2) 具有履行合同的能力,包括专业、技术资格和能力;资金、设备和其他物质设施状况;管理能力、经验、信誉和相应的从业人员。

(3) 没有处于以下几种状态:被责令停业;投标资格被取消;财产被接管、冻结;破产。

(4) 在最近三年内没有骗取中标和严重违约及重大工程质量问题。

(5) 国家规定的其他资格条件。

资格审查时,招标人不得以不合理的条件限制、排斥潜在投标人或者投标人,不得歧视潜在投标人或者投标人。任何单位和个人不得以行政手段或者其他不合理方式限制投标人的数量。

6. 招标文件的内容及要求

1) 招标文件的内容

招标人必须根据施工招标项目的特点和需要编制招标文件。工程建设项目的施工招标文件除了基本的内容之外,还包括以下内容:①采用工程量清单招标的,应当提供工程量清单;②技术条款;③设计图纸;④评标标准和方法;⑤投标辅助材料。

2) 招标文件的要求

(1) 用醒目的方式标明实质性要求和条件。根据《工程建设项目施工招标投标办法》第二十四条的规定,招标人应当在招标文件中规定实质性要求和条件,并用醒目的方式加以标明。

(2) 提交备选投标方案的要求。根据《工程建设项目施工招标投标办法》第二十五条的规定,招标人可以要求投标人在提交符合招标文件规定要求的投标文件外,再提交备选投标方案,但应当在招标文件中作出说明,并提出相应的评审和比较办法。

(3) 根据《工程建设项目施工招标投标办法》第二十六条的规定,招标文件规定的各项技术标准应符合国家强制性标准。招标文件中规定的各项技术标准均不得要求或标明某一特定的专利、商标、名称、设计、原产地或生产供应者,不得含有倾向或者排斥潜在投标人的其他内容。如果必须引用某一生产供应者的技术标准才能准确或清楚地说明拟招标项目的技术标准时,那么应当在参照后面加上"或相当于"的字样。

(4) 根据《工程建设项目施工招标投标办法》第二十七条的规定,施工招标项目需要划分标段、确定工期的,招标人应当合理划分标段、确定工期,并在招标文件中载明。对工程技术上紧密相连、不可分割的单位工程不得分割标段。招标人不得以不合理的标段或工期限制或者排斥潜在投标人或者投标人。依法必须进行施工招标的项目的招标人不得利用划分标段规避招标。

(5) 根据《工程建设项目施工招标投标办法》第二十八条的规定,招标文件应当明确规定所有评标因素，以及如何将这些因素量化或者据以进行评估。

2.3.2 工程建设项目的投标

1. 投标人与投标文件

视频1：工程建设项目的投标
中串标的情况有哪些？

1) 投标人

根据《工程建设项目施工招标投标办法》第三十五条的规定，投标人是响应招标公告、参加投标竞争的法人或者其他组织。招标人的任何不具有独立法人资格的附属机构(单位)，或者为招标项目的前期准备或者监理工作提供设计、咨询服务的任何法人及其任何附属机构(单位)，都没有资格参加该招标项目的投标。

2) 投标文件应包括的内容

根据《工程建设项目施工招标投标办法》第三十六条的规定，投标人应当按照招标文件的要求编制投标文件。投标文件应当对招标文件提出的实质性要求和条件作出响应。投标文件一般包括下列内容：投标函、投标报价、施工组织设计、商务和技术偏差表。

投标人根据招标文件载明的项目实际情况，拟在中标后将中标项目的部分非主体、非关键性工作进行分包的，应当在投标文件中载明。

3) 投标保证金

根据《工程建设项目施工招标投标办法》第三十七条的规定，招标人可以在招标文件中要求投标人提交投标保证金。投标保证金除现金外，还可以是银行出具的银行保函、保兑支票、银行汇票或现金支票。投标保证金不得超过项目估算价的2%，但最高不得超过80万元人民币。投标保证金有效期与投标有效期一致。

2. 投标人串通投标报价的情形

根据《工程建设项目施工招标投标办法》第四十六条的规定，下列行为均属投标人串通投标报价行为：

(1) 投标人之间相互约定抬高或压低投标报价；
(2) 投标人之间相互约定，在招标项目中分别以高、中、低价位报价；
(3) 投标人之间先进行内部竞价，内定中标人，然后参加投标；
(4) 投标人之间其他串通投标报价的行为。

3. 招标人与投标人串通投标的情形

根据《工程建设项目施工招标投标办法》第四十七条的规定，下列行为均属招标人与投标人串通投标：

(1) 招标人在开标前开启投标文件并将有关信息泄露给其他投标人，或者授意投标人撤换、修改投标文件；
(2) 招标人向投标人泄露标底、评标委员会成员等信息；
(3) 招标人明示或者暗示投标人压低或抬高投标报价；
(4) 招标人明示或者暗示投标人为特定投标人中标提供方便；
(5) 招标人与投标人为谋求特定中标人中标而发生的其他串通行为。

投标人不得以他人名义投标。以他人名义投标，是指投标人挂靠其他施工单位，或从其他单位通过受让或租借的方式获取资格或资质证书，或者由其他单位及其法定代表人在自己编制的投标文件上加盖印章和签字等。

2.3.3 开标、评标和定标

1. 开标

1) 开标时间与开标地点

根据《工程建设项目施工招标投标办法》第四十九条的规定，开标应当在招标文件规定的提交投标文件截止时间的同一时间公开进行；开标地点应当是招标文件中规定的地点。投标人对开标有异议的，应当在开标现场提出，招标人应当当场作出答复，并制作记录。

2) 招标人拒收投标文件的情形

根据《工程建设项目施工招标投标办法》第五十条的规定，投标文件有下列情形之一的，招标人应当拒收：①逾期送达；②未按招标文件要求密封。

2. 评标

1) 评标委员会应当否决投标人投标的情形

根据《工程建设项目施工招标投标办法》第五十条的规定，有下列情形之一的，评标委员会应当否决投标人投标：①投标文件未经投标单位盖章和单位负责人签字；②投标联合体没有提交共同投标协议；③投标人不符合国家或者招标文件规定的资格条件；④同一投标人提交两个以上不同的投标文件或者投标报价，但招标文件要求提交备选投标的除外；⑤投标报价低于成本或者高于招标文件设定的最高投标限价；⑥投标文件没有对招标文件的实质性要求和条件作出响应；⑦投标人有串通投标、弄虚作假、行贿等违法行为。

2) 必要的澄清、说明与补正

根据《工程建设项目施工招标投标办法》第五十一条的规定，评标委员会可以以书面的方式要求投标人对投标文件中含义不明确、对同类问题表述不一致或者有明显文字和计算错误的内容作必要的澄清、说明或补正。评标委员会不得向投标人提出带有暗示性或诱导性的问题，或向其明确投标文件中的遗漏和错误。

根据《工程建设项目施工招标投标办法》第五十二条的规定，投标文件不响应招标文件的实质性要求和条件的，评标委员会不得允许投标人通过修正或撤销其不符合要求的差异或保留，使之成为具有响应性的投标。

根据《工程建设项目施工招标投标办法》第五十三条至第五十五条的规定，评标委员会在对实质上响应招标文件要求的投标进行报价评估时，除招标文件另有约定外，应当按下述原则进行修正：用数字表示的数额与用文字表示的数额不一致时，以文字数额为准；单价与工程量的乘积与总价之间不一致时，以单价为准。若单价有明显的小数点错位，应以总价为准，并修改单价。调整后的报价经投标人确认后产生约束力。投标文件中没有列入的价格和优惠条件在评标时不予考虑。对于投标人提交的优越于招标文件中技术标准的备选投标方案所产生的附加收益，不得考虑进评标价中。符合招标文件的基本技术要求且评标价最低或综合评分最高的投标人，其所提交的备选方案方可予以考虑。招标人设有标底的，标底在评标中应当作为参考，但不得作为评标的唯一依据。

3. 定标

根据《工程建设项目施工招标投标办法》第五十六条的规定，评标委员会完成评标后，应向招标人给出书面评标报告。评标报告必须由评标委员会全体成员签字。依法必须进行招标的项目，招标人应当自收到评标报告之日起3日内公示中标候选人，公示期不得少于3日。中标通知书由招标人发出。

根据《工程建设项目施工招标投标办法》第五十七条和第五十八条的规定，评标委员会推荐的中标候选人应当限定在1～3人，并标明排列顺序。招标人应当接受评标委员会推荐的中标候选人，不得在评标委员会推荐的中标候选人之外确定中标人。国有资金占控股或者主导地位的依法必须进行招标的项目，招标人应当确定排名第一的中标候选人为中标人。排名第一的中标候选人如果放弃中标、因不可抗力提出不能履行合同、不按照招标文件的要求提交履约保证金，或者被查实存在影响中标结果的违法行为等情形而不符合中标条件的，招标人可以按照评标委员会提出的中标候选人名单排序依次确定其他中标候选人为中标人。依次确定其他中标候选人与招标人预期差距较大，或者对招标人明显不利的，招标人可以重新招标。招标人可以授权评标委员会直接确定中标人。国务院对中标人的确定另有规定的，从其规定。

根据《工程建设项目施工招标投标办法》第六十二条的规定，招标人和中标人应当在投标有效期内并在自中标通知书发出之日起30日内，按照招标文件和中标人的投标文件订立书面合同。招标人和中标人不得再行订立背离合同实质性内容的其他协议。招标人要求中标人提供履约保证金或其他形式履约担保的，招标人应当同时向中标人提供工程款支付担保。招标人不得擅自提高履约保证金，不得强制要求中标人垫付中标项目建设资金。

根据《工程建设项目施工招标投标办法》第六十六条和第六十七条的规定，招标人不得直接指定分包人。对于不具备分包条件或者不符合分包规定的，招标人有权在签订合同或者中标人提出分包要求时予以拒绝。发现中标人转包或违法分包时，可要求其改正；拒不改正的，可终止合同，并报请有关行政监督部门查处。监理人员和有关行政部门发现中标人违反合同约定进行转包或违法分包的，应当要求中标人改正，或者告知招标人要求其改正；对于拒不改正的，应当报请有关行政监督部门查处。

2.3.4 违法招标投标应承担的法律责任

(1) 根据《工程建设项目施工招标投标办法》第六十八条的规定，对依法必须招标的项目却不招标或以其他方式规避招标的，应承担以下法律责任：

① 对于一般项目，有关行政监督部门责令限期改正，可以处项目合同金额5‰以上10‰以下的罚款；

② 对于全部或者部分使用国有资金的项目，项目审批部门可以暂停项目执行或者暂停资金拨付；

③ 对于单位直接负责的主管人员和其他直接责任人员，依法给予处分。

(2) 根据《工程建设项目施工招标投标办法》第六十九条的规定，招标代理机构违法泄露应当保密的与招标投标活动有关的情况和资料的，或者与招标人、投标人串通损害国家利益、社会公共利益或者他人的合法权益的，应承担法律责任：

① 由有关行政监督部门处 5 万元以上 25 万元以下的罚款,对单位直接负责的主管人员和其他直接责任人员处单位罚款数额 5%以上 10%以下的罚款;

② 没收违法所得;

③ 情节严重的,有关行政监督部门可停止其一定时期内参与相关领域的招标代理业务,资格认定部门可暂停直至取消其招标代理资格;

④ 构成犯罪的,由司法机关依法追究其刑事责任;给他人造成损失的,应依法承担赔偿责任。

上述所列行为影响中标结果,并且中标人为上述行为的受益人的,中标无效。

(3) 根据《工程建设项目施工招标投标办法》第七十条的规定,招标人以不合理的条件限制或者排斥潜在投标人、限制竞争的,应承担的法律责任:

有关行政监督部门应责令改正,并处 1 万元以上 5 万元以下的罚款。

(4) 根据《工程建设项目施工招标投标办法》第七十一条的规定,招标人向他人透露潜在投标人的相关信息并可能影响公平竞争其他情况的,应承担以下法律责任:

① 有关行政监督部门给予警告,可以并处 1 万元以上 10 万元以下的罚款;对单位直接负责的主管人员和其他直接责任人员依法给予处分。

② 构成犯罪的,由司法机关依法追究其刑事责任。

③ 上述所列行为影响中标结果的,中标无效。

(5) 根据《工程建设项目施工招标投标办法》第七十二条的规定,招标人在发布招标公告、发出投标邀请书或者售出招标文件或资格预审文件后终止招标的,应当及时退还所收取的资格预审文件、招标文件的费用,以及所收取的投标保证金及银行同期存款利息。给潜在投标人或者投标人造成损失的,应当赔偿损失。

(6) 根据《工程建设项目施工招标投标办法》第七十三条的规定,招标人有下列限制或者排斥潜在投标人行为之一的,由有关行政监督部门依照《招标投标法》第五十一条的规定处罚:其中,构成依法必须进行施工招标的项目的招标人规避招标的,依照《招标投标法》第四十九条的规定处罚:①依法应当公开招标的项目不按照规定在指定媒介发布资格预审公告或者招标公告。②在不同媒介发布的同一招标项目的资格预审公告或者招标公告的内容不一致,影响潜在投标人申请资格预审或者投标。

招标人有下列情形之一的,由有关行政监督部门责令改正,可以处 10 万元以下的罚款:①依法应当公开招标而采用邀请招标方式。②招标文件、资格预审文件的发售、澄清、修改的时限,或者确定的提交资格预审申请文件、投标文件的时限不符合《招标投标法》和《招标投标法实施条例》的规定。③接受未通过资格预审的单位或者个人参加投标。④接受应当拒收的投标文件。

招标人有上述第①项、第③项、第④项所列行为之一的,对单位直接负责的主管人员和其他直接责任人员依法给予处分。

(7) 根据《工程建设项目施工招标投标办法》第七十四条的规定,存在串标行为或行贿行为的,应当承担以下法律责任:

① 中标无效。

② 由有关行政监督部门处中标项目金额 5‰以上 10‰以下的罚款,对单位直接负责的主管人员和其他直接责任人员处单位罚款数额 5%以上 10%以下的罚款;有违法所得的,并

处没收违法所得。

③ 情节严重的，取消其 1~2 年的投标资格，并予以公告，直至由工商行政管理机关吊销其营业执照；构成犯罪的，依法追究其刑事责任。给他人造成损失的，依法承担赔偿责任。投标人未中标的，对单位的罚款金额按照招标项目合同金额依照《招标投标法》规定的比例计算。

(8) 根据《工程建设项目施工招标投标办法》第七十五条的规定，投标人以弄虚作假的方式骗取中标的应当承担的法律责任：

① 中标无效，给招标人造成损失的，依法承担赔偿责任。

② 依法必须进行招标项目的投标人有上述所列行为、尚未构成犯罪的，由有关行政监督部门处中标项目金额 5‰以上 10‰以下的罚款，对单位直接负责的主管人员和其他直接责任人员处单位罚款数额 5%以上 10%以下的罚款；有违法所得的，并处没收违法所得。

③ 情节严重的，取消其 1~3 年的投标资格，并予以公告，直至由工商行政管理机关吊销其营业执照。

(9) 根据《工程建设项目施工招标投标办法》第七十六条的规定，依法必须进行招标的项目，招标人违法与投标人就投标价格、投标方案等实质性内容进行谈判的，有关行政监督部门给予警告，对单位直接负责的主管人员和其他直接责任人员依法给予处分。上述所列行为影响中标结果的，中标无效。

(10) 根据《工程建设项目施工招标投标办法》第七十七条的规定，评标委员会成员存在受贿行为的，应当承担以下法律责任：

没收收受的财物，可以并处 3000 元以上 5 万元以下的罚款，取消其担任评标委员会成员的资格并予以公告，不得再参加依法必须进行招标的项目的评标。

(11) 根据《工程建设项目施工招标投标办法》第七十八条的规定，评标委员会成员不能客观公正地履行职责行为的，例如：应当回避而不回避、擅离职守、私下接触投标人，对应当否决的投标不提出否决意见、暗示或者诱导投标人对投标文件作出的澄清、修改等，应当承担以下法律责任：

① 由有关行政监督部门责令改正；

② 情节严重的，禁止其在一定期限内参加依法必须进行招标的项目的评标；

③ 情节特别严重的，取消其担任评标委员会成员的资格。

(12) 根据《工程建设项目施工招标投标办法》第七十九条的规定，依法必须进行招标的项目的招标人不按照规定组建评标委员会，或者确定、更换评标委员会成员违反《招标投标法》和《招标投标法实施条例》的规定的，由有关行政监督部门责令改正，可以处 10 万元以下的罚款，对单位直接负责的主管人员和其他直接责任人员依法给予处分。违法确定或者更换的评标委员会成员作出的评审决定无效，依法重新进行评审。

(13) 根据《工程建设项目施工招标投标办法》第八十条的规定，依法必须进行招标的项目的招标人有下列情形之一的，由有关行政监督部门责令改正，可以处中标项目金额10‰以下的罚款；给他人造成损失的，依法承担赔偿责任；对单位直接负责的主管人员和其他直接责任人员依法给予处分：①无正当理由不发出中标通知书；②不按照规定确定中标人；③中标通知书发出后无正当理由改变中标结果；④无正当理由不与中标人订立合同；⑤在订立合同时向中标人提出附加条件。

(14) 根据《工程建设项目施工招标投标办法》第八十一条的规定，中标通知书发出后，如果中标人放弃中标项目的，无正当理由不与招标人签订合同的，在签订合同时向招标人提出附加条件或者更改合同实质性内容的，或者拒不提交所要求的履约保证金的，取消其中标资格，投标保证金不予退还；如果给招标人造成的损失超过投标保证金数额的，中标人应当对超过部分予以赔偿；没有提交投标保证金的，应当对招标人的损失承担赔偿责任。对依法必须进行施工招标的项目的中标人，由有关行政监督部门责令改正，可以处中标金额 10‰以下罚款。

(15) 根据《工程建设项目施工招标投标办法》第八十二条的规定，中标人将中标项目转让给他人的，将中标项目肢解后分别转让给他人的，违法将中标项目的部分主体、关键性工作分包给他人的，或者分包人再次分包的，转让、分包无效，有关行政监督部门可以对其处转让、分包项目金额 5‰以上 10‰以下的罚款；有违法所得的，并处没收违法所得；可以责令停业整顿；情节严重的，由工商行政管理机关吊销其营业执照。

2.4 工程建设项目货物招标投标

> 思维导图

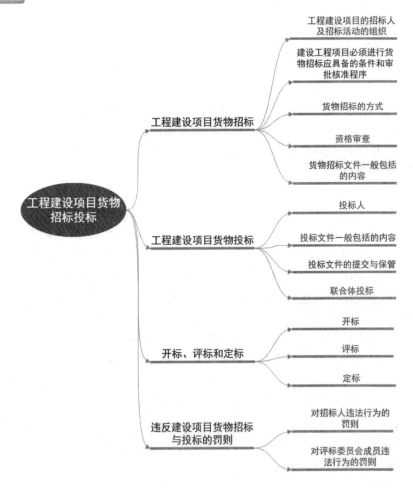

带着问题学知识

建设工程项目必须进行货物招标应具备的条件和审批核准程序有哪些？
货物招标的方式有哪些？
建设工程项目的货物投标文件一般包括的内容有哪些？

为了规范工程建设项目的货物招标投标活动，保护国家利益、社会公共利益和招标投标活动当事人的合法权益，保证工程质量，提高投资效益，根据《招标投标法》和国务院有关部门的职责分工，国家发展和改革委员会、建设部(现为住房和城乡建设部)、铁道部(现为国家铁路局和中国国家铁路集团有限公司)、交通部(现为交通运输部)、信息产业部(现为工业和信息化部)、水利部、中国民用航空总局于2005年1月18日审议通过了《工程建设项目货物招标投标办法》，于2005年3月1日起施行，2013年，3月11日关于废止和修改部分招标投标规章和示范性文件的决定(发展改革令第23号)对《工程建设项目货物招标投标办法》做出修改。

建设项目货物是指与工程建设项目有关的重要设备、材料等。不属于工程建设项目，但属于固定资产投资的货物招标投标活动，参照该办法执行。使用国际组织或者外国政府贷款、援助资金的项目进行招标，贷款方、资金提供方对货物招标投标活动的条件和程序有不同规定的，可以适用其规定，但违背中华人民共和国社会公共利益的除外。

2.4.1 工程建设项目货物招标

1. 工程建设项目的招标人及招标活动的组织

工程建设项目招标人是依法提出招标项目、进行招标的法人或者其他组织。总承包中标人单独或者共同招标时，也是招标人。工程建设项目招标人对项目实行总承包招标时，未包括在总承包范围内的货物属于依法必须进行招标的项目范围且达到国家规定规模标准的，应当由工程建设项目招标人依法组织招标。工程建设项目实行总承包招标时，以暂估价形式包括在总承包范围内的货物属于依法必须进行招标的项目范围且达到国家规定规模标准的，应当依法组织招标。

2. 建设工程项目必须进行货物招标应具备的条件和审批核准程序

1) 应具备的条件
依法必须招标的工程建设项目，应当具备下列条件才能进行货物招标：
(1) 招标人已经依法成立；
(2) 按照国家有关规定应当履行项目审批、核准或者备案手续的，已经审批、核准或者备案；
(3) 有相应资金或者资金来源已经落实；
(4) 能够提出货物的使用与技术要求。
2) 审批、核准手续
根据《工程建设项目货物招标投标办法》第九条的规定：

① 依法必须进行招标的工程建设项目，按国家有关规定需要履行审批、核准手续的，招标人应当在报送的可行性研究报告、资金申请报告或者项目申请报告中将货物招标范围、招标方式(公开招标或邀请招标)、招标组织形式(自行招标或委托招标)等有关招标内容报项目审批、核准部门审批、核准。

② 项目审批、核准部门应当将审批、核准的招标内容通报有关行政监督部门。

3. 货物招标的方式

1) 公开招标

国务院发展改革部门确定的国家重点建设项目和各省、自治区、直辖市人民政府确定的地方重点建设项目，其货物采购应当公开招标。采用公开招标方式的，招标人应当发布资格预审公告或者招标公告。依法必须进行货物招标的资格预审公告或者招标公告，应当在国家指定的报刊或者信息网络上发布。招标公告或者投标邀请书应当载明下列内容：

招标人的名称和地址；招标货物的名称、数量、技术规格、资金来源；交货的地点和时间；获取招标文件或者资格预审文件的地点和时间；对招标文件或者资格预审文件收取的费用；提交资格预审申请书或者投标文件的地点和截止日期；对投标人的资格要求。

2) 邀请招标

依据《工程建设项目货物招标投标办法》第十一条的规定，依法应当公开招标的项目，有下列情形之一的，可以邀请招标：

(1) 技术复杂、有特殊要求或者受自然环境限制，只有少量潜在投标人可供选择；

(2) 采用公开招标方式的费用占项目合同金额的比例过大；

(3) 涉及国家安全、国家秘密或者抢险救灾，适宜招标但不宜公开招标。

有上述第(2)项所列情形，属于按照国家有关规定需要履行项目审批、核准手续的依法必须进行招标的项目，由项目审批、核准部门认定；其他项目由招标人申请有关行政监督部门作出认定。

采用邀请招标方式的，招标人应当向3家以上具备货物供应能力、资信良好的特定的法人或者其他组织发出投标邀请书。

4. 资格审查

1) 资格预审与资格后审

招标人可以根据招标货物的特点和需要，对潜在投标人或者投标人进行资格审查；国家对潜在投标人或者投标人的资格条件有规定的，依照其规定。资格审查可分为资格预审和资格后审。

资格预审是指招标人出售招标文件或者发出投标邀请书前对潜在投标人进行的资格审查。资格预审一般适用于潜在投标人较多或者大型、技术复杂的货物的招标。采取资格预审的，招标人应当在资格预审文件中详细规定资格审查的标准和方法。

资格后审，是指在开标后对投标人进行的资格审查。资格后审一般在评标过程中的初步评审开始时进行。采取资格后审的，招标人应当在招标文件中详细规定资格审查的标准和方法。

依据《工程建设项目货物招标投标办法》第十四条的规定，招标人应当按照资格预审公告、招标公告或者投标邀请书规定的时间、地点发售招标文件或者资格预审文件。自招标文件或者资格预审文件发售之日起至停止发售之日止，最短不得少于 5 日。招标人可以通过信息网络或者其他媒介发布招标文件。通过信息网络或者其他媒介发布的招标文件与书面招标文件具有同等法律效力，当出现不一致时以书面招标文件为准，但国家另有规定的除外。对招标文件或者资格预审文件的收费应当限于补偿印刷、邮寄的成本支出，不得以营利为目的。

除不可抗力原因外，招标文件或者资格预审文件发出后，不予退还；招标人在发布招标公告、发出投标邀请书后或者发出招标文件或资格预审文件后不得终止招标。招标人终止招标的，应当及时发布公告，或者以书面形式通知被邀请的或者已经获取资格预审文件、招标文件的潜在投标人。已经发售资格预审文件、招标文件或者已经收取投标保证金的，招标人应当及时退还所收取的资格预审文件、招标文件的费用，以及所收取的投标保证金及银行同期存款利息。

依据《工程建设项目货物招标投标办法》第二十条的规定，依法必须招标的项目通过资格预审的申请人不足 3 个的，招标人在分析招标失败的原因并采取相应措施后，应当重新招标。对资格后审不合格的投标人，评标委员会应当否决其投标。

2) 资格预审文件一般包括的内容

依据《工程建设项目货物招标投标办法》第十八条的规定，资格预审文件一般包括以下内容：①资格预审公告；②申请人须知；③资格要求；④其他业绩要求；⑤资格审查标准和方法；⑥资格预审结果的通知方式。

5. 货物招标文件一般包括的内容

依据《工程建设项目货物招标投标办法》第二十一条的规定，货物招标文件除了招标文件的一般内容，还应包括以下内容：①技术规格、参数及其他要求；②评标标准和方法；③合同主要条款。

招标人应当在招标文件中规定实质性要求和条件，说明不满足其中任何一项实质性要求和条件的投标将被拒绝，并用醒目的方式标明；没有标明的要求和条件在评标时不得作为实质性要求和条件。对于非实质性要求和条件，应规定允许偏差的最大范围、最高项数以及对这些偏差进行调整的方法。国家对招标货物的技术、标准、质量等有规定的，招标人应当按照其规定在招标文件中提出相应的要求。

依据《工程建设项目货物招标投标办法》第二十二条的规定，招标货物需要划分标包的，招标人应合理划分标包，确定各标包的交货期，并在招标文件中如实载明。招标人不得以不合理的标包限制或者排斥潜在投标人或者投标人。依法必须进行招标的项目的招标人不得利用标包划分规避招标。

依据《工程建设项目货物招标投标办法》第二十三条的规定，招标人允许中标人对非主体货物进行分包的，应当在招标文件中载明。主要设备、材料或者供货合同的主要部分不得要求或者允许分包。除招标文件要求不得改变标准货物的供应商外，中标人经招标人同意改变标准货物的供应商的，不应视为转包和违法分包。

依据《工程建设项目货物招标投标办法》第二十四条的规定，招标人可以要求投标人在提交符合招标文件规定要求的投标文件外，提交备选投标方案，但应当在招标文件中作出说明。不符合中标条件的投标人的备选投标方案不予考虑。

依据《工程建设项目货物招标投标办法》第二十五条和第二十六条的规定，招标文件规定的各项技术规格应当符合国家有关技术法规的规定。招标文件中规定的各项技术规格均不得要求或标明某一特定的专利技术、商标、名称、设计、原产地或供应者等，不得含有倾向或者排斥潜在投标人的其他内容。如果必须引用某一供应者的技术规格才能准确或清楚地说明拟招标货物的技术规格时，就应当在参照后面加上"或相当于"的字样。招标文件应当明确规定评标时包含价格在内的所有评标因素，以及据此进行评估的方法。在评标过程中，不得改变招标文件中规定的评标标准、方法和中标条件。

依据《工程建设项目货物招标投标办法》第三十一条的规定，对无法精确拟定其技术规格的货物，招标人可以采用两阶段招标程序。

(1) 在第一阶段，首先，招标人要求潜在投标人根据招标文件中的项目描述，提出技术建议，并提交建议文件。其中建议文件必须详细阐述货物的技术规格、质量和其他特性。就此，招标人与投标人可以进行协商和探讨，双方在此基础上，列出意见一致的技术规格，并编制招标文件。

(2) 在第二阶段，招标人对提交了技术建议文件的投标人发出含有意见一致的技术规格的正式招标文件，因此，投标人根据正式招标文件再次提交投标文件。此次提交的投标文件必须包括价格在内，而且是最后的投标文件。

依据《工程建设项目货物招标投标办法》第二十九条的规定，对于潜在投标人在阅读招标文件中提出的疑问，招标人应当以书面、投标预备会或者电子网络等方式予以解答，同时将解答以书面形式通知所有购买招标文件的潜在投标人。该解答的内容为招标文件的组成部分。除招标文件有明确要求外，出席投标预备会不是强制性的，由潜在投标人自行决定，并自行承担由此可能产生的风险。

依据《工程建设项目货物招标投标办法》第三十条的规定，招标人应当确定投标人编制投标文件所需的合理时间。依法必须进行招标的货物，自招标文件开始发出之日起至投标人提交投标文件截止之日，最短不得少于 20 日。

2.4.2　工程建设项目货物投标

1. 投标人

(1) 投标人是响应招标、参加投标竞争的法人或者其他组织。

(2) 法定代表人为同一个人的两个及两个以上法人，母公司、全资子公司及其控股公司，都不得在同一货物招标中同时投标。

(3) 一个制造商对同一品牌、同一型号的货物，仅能委托一个代理商参加投标。违反上述规定的，相关投标均无效。

2. 投标文件一般包括的内容

依据《工程建设项目货物招标投标办法》第三十三条的规定，投标人应当按照招标文件的要求编制投标文件。投标文件应当对招标文件提出的实质性要求和条件作出响应。投标文件一般包括以下内容：

(1) 投标函；
(2) 投标一览表；

(3) 技术性能参数的详细描述；
(4) 商务和技术偏差表；
(5) 投标保证金；
(6) 有关资格证明文件；
(7) 招标文件要求的其他内容。

投标人根据招标文件载明的货物实际情况，拟在中标后将供货合同中的非主要部分进行分包的，应当在投标文件中载明。

3. 投标文件的提交与保管

依据《工程建设项目货物招标投标办法》第三十四条的规定，投标人应当在招标文件要求提交投标文件的截止时间前，将投标文件密封送达招标文件中规定的地点。招标人收到投标文件后，应当向投标人出具标明签收人和签收时间的凭证，在开标前任何单位和个人不得开启投标文件。在招标文件要求提交投标文件的截止时间后送达的投标文件，招标人应当拒收。

依据《工程建设项目货物招标投标办法》第三十五条的规定，投标人在招标文件要求提交投标文件的截止时间前，可以补充、修改、替代或者撤回已提交的投标文件，并书面通知招标人。补充、修改的内容为投标文件的组成部分。

依据《工程建设项目货物招标投标办法》第三十六条和第三十七条的规定，在提交投标文件截止时间后，投标人不得撤销其投标文件，否则招标人可以不退还其投标保证金。招标人应妥善保管已接收的投标文件、修改或撤回通知、备选投标方案等投标资料，并严格保密。

依据《工程建设项目货物招标投标办法》第三十四条(第三款)的规定，依法必须进行招标的项目，提交投标文件的投标人少于 3 个的，招标人在分析招标失败的原因并采取相应措施后，应当重新招标。重新招标后投标人仍少于 3 个，按照国家的有关规定需要履行审批、核准手续的依法必须进行招标的项目，报项目审批、核准部门审批、核准后可以不再进行招标。

4. 联合体投标

依据《工程建设项目货物招标投标办法》第三十八条的规定，两个以上法人或者其他组织可以组成一个联合体，以一个投标人的身份共同投标。联合体各方签订共同投标协议后，不得再以自己的名义单独投标，也不得组成或参加其他联合体在同一项目中投标；否则相关投标均无效。

联合体中标的，应当指定牵头人或代表，授权其代表所有联合体成员与招标人签订合同，负责整个合同实施阶段的协调工作。但是，需要向招标人提交由所有联合体成员法定代表人签署的授权委托书。

依据《工程建设项目货物招标投标办法》第三十九条的规定，招标人接受联合体投标并进行资格预审的，联合体应当在提交资格预审申请文件前组成。资格预审后联合体增减、更换成员的，其投标无效。招标人不得强制资格预审合格的投标人组成联合体。

2.4.3 开标、评标和定标

1. 开标

1) 招标人应当拒收的投标文件

依据《工程建设项目货物招标投标办法》第四十一条的规定，投标文件有下列情形之一的，招标人应当拒收：逾期送达；未按招标文件要求密封。

2) 评标委员会应当否决的投标

依据《工程建设项目货物招标投标办法》第四十一条的规定，有下列情形之一的，评标委员会应当否决其投标：

(1) 投标文件未经投标单位盖章和单位负责人签字；

(2) 投标联合体没有提交共同投标协议；

(3) 投标人不符合国家或者招标文件规定的资格条件；

(4) 同一投标人提交两个以上不同的投标文件或者投标报价，但招标文件要求提交备选投标的除外；

(5) 投标报价低于成本或者高于招标文件设定的最高投标限价；

(6) 投标文件没有对招标文件的实质性要求和条件做出响应；

(7) 投标人有串通投标、弄虚作假、行贿等违法行为。

依法必须招标的项目评标委员会否决所有投标的，或者评标委员会否决一部分投标后，其他有效投标不足 3 个，使投标明显缺乏竞争，评标委员会决定否决全部投标的，招标人在分析招标失败的原因并采取相应措施后，应当重新招标。

3) 投标文件的澄清、说明或补正

依据《工程建设项目货物招标投标办法》第四十二条和第四十三条的规定，评标委员会可以以书面形式要求投标人对投标文件中含义不明确、对同类问题表述不一致或者有明显文字和计算错误的内容做必要的澄清、说明或补正。评标委员会不得向投标人提出带有暗示性或诱导性的问题，或向其明确投标文件中的遗漏和错误。投标文件不响应招标文件的实质性要求和条件的，评标委员会不得允许投标人通过修正或撤销其不符合要求的差异或保留，使之成为具有响应性的投标。

2. 评标

依据《工程建设项目货物招标投标办法》第四十四条和第四十五条的规定，技术简单或技术规格、性能、制作工艺要求统一的货物，一般可采用经评审的最低投标价法进行评标。技术复杂或技术规格、性能、制作工艺要求难以统一的货物，一般应采用综合评估法进行评标。符合招标文件要求且评标价最低或综合评分最高而被推荐为中标候选人的投标人，其所提交的备选投标方案可予以考虑。

依据《工程建设项目货物招标投标办法》第四十六条和第四十七条的规定，评标委员会完成评标后，应向招标人提出书面评标报告。评标报告由评标委员会全体成员签字。评标委员会在书面评标报告中推荐的中标候选人应当限定在 1~3 人，并标明排列顺序。招标人应当接受评标委员会推荐的中标候选人，不得在评标委员会推荐的中标候选人之外确定中标人。

依法必须进行招标的项目，招标人应当自收到评标报告之日起 3 日内公示中标候选人，公示期不得少于 3 日。

3. 定标

1) 中标人的确定

依据《工程建设项目货物招标投标办法》第四十八条的规定，国有资金占控股或者主导地位的依法必须进行招标的项目，招标人应当确定排名第一的中标候选人为中标人。排名第一的中标候选人放弃中标、因不可抗力提出不能履行合同、不按照招标文件要求提交履约保证金，或者被查实存在影响中标结果的违法行为等情形，不符合中标条件的，招标人可以按照评标委员会提出的中标候选人名单排序依次确定其他中标候选人为中标人。依次确定其他中标候选人与招标人预期差距较大，或者对招标人明显不利的，招标人可以重新招标。招标人可以授权评标委员会直接确定中标人。国务院对中标人的确定另有规定的，从其规定。

依据《工程建设项目货物招标投标办法》第四十九条的规定，招标人不得向中标人提出压低报价、增加配件或者售后服务量，以及其他超出招标文件规定的违背中标人意愿的要求，并以此作为发出中标通知书和签订合同的条件。

2) 中标通知书的效力

依据《工程建设项目货物招标投标办法》第五十条的规定，中标通知书对招标人和中标人具有同等法律效力。中标通知书发出后，招标人改变中标结果的，或者中标人放弃中标项目的，应当依法承担法律责任。中标通知书由招标人发出，也可以委托其招标代理机构发出。

3) 签订合同

依据《工程建设项目货物招标投标办法》第五十一条和第五十三条的规定，招标人和中标人应当在投标有效期内并在自中标通知书发出之日起 30 日内，按照招标文件和中标人的投标文件订立书面合同。招标人和中标人不得再行订立背离合同实质性内容的其他协议。必须审批的工程建设项目，货物合同价格应当控制在批准的概算投资范围之内；确需超出范围的，应当在中标合同签订前，报原项目审批部门审查同意。项目审批部门应当根据招标的实际情况，及时作出批准或者不予批准的决定；项目审批部门不予批准的，招标人应当自行平衡超出的概算。

4) 履约保证金的提交与投标保证金的退还

依据《工程建设项目货物招标投标办法》第五十一条(第二款)的规定，招标文件要求中标人提交履约保证金或者其他形式的履约担保的，中标人应当提交；拒绝提交的，视为放弃中标项目。招标人要求中标人提供履约保证金或其他形式的履约担保的，招标人应当同时向中标人提供货款支付担保。履约保证金不得超过中标合同金额的 10%。

依据《工程建设项目货物招标投标办法》第五十二条的规定，招标人最迟应当在书面合同签订后 5 日内，向中标人和未中标的投标人一次性退还投标保证金及银行同期存款利息。

5) 招标投标情况的报告

依据《工程建设项目货物招标投标办法》第五十四条的规定，依法必须进行货物招标的项目，招标人应当自确定中标人之日起 15 日内，向有关行政监督部门提交招标投标情况的书面报告。报告至少应包括以下内容：招标货物的基本情况；招标方式和发布招标公告或者资格预审公告的媒介；招标文件中投标人须知、技术条款、评标标准和方法、合同主要条款等；评标委员会的组成和评标报告及中标结果。

2.4.4 违反建设项目货物招标与投标的罚则

违反建设项目货物招标与投标的罚则.doc

音频 5：对评标委员会成员违法行为的罚则

【例题 2-2】 杭州某工厂需要进行扩建，扩建面积是 2000 平方米，共有三个厂房和一个宿舍楼。本工厂对施工项目计划采用公开招标方式。此外，施工项目中所用到的材料由工厂进行招标，采用公开招标方式。

(1) 招标公告或投标邀请书至少应该包括的内容有哪些？

(2) 在招标投标活动中，不管是招标人还是投标人，只要对招投标活动的公平性产生影响的行为，都应当承担法律责任。那么，招标人向他人透露潜在投标人的相关信息并可能影响公平竞争其他情况的应承担的法律责任有哪些？

(3) 工厂委托一个招标代理机构进行货物招标，那么货物招标文件中对货物的要求一般有哪些？

2.5 实训练习

一、单选题

1. 以下关于工程设计资质的说法正确的是(　　)。
   A. 取得工程设计行业资质的企业，承接工程设计业务范围不受限制
   B. 取得工程设计专项资质的企业，承接工程设计业务范围不受限制
   C. 取得工程设计综合资质的企业，承接工程设计业务范围不受限制
   D. 取得工程设计行业资质的企业，可以承接本行业范围内同级别的相应专项工程设计业务，也需要再单独领取工程设计专项资质

2. 以下说法错误的是(　　)。
   A. 招标人要求投标人提交投标文件的时限为：进行概念设计招标的，不少于 20 日
   B. 招标人要求投标人提交投标文件的时限为：二级以下建筑工程不少于 30 日
   C. 招标人要求投标人提交投标文件的时限为：特级建筑工程不少于 45 日
   D. 招标文件一经发出，招标人不得随意变更。确需进行必要的澄清或者修改，应当在提交投标文件截止日期 10 日前，书面通知所有招标文件收受人

3. 关于投标保证金的退回与履约保证金的提交，以下说法正确的是(　　)。
   A. 招标人与中标人签订合同后 3 日内退还投标保证金

B. 招标文件中规定给予未中标人经济补偿的，也应在投标保证金退回期限内一并给付

C. 不可将其投标保证金抵作履约保证金

D. 拒绝延长投标有效期的投标人无权收回投标保证金

4. 关于工程建设项目施工投标资格审查的内容，以下说法错误的是（　　）。

A. 在最近五年内没有骗取中标和严重违约及重大工程质量问题

B. 具有独立订立合同的权利

C. 具有履行合同的能力，包括专业、技术资格和能力；资金、设备和其他物质设施状况；管理能力、经验、信誉和相应的从业人员

D. 没有处于被责令停业；投标资格被取消；财产被接管、冻结；破产的状态

5. 关于资格审查，以下哪个是正确的（　　）。

A. 资格后审一般适用于潜在投标人较多或者大型、技术复杂的货物的招标

B. 依法必须招标的项目通过资格预审的申请人不足3个的，也可以不用重新招标

C. 自招标文件或者资格预审文件发售之日起至停止发售之日止，最短不得少于3日

D. 资格预审是指招标人出售招标文件或者发出投标邀请书前对潜在投标人进行的资格审查

6. 以下关于定标的说法正确的是（　　）。

A. 评标委员会推荐的中标候选人应当限定在1~5人，并标明排列顺序

B. 依法必须进行招标的项目，招标人应当自收到评标报告之日起3日内公示中标候选人，公示期不得少于3日

C. 招标人可以直接指定分包人

D. 招标人和中标人应当在投标有效期内并在自中标通知书发出之日起20日内

7. 以下关于货物招标文件的说法错误的是（　　）。

A. 国家对招标货物的技术、标准、质量等有规定的，招标人应当按照其规定在招标文件中提出相应要求

B. 招标货物需要划分标包的，招标人应合理划分标包，确定各标包的交货期，并在招标文件中如实载明

C. 依法必须进行招标的货物，自招标文件开始发出之日起至投标人提交投标文件截止之日，至少为15日

D. 主要设备、材料或者供货合同的主要部分不得要求或者允许分包

8. 以下关于投标文件的提交与保管的说法错误的是（　　）。

A. 在招标文件要求提交投标文件的截止时间后送达的投标文件，招标人可以接收

B. 投标人应当在招标文件要求提交投标文件的截止时间前，将投标文件密封送达招标文件中规定的地点

C. 招标人收到投标文件后，应当向投标人出具标明签收人和签收时间的凭证，在开标前任何单位和个人不得开启投标文件

D. 投标人在招标文件要求提交投标文件的截止时间前，可以补充、修改、替代或者撤回已提交的投标文件，并书面通知招标人

9. 以下关于联合体投标的说法错误的是（　　）。

A. 联合体各方签订共同投标协议后，可以再以自己的名义单独投标
B. 两个以上法人或者其他组织可以组成一个联合体，以一个投标人的身份共同投标
C. 联合体中标的，应当指定牵头人或代表，授权其代表所有联合体成员与招标人签订合同，负责整个合同实施阶段的协调工作
D. 招标人接受联合体投标并进行资格预审的，联合体应当在提交资格预审申请文件前组成

二、多选题

1. 关于工程建设项目施工可以不进行施工招标的项目有(　　)。
   A. 涉及国家安全、国家秘密、抢险救灾或者属于利用扶贫资金实行以工代赈，需要使用农民工等特殊情况，不适宜进行招标
   B. 施工主要技术采用不可替代的专利或者专有技术
   C. 已通过招标方式选定的特许经营项目投资人依法能够自行建设
   D. 在建工程追加的附属小型工程或者主体加层工程，原中标人仍具备承包能力，并且其他人承担将影响施工或者功能配套要求
   E. 采购人依法能够自行建设

2. 投标人串通投标报价的情形有(　　)。
   A. 投标人之间相互约定抬高或压低投标报价
   B. 投标人之间相互约定，在招标项目中分别以高、中、低价位报价
   C. 投标人之间先进行内部竞价，内定中标人，然后参加投标
   D. 投标人之间其他串通投标报价的行为
   E. 投标人向招标人询问招标细节并透露给其他投标人

3. 招标人与投标人串通投标的情形包括(　　)。
   A. 招标人在开标前开启投标文件并将有关信息泄露给其他投标人，或者授意投标人撤换、修改投标文件
   B. 招标人向投标人泄露标底、评标委员会成员等信息
   C. 招标人明示或者暗示投标人压低或抬高投标报价
   D. 招标人明示或者暗示投标人为特定投标人中标提供方便
   E. 招标人与投标人为谋求特定中标人中标而发生的其他串通行为

4. 招标代理机构因违法泄露与招标投标活动相关的必须保密的资料而损害了人民、社会、国家利益的，应该承担的法律责任有(　　)。
   A. 由有关行政监督部门处 5 万元以上 25 万元以下的罚款，对单位直接负责的主管人员和其他直接责任人员处单位罚款数额 5%以上 10%以下的罚款
   B. 没收违法所得
   C. 情节严重的，有关行政监督部门可停止其一定时期内参与相关领域的招标代理业务，资格认定部门可暂停直至取消其招标代理资格
   D. 构成犯罪的，由司法机关依法追究其刑事责任；给他人造成损失的，应依法承担赔偿责任
   E. 上述所列行为影响中标结果，并且中标人为上述行为的受益人的，中标无效

5. 工程建设项目货物投标文件一般包括( )。
   A. 投标函 B. 投标一览表
   C. 技术性能参数的详细描述 D. 商务和技术偏差表
   E. 投标保证金 F. 有关资格证明文件
6. 评标委员会应当否决有下列情形之一的投标( )。
   A. 投标文件未经投标单位盖章和单位负责人签字
   B. 投标联合体没有提交共同投标协议
   C. 投标人不符合国家或者招标文件规定的资格条件
   D. 投标文件没有对招标文件的实质性要求和条件作出响应
   E. 投标标价低于成本或者高于招标文件设定的最高投标限价

三、简答题

1. 简述建设工程设计投标文件的最优方案的选择与评标报告。
2. 简述工程建设项目勘察设计招标投标中依法可以采用邀请招标的情况。
3. 简述工程建设项目施工招标投标中可以采用邀请招标的项目。
4. 简述违反建设项目货物招标与投标的罚则中对评标委员会成员违法行为的罚则。

第 2 章习题答案

项目实训

班级		姓名		日期	
教学项目		建设工程招标投标			
任务	掌握编制建设工程设计投标文件的要求、设计投标作废的情形；掌握工程建设项目施工招标、投标以及违法招标投标应承担的法律责任；熟悉工程建设项目勘察设计招标和投标内容；了解工程建设项目货物招标和投标内容		方式	结合课本的概念、相关视频、工程实例学习	
相关知识	建设工程设计投标文件的要求、设计投标作废的情形、施工招标和投标，以及违法招标投标应承担的法律责任、勘察设计招标和投标内容、货物招标和投标内容				
其他要求	无				
学习总结记录					
评语				指导老师	

第3章 合同的订立

学习目标

(1) 掌握合同的基本概念、订立合同应遵循的原则、合同的一般条款、要约与承诺等内容。
(2) 熟悉缔约过失责任。
(3) 了解合同格式条款的含义与解释。

第3章教案

第3章案例答案

教学要求

章节知识	掌握程度	相关知识点
合同与合同法概述	熟悉并掌握合同概述、合同法概述	合同概述、合同法概述
订立合同应遵循的基本原则	掌握订立合同应遵循的五个基本原则	合同当事人法律地位平等原则、自愿原则、公平原则、诚实信用原则、合法原则
订立合同的方式	熟悉并掌握要约、承诺	要约、承诺相关概念理解
订立合同采用的形式与合同的一般条款	熟悉并掌握订立合同采用的形式、合同的一般条款	订立合同采用的形式、合同的一般条款
缔约过失责任	掌握缔约过失责任的含义与构成要件、缔约过失责任的几种情形	缔约过失责任的含义与构成要件、缔约过失责任的几种情形

课程思政

合同是一种契约，是法律地位平等的当事人真实意思表示一致的产物，是受法律保护的。因此，在学习合同的概念以及相关内容时，也要了解其相关的思政知识。我国是一个法制国家，其法制基础就是思政内容。关于合同的思政内容，学生应当深刻领悟合同订立的原则等。此外，在课堂上，学生可以积极列举合同订立的违法行为等。其目的是使学生具有良好的合同订立意识。

◉ 案例导入

　　了解合同和合同法是合同订立的基础，只有掌握合同和合同法的相关内容和注意事项，才能知道合同是否能订立、合同以什么方式才能成立。此外，还能在订立合同，面对不合法的行为，能及时意识和发现，并及时止损，这样才能保护自己利益的。

◉ 思维导图

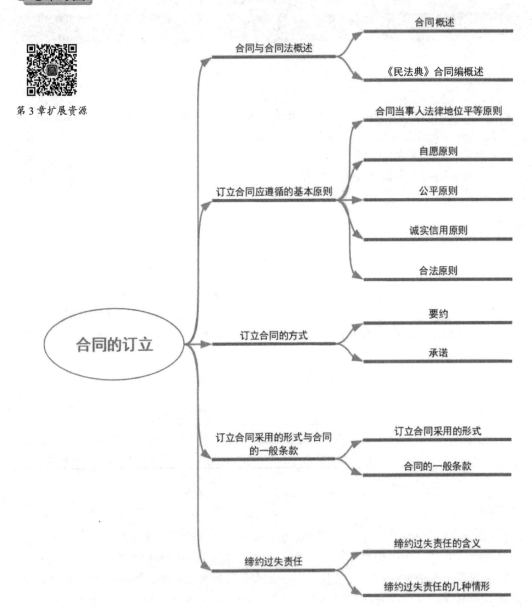

第3章扩展资源

3.1 合同与合同法概述

> 思维导图

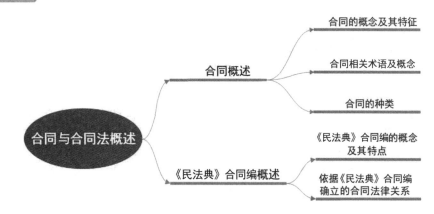

> 带着问题学知识

合同的概念及其特征是什么?
合同的种类有哪些?
合同法的概念及其特点是什么?

3.1.1 合同概述

1. 合同的概念及其特征

一般来说,合同就是一种契约。我国《合同法》第二条(现为《民法典》合同编第四百六十四条)规定,合同是平等主体的自然人、法人、其他组织(即民事主体)之间设立、变更、终止民事权利义务关系(即法律关系)的协议。

根据《合同法》(现为《民法典》合同编)中关于合同概念的规定,合同具有以下几个特征。

(1) 合同是平等主体的自然人、法人、其他组织(即民事主体)所实施的一种民事法律行为。因此合同是合法的、具有法律约束力。

(2) 合同以设立、变更或终止民事权利义务关系(即法律关系)为目的和宗旨。

(3) 合同是当事人协商一致的产物或意思表示一致的协议。

2. 合同相关术语及概念

1) 民事法律行为与事实行为

(1) 民事法律行为是一种重要的法律事实,是能够引起民事权利和民事义务的产生、变更或终止的合法行为,是以意思表示为成立要件的,没

音频1:合同相关
术语概念

有意思表示，就没有民事法律行为。

(2) 事实行为，是指不以意思表示为要件并不能产生当事人预期法律效果的行为，例如侵权行为。事实行为并不是法律行为，因为它并不合法。

合同是一种合法的、具有法律约束力的行为。

2) 设立、变更或终止民事权利义务关系

(1) 设立民事法律关系是指当事人通过订立合同形成某种法律关系，从而使当事人享有相应的权利和承担相应的义务。

(2) 变更民事法律关系是指当事人在原先订立的合同的基础上对部分内容进行改变。此外，若对部分内容进行改变，导致当事人原先的合同关系发生了质的改变的，就不是变更民事法律行为。

(3) 终止民事权利义务关系是指当事人通过订立合同，旨在消灭原合同关系。

3) 合同是当事人意思表达一致的产物

一般来说，合同当事人必须是两个当事人的意思表示真实一致并形成合意。

3. 合同的种类

合同依据不同的标准可以进行不同的分类，从而形成不同种类的合同。《民法典》合同编典型合同分编中将合同分为19种，包括买卖合同，供用电、水、气、热力合同，赠与合同，借款合同，保证合同，租赁合同，融资租赁合同，保理合同，承揽合同，建设工程合同，运输合同，技术合同，保管合同，仓储合同，委托合同，物业服务合同，行纪合同，中介合同，合伙合同。

音频2：合同的种类

为了更好地指导合同当事人订立和履行合同，人民法院或仲裁机构处理纠纷时正确适用法律，完善合同立法，研究合同不同分类是十分必要的。一般来说，合同还可分为以下几类。

1) 单务合同与双务合同

根据当事人双方是否存在对等给付义务，合同可以分为单务合同和双务合同。单务合同是指仅有一方负担给付义务的合同。双务合同是指当事人双方互负对等给付义务的合同。区分单务合同与双务合同的意义在于：是否使用同时履行抗辩权规则、风险如何分担及因一方过错致合同不履行后果的不同。

2) 有偿合同与无偿合同

根据当事人是否可以从合同中获取某种利益，可以将合同分为有偿合同与无偿合同。有偿合同是指一方通过履行合同规定的义务而给对方某种利益，对方要得到该利益必须为此支付相应代价的合同。无偿合同是指一方给付对方某种利益，对方取得该利益时并不支付任何报酬的合同。无偿合同是等价有偿原则在适用中的例外现象，在实践中应用得较少。在无偿合同中，一方当事人虽不向他方支付任何报酬，但并非不承担任何义务。对于有些无偿合同，当事人也要承担义务，例如借用人无偿借用他人物品，借用人负有正当使用和按期返还物品的义务。有偿合同与无偿合同只有在财产关系中才能进行区分，在身份关系中一般不涉及有偿与无偿问题。合同的有偿与无偿的划分，与合同的单务与双务的划分并非完全等同。一般来说，有偿合同都是双务合同，而无偿合同多为单务合同。

区分有偿合同与无偿合同的意义主要如下。

(1) 确定某些合同的性质。在债权合同中，许多合同只能是有偿的，不能是无偿的，如果要变有偿为无偿，或者相反，那么合同关系在性质上就要发生根本的变化。例如，买卖合同是有偿的，如果变为无偿合同，就变成了赠予合同。当然，也有一些合同既可以是有偿的，也可以是无偿的，例如公民之间的保管合同多为无偿合同，而法人之间的保管合同多为有偿合同。

(2) 义务的内容不同。由于合同是对交易关系的反映，合同义务的内容常受到当事人之间利益关系的影响。在无偿合同中，利益的出让人原则上只应承担较低的注意义务。例如，在无偿保管合同中，保管人因过失造成保管物毁损、灭失时，虽不能被免除全部责任，但应酌情减轻责任。而在有偿合同中，当事人所承担的注意义务显然要比无偿合同中的注意义务重。例如，有偿保管合同的保管人收取了寄托人所支付的保管费，如果因其过失造成保管物毁损、灭失时，保管人就应负全部赔偿责任。

(3) 主体要求不同。订立有偿合同的当事人原则上应具备完全行为能力，限制行为能力人非经其法定代理人的同意，不能订立一些较为重大的有偿合同。但对于一些能获得法律上利益的无偿合同，例如接受赠予等，限制行为能力人和无行为能力人即使未取得法定代理人的同意也可以订立该合同。

3) 有名合同与无名合同

关于有名合同和无名合同，其主要区别是两者适用的法律规则不同。

有名合同指的是法律中明确规定的具有一定名称以及规则的合同。这类合同非常典型，所以也称典型合同。因此，《合同法》中所规定的 19 种合同(《民法典》合同编中规定的 19 种合同)都是有名合同。

无名合同指的是法律中未明确规定具有一定名称以及规则的合同。这类合同也称非典型合同。无名合同一般有以下三类。①纯无名合同，即以法律纯无规定的事项为内容的合同，或者说，合同的内容不属于任何有名合同的事项。②混合合同，即在一个有名合同中规定其他有名合同事项的合同。例如在租赁房屋时，承租人以提供劳务代替交付租金的合同。③准混合合同，即在一个有名合同中规定其他无名合同事项的合同。

4) 诺成合同与实践合同

根据合同的成立是否以交付标的物为成立要件，可以将合同分为诺成合同和实践合同。

诺成合同是指当事人一方的意思表示一旦被对方同意即能产生法律效果的合同，即"一诺即成"的合同。此种合同的特点在于，当事人双方意思表示一致之时，合同即告成立。实践合同是指除当事人双方意思表示一致以外，尚需交付标的物才能成立的合同。在这种合同中，仅凭双方当事人的意思表示一致，尚不能产生一定的权利义务关系，还必须有一方实际交付标的物的行为，才能产生法律效果。例如保管合同，必须有寄存人将寄存的物品交付保管人，合同才能成立并生效。由于绝大多数合同从双方形成合意时成立，因此它们都是诺成合同。而实践合同必须有法律特别规定，可见实践合同是特殊合同。

诺成合同与实践合同的区别并不在于一方是否应交付标的物。就大量的诺成合同来说，一方当事人因合同约定也负有交付标的物的义务，例如买卖合同中的出卖人，有向买受人交付标的物的义务。实际上，诺成合同与实践合同的主要区别在于二者成立与生效的时间不同。诺成合同自双方当事人意思表示一致时起，合同即告成立；实践合同在当事人达成合意之后，还必须由当事人交付标的物和完成其他给付以后，合同才能成立。

5) 要式合同和不要式合同

关于要式合同与不要式合同，两者的主要区别是，是否应该以一定的形式作为合同成立或生效的要件。

对于要式合同，其成立或生效的要件必须是法律规定的形式。通常，对于重要的、重大的交易，根据法律要求，当事人必须按照法律规定的形式订立合同。

对于不要式合同，其成立或生效的要件是，合同依法订立，但其形式并不需要按照法律规定的形式，它既可以是口头形式，也可以是书面形式。

6) 主合同与从合同

根据合同相互间的主从关系，可以将合同分为主合同与从合同。主合同是指不需要其他合同的存在即可独立存在的合同。例如，对于保证合同来说，设立主债务的合同就是主合同。从合同是以其他合同的存在为存在前提的合同。例如，保证合同相对于主债务合同而言即为从合同。由于从合同要依赖于主合同的存在而存在，所以从合同又被称为"附属合同"。从合同的主要特点在于其附属性，即它不能独立存在，必须以主合同的存在并生效为前提。主合同不能成立，从合同就不能有效成立。主合同转让，从合同也不能单独存在。主合同被宣告无效或被撤销时，从合同也将失去效力。主合同终止，从合同也随之终止。

3.1.2 《民法典》合同编概述

1. 《民法典》合同编的概念及其特点

1) 《民法典》合同编的概念及其调整范围

《民法典》合同编是调整平等主体之间的交易关系的法律，主要规范合同的订立、合同的有效和无效及合同的履行、变更、解除、保全、违反合同的责任等问题。合同法并不是一个独立的法律部门，而只是我国民法的重要组成部分。根据《合同法》(现为《民法典》合同编)的规定，这一概念包括三层含义：①合同法只调整平等主体之间的关系；②合同法所调整的关系限于平等主体之间民事权利义务的合同关系；③合同法所调整的民事权利义务合同关系属于财产性的合同关系，不包括人身性质的合同关系。

这一规定明确了《合同法》的适用范围，排除了以下不属于平等主体之间订立的有关权利义务关系的协议。①政府依法维护经济秩序的管理活动属于行政管理关系，不是民事关系，适用有关政府管理的法律，不适用合同法。例如，有关财政拨款、征税和收取有关费用、征用、征购等，是政府行使行政管理职权的行为，应适用行政法的规定。政府机关在从事行政管理活动中采用协议的形式明确管理关系的内容，例如与被管理者订立有关计划生育、综合治理等协议，因为这些协议并不是基于平等自愿的原则订立的，因此不是民事合同，不适用合同法。然而政府机关作为平等的民事主体与其他自然人、法人之间订立的有关民事权利义务的民事合同，例如购买文具、修缮房屋、新建大楼等合同，仍然应受合同法调整。当国家以国有资产为基础参与各种民事法律关系时，国家是以民事主体身份出现的。而当国家以主权者和管理者的身份与其他主体发生关系时，其身份显然已非民事主体。政府的各种采购行为也是一种民事行为，尽管对此种行为要制定专门的政府采购法予以规范，但由此所产生的合同关系也应当适用合同法。②法人、其他组织内部的管理关系，适用有关公司、企业的法律，也不适用合同法。例如，企业内部实行生产责任制，由企业及企业的车间与工人之间订立责任制合同，这些都只是企业内部的管理措施，当事人之间仍然是一种管理和被管理的关系，应由劳动法等法律进行调整。关于农村土地承包合同，尽管类型较为复杂，但都是根据平等、自愿的原则订立的民事合同，任何一方违反合同特别是发包方擅自变更或解除合同，非违约方都有权根据合同法的规定请求对方承担违约责任。当然，因承包经营合同所产生的承包经营权也是一种物权，也应当受到物权法的保护。

2) 《民法典》合同编的特点

由于《合同法》以调整交易关系为内容，且其适用范围是各类民事合同，由此也决定了《合同法》具有不同于民法的其他部门法(例如人格权法、侵权行为法、物权法等)的特点，主要表现在以下几个方面。

(1) 《民法典》合同编具有任意性。首先，在市场经济的环境下，交易的发生等情况需要交易主体能具备独立自主并较好表达其意思，所以法律需要为交易主体提供一定的空间，在此基础上，政府的干预程度表现在合理范围内。

(2) 《民法典》合同编强调平等协商和等价有偿原则。首先，《合同法》规范的对象并不是交易主体，而是交易主体之间产生的交易关系。交易主体之间的交易关系从本质上看，就是需要交易主体遵循平等协商和等价有偿原则。因此，《民法典》合同编相比较于民法的其他法律，更加强调以上两个原则。

(3) 《民法典》合同编是富于统一性的财产法。市场经济是开放的经济，它要求消除对市场的分割、垄断、不正当竞争等现象，使各类市场成为统一的而不是分割的市场。各类市场主体能够在统一的市场中平等地从事各种交易活动，同时市场经济的发展促使国内市场和国际市场接轨，从而促进经济的发展和财富的增长。因此，作为市场经济基本法的《民法典》合同编不仅应反映国内统一市场的需要，形成一套统一规则，也应该与国际惯例相衔接。

2. 依据《民法典》合同编确立的合同法律关系

合同是发生在当事人之间的一种法律关系。由于合同在本质上是一种合意的关系，这种合意关系既可以通过口头证据，也可以通过书面证据加以证明。因此，合同与能够证明协议存在的合同书是不同的。在实践中，许多人将合同等同于合同书，认为只有存在合同书才存在合同关系，这种理解是不妥当的。合同书和其他有关合同的证据一样，都只是用来证明协议的存在及协议内容的证据，但其本身不能等同于合同关系，也不能认为只有有了合同书，才有协议或合同关系的存在。

合同关系和一般民事法律关系一样，也是由主体、内容和客体三个要素组成的。

1) 合同关系的主体

合同关系的主体又称合同的当事人，包括债权人和债务人。债权人有权请求债务人依据法律和合同的规定履行义务；债务人依据法律和合同负有实施一定行为的义务。当然，债权人与债务人的地位是相对的。合同关系的主体都是特定的，债权人只能向特定的债务人基于合同提出请求，合同债权也只能对抗特定的债务人。正是基于这一原因，合同债权又称"对人权"。它与能够对抗一切不特定的第三人的物权是有区别的。

2) 合同关系的内容

合同关系的内容包括基于合同而产生的债权和债务，又称合同债权和合同债务。合同债权是指债权人依据法律或合同的规定而享有的请求债务人给付一定行为的权利。合同债权在本质上是一种请求权，而不是像物权那样是一种支配权。因为债权人一般不是直接支配一定的物，而是请求债务人依照债权的规定为一定行为，或不为一定的行为。例如，买卖合同中规定，出卖人应于某年某月交货，在交货期到来之前，买受人只是享有请求出卖人在履行期到来后交付货物的权利，而不能实际支配出卖人的货物。也就是说，买受人只享有债权而不享有物权。只有在交货期到来后出卖人实际向买受人交付了财产，买受人占有了财产，才能够对该物享有实际的物权。当然，除请求权外，合同债权还包括代位权、撤销权等法定的权利。

合同债务是指债务人所承担的义务，即债务人向债权人为特定行为的义务。合同债务根据不同的标准有不同的种类，例如主要义务和次要义务、给付义务和附随义务、明示义务和默示义务等。无论何种义务，债务人都应按照法律和合同的规定履行，否则债务人就应承担违约责任。

3) 合同关系的客体

合同关系的客体为合同债权与合同债务所共同指向的对象。关于合同关系的客体，理论上存在不同的看法。有人认为，合同关系的客体包括物、劳务、智力成果等；有人认为，合同关系的客体仅为行为。如果说物权的客体是物，那么合同债权的客体主要是行为，即债务人应为的特定行为。因为债权人在债务人尚未交付标的物之前，并不能实际占有和支配该标的物，而只能请求债务人为一定的行为。

3.2 订立合同应遵循的基本原则

思维导图

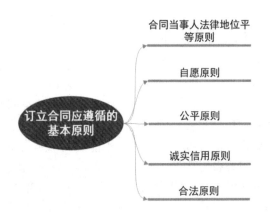

带着问题学知识

合同法的基本原则有哪几种？
关于公平原则的解释是什么？
关于合法原则的解释是什么？

合同法的基本原则是合同法的主旨和根本准则，是制定、解释、执行和研究合同法的出发点。合同法的基本原则贯穿在整个合同法制度和规范之中，它直接受到统治阶级立法思想的影响，反映着统治阶级对交易活动所持的政策、观念。合同法基本原则是市场经济的内在要求在法律上的表现，是从事交易活动的当事人所必须遵循的行为模式。基本原则本身并不是合同法里面的具体规范或其确定的具体行为标准。实际上，它只是为交易行为提供了抽象的行为准则，为合同立法和司法确定了所应遵循的宗旨和标准。

3.2.1 合同当事人法律地位平等原则

在法律上，合同当事人地位平等(在《民法典》总则编第四条中规定了平等原则"民事主体在民事活动中的法律地位一律平等。")。首先，合同当事人在法律上具有享有民事权利和承担民事义务的资格。其次，其资格是平等的，不因为合同另一方的性质而影响其资格存在和资格的平等。一方不得将自己的意志强加给另一方。不论合同主体的所有制性质如何、规模大小、有无隶属关系、个人职位的高低，只要是合同主体，都是以平等法律身份进入合同关系。合同当事人平等地享有权利与承担义务，其合法权益平等地受法律保护。

3.2.2 自愿原则

自愿原则又称自由原则，(在《民法典》总则编第五条中规定了自愿原则"民事主体从事民事活动应当遵循自愿原则，按照自己的意思设立变更、终止民事法律关系")。

合同自愿原则体现在以下几个方面：
① 合同缔约的自愿；
② 在合同不违法的前提下，当事人自愿约定；
③ 关于合同补充或变更有关内容，当事人可以通过协商决定；
④ 关于违约责任和解决争议的方法，也可以自由约定。

确立合同自由原则是鼓励交易、发展市场经济所必须采取的法律措施。合同关系越发达、越普遍，意味着交易越活跃，市场经济越具有活力，社会财富越能在更加活跃的交易中得到增长。然而，这一切都取决于合同当事人依法享有充分的合同自由。所以，合同自由是市场经济条件下交易关系发展的基础和必备条件，而以调整交易关系为主要内容的合同法当然应以此为最基本的原则。可以这样说，检验我国《民法典》合同编是否反映了我国市场经济现实需要的一个重要标准就在于它是否在内容上确认了合同自由原则。尤其应当看到，确立合同自由原则，不仅为市场经济提供了必不可少的原则，而且也为社会主义市场经济奠定了充分尊重交易主体的自由和权利的新的法制原则。

3.2.3 公平原则

实际上，公平原则来自道德观念，并不来自法律。社会公德一直提倡公平原则、谴责偏私。此外，对于价值规律来说，公平的要求和体现是利益均衡。《民法典》总则编第六条规定了公平原则"民事主体从事民事活动，应当遵循公平原则，合理确定各方的权利和义务"。

当事人应当公平合理地确定双方的权利和义务关系。对内容有重大误解或者显失公平的合同，一方当事人有权变更或撤销。在合同履行过程中，具体问题的处理要遵循公平原则，合同违约责任的确定也要遵循公平原则。当事人一方违约后，对方当事人应当采取适当的措施防止损失的扩大；如果没有采取适当措施，致使损失扩大的，不得就扩大的损失要求赔偿。但为防止损失扩大而支出的合理费用，由违约方承担。

3.2.4 诚实信用原则

诚实信用原则是指当事人在从事民事活动时，应诚实守信，以善意的方式履行其义务，不得滥用权力及规避法律或合同规定的义务。在大陆法系国家，它通常被称为债法中的最高指导原则或"帝王规则"。我国《民法典》(合同编)也确立了诚实信用原则(《民法典》总则编第七条规定了诚信原则"民事主体从事民事活动应当遵循诚信原则，秉持诚实，恪守承诺")。确立诚实信用原则的必要性在于：①保持和弘扬传统道德和商业道德。《民法典》(合同编)确认诚实信用原则，是对我国传统道德及商业道德习惯在法律上的确认，对于弘扬道德观念、规范交易活动具有重要意义。②保障合同得到严格遵守，维护社会交易秩序。诚实信用实际上是要求做到言而有信、信守诺言。只有在交易当事人具有诚实守信的观念时，合同才能得到严格遵守。甚至在合同本身存在缺陷的情况下，交易当事人如果诚实守信，也会努力消除合同的缺陷，诚实地履行合同。反之，即使合同规定得再完备，而交易当事人是非诚实守信的，合同也难以被严格遵守。因此，确认诚实守信原则，强化诚实信用观念，是正常的交易秩序赖以建立的基础。③诚实信用原则的功能随着交易的发展而不断扩大。诚实信用原则不仅具有确定行为规则的作用，而且具有平衡利益冲突、为解释法律和合同提供准则等作用。尤其是考虑到中国自改革开放以来，社会经济生活变化很快，许多法律规则已不符合现实的经济情况，如果采纳诚实信用原则，使法官依据该原则填补法律漏洞，那么它不失为完善法律的一条途径。

3.2.5 合法原则

为了保障当事人所订立的合同符合国家的意志和社会公共利益，协调不同的当事人之间的利益冲突，以及当事人的个别利益与整个社会和国家利益的冲突，保护正常的交易秩序，《民法典》(合同编)确认了合法原则(《民法典》总则编第八条规定了守法与公序良俗原则"民事主体从事民事活动，不得违反法律，不得违背公序良俗")。合法原则是基本的民事活动准则。在经济活动中，切实贯彻合法原则，才能使各项交易活动纳入法治的轨道，保障社会经济生活的正常秩序。合法原则要求当事人在订约和履约过程中必须遵守国家的法律和行政法规。合同法主要是任意性规范，但在特殊情况下为维护社会公共利益和交易秩序，合同法也对合同当事人的自由进行了必要的干预和限制，例如对标准合同及免责条款生效的限制性规定等。这些干预和限制属于强制性规定，当事人必须遵守，否则就会影响合同的效力。合法原则还包括当事人必须遵守社会公德，不得违背社会公共利益。法律规定得再完备，也不可能对社会经济现象包罗无遗，这就要求当事人在订约和履行过程中必须遵守公序良俗的要求，依据诚实信用原则履行各项附随义务。

3.3 订立合同的方式

> 思维导图

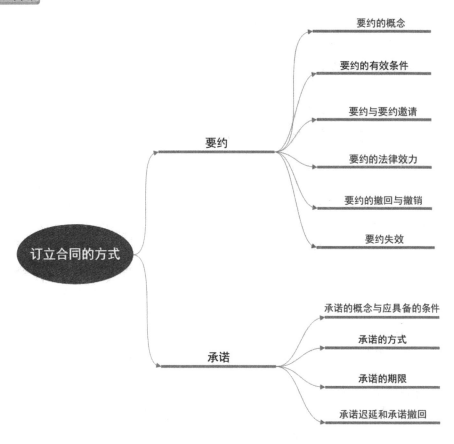

> 带着问题学知识

要约是什么？
要约邀请是什么？
承诺是什么？

3.3.1 要约

1. 要约的概念

《民法典》合同编第四百七十条规定："要约是希望与他人订立合同的意思表示。"可见，要约是一方当事人以缔结合同为目的，向对方当事人所作的意思表示。发出要约的人称为要约人，接受要约的人称为受要约人。

视频1：要约与
要约邀请

那么，要约是订立合同的第一步，也是订立合同的必要步骤。没有要约，合同是无法成立的(《民法典》合同编第四百七十一条规定"当事人订立合同，可以采取要约、承诺方式或者其他方式")。

关于要约的法律性质有两种不同的观点。传统的大陆法系观点认为，要约是一种意思表示而不是法律行为。英美法系学者一般认为，要约是当事人所做的一种允诺，认为合同是一项或数项允诺，如此看来，要约与合同无法区分开。依据我国《民法通则》(现为《民法典》总则编)关于民事法律行为的规定，民事法律行为都是合法的，民事法律行为都可以产生行为人所预期的法律效果。

要约是一种意思表示，并不是法律行为，那么意思表示可以是合法的，也可以是不合法的。因此，要约是一种意思表示，但这种意思表示是具有法律意义的，其产生的后果是受法律约束的。一旦有效的要约被违反了，那么将产生缔约上的过失责任。

2. 要约的有效条件

要约通常都具有特定的形式和内容，一项要约要发生法律效力，必须具有特定的有效条件，如果不具备这些条件，要约在法律上就不能成立，也就不能产生法律效力。根据《合同法》(现为《民法典》合同编)的规定，要约的有效条件包括以下几点。

1) 可以发出要约并订立合同的对象

我国《民法典》第一百四十三条规定："当事人订立合同，应当具有相应的民事权利能力和民事行为能力。"所以，无行为能力人或限制行为能力人发出的想要订立合同的要约，是不产生法律后果的。

2) 要约必须包含想要订立合同的意向

要约人一定要在发出的要约中直接明白地体现想要订立合同的意向。这样，一旦受要约人承诺了，合同才能产生。才能发出要约的目的在于订立合同，而这种订约的意图一定要由要约人通过其发出的要约充分表达出来，才能在受要约人承诺的情况下产生合同。根据我国《合同法》第十四条(现为《民法典》合同编第四百七十二条)的规定，要约是希望和他人订立合同的意思表示，要约中必须表明要约经受要约人承诺，要约人即受该意思表示拘束。

3) 要约发出对象是想与之订立合同的受要约人发出

要约人发出要约的对象的一般都是想与之订立合同的人，就是受要约人。那么这个受要约人一般是特定的。若向不特定的人发出要约可能会产生不必要的纠纷。向谁发出要约也就是希望与谁订立合同，要约只有向要约人希望与之缔结合同的受要约人发出才能够唤起受要约人的承诺。原则上要求要约的相对人必须特定，这样有助于减少因向不特定的人发出要约所产生的一些不必要的纠纷，有利于维护交易安全。要约原则上应向特定的相对人发出，并不是说严格禁止要约向不特定人发出。一方面，法律在某些特定情况下允许向不特定的人发出订约的提议具有要约的效力，例如对悬赏广告可明确规定为要约。另一方面，要约人愿意向不特定人发出要约并自愿承担由此产生的后果，在法律上也是允许的。但是，向不特定人发出要约，必须具备两个要件：①必须明确表示其作出的建议是一项要约而不是要约邀请。②必须明确承担向多人发出要约的责任，尤其是要约人发出要约后，必须具有向不特定的相对人作出承诺以后履行合同的能力。如果订约的提议中已经注明是要约,且能够确定是要约,那么有数人作出承诺而要约人又无履行能力时,要约人应对其要约产生的后果承担一切责任。

4) 要约的内容必须具体、确定

要约的内容必须"具体"的意思是要约的内容必须具有足以使合同成立的主要条款;要约的内容必须"确定"的意思是要约的内容表达必须是清晰明确的。

5) 要约必须送达受要约人

要约只有在送达受要约人以后才能为受要约人所知悉,才能对受要约人产生实际的拘束力。《联合国国际货物销售公约》第十五条规定,"发价于送达被发价人时生效",这是对大陆法立法经验的总结。《民法典》合同编第四百七十四条规定"要约生效的时间适用本法第一百三十七条的规定"。如果要约在发出以后因传达要约的信件丢失或没有传达,就不能认为要约已经送达。

3. 要约与要约邀请

要约邀请又称要约引诱,是指希望别人向自己发出要约的意思表示。这是订立合同的一种预备行为,在性质上是一种事实行为,并不产生任何法律效果。注意与要约的概念区别开。

音频3:要约与要约邀请

要约与要约邀请主要有以下几点不同:

(1) 目的不同。要约是以订立合同为直接目的,要约邀请只是诱使他人向自己发出要约。

(2) 内容不同。要约必须包含能使合同成立的必要条款,要约邀请的内容仅仅是订立合同的建议而不包含合同主要条款,即使他人同意,也无法使合同成立。

(3) 对象不同。要约一般针对特定对象进行,要约邀请的对象则是不特定的。

(4) 方式不同。要约一般采用对话、信函方式,要约邀请借助报刊、广播、电视等。

各国立法和实践对于如何区别要约邀请和要约,所规定的标准并不完全一致。由于区分标准不同,对招标、投标、悬赏广告等性质的认定也不完全相同。根据我国司法实践和理论,可从以下几方面区分要约和要约邀请,并解决在订约过程中产生的某些纠纷。①依法律规定作出区分。《民法典》合同编第四百七十三条规定"拍卖公告、招标公告、招股说明书、债券募集办法、基金招募说明书、商业广告和宣传、寄送的价目表等为要约邀请"。②根据当事人的意愿来作出区分。此处所说的当事人的意愿,是指根据当事人是要与对方订立合同还是希望对方主动向自己提出订立合同的意思表示,确定当事人对其实施的行为主观上认为是要约还是要约邀请。③根据提议的内容是否包含合同的主要条款来区分、确定该提议是要约还是要约邀请。要约的内容中应当包含合同的主要条款,这样才能因承诺人的承诺而成立合同。而要约邀请只是希望对方当事人提出要约,因此,它不必包含合同的主要条款。④根据交易习惯即当事人历来的交易做法来作出区分。

《民法典》合同编第四百七十三条第二款规定"商业广告和宣传的内容符合要约条件的,构成要约"。要约或者广告中含有广告人希望订立合同的愿望,或者写明相对人只要作出规定的行为就可以使合同成立,则应认为该广告属于要约而不是要约邀请。

4. 要约的法律效力

要约的法律效力又称要约的拘束力。如果要约符合一定的构成要件,就会对要约人和受要约人产生一定的效力。要约的法律效力内容如下。

1) 要约开始生效的时间

要约的生效时间首先涉及要约从什么时间开始生效。这既关系到要约从什么时间对要约人产生拘束力，也涉及承诺期限的问题。对此，学术界有两种不同的观点。①发信主义，即要约人发出要约以后，只要要约已处于要约人控制范围之外，要约即产生效力。②到达主义，又称为受信主义，即要约必须到达受要约人之时才能产生法律效力。

《民法典》第一百三十七条规定"以对话方式作出的意思表示，相对人知道其内容时生效。以非对话方式作出的意思表示，到达相对人时生效。以非对话方式作出的采用数据电文形式的意思表示，相对人指定特定系统接收数据电文的，该数据电文进入该特定系统时生效；未指定特定系统的，相对人知道或者应当知道该数据电文进入其系统时生效。当事人对采用数据电文形式的意思表示的生效时间另有约定的，按照其约定"。这是到达主义。即要约到达受要约人时，要约才生效。与此相对应的主义是，发信主义，即要约发出之时就是要约生效之时。同时还规定，采用数据电文形式订立合同，收件人指定特定系统接收数据电文的，该数据电文进入特定系统的时间被视为到达时间；未指定特定系统的，该数据电文进入收件人的任何系统的首次时间，即可视为到达时间。

2) 要约法律效力的内容

要约的法律效力的内容表现为对要约人和受要约人的拘束力。

(1) 要约对要约人的拘束力表现在：要约一经生效，要约人即受到要约的拘束，不得随意撤销要约或对要约随意加以限制、变更和扩张。这既有利于保护受要约人的利益，又维护了正常的交易安全。

(2) 要约对受要约人的拘束力表现在：要约生效以后，只有受要约人才享有对要约人作出承诺的权利。如果第三人代替受要约人作出承诺，那么此种承诺只能视为对要约人发出的要约，而不具有承诺的效力。

承诺的权利是一种资格，它不能作为承诺的标的，也不能由受要约人随意转让，否则承诺对要约人不产生效力。承诺权是受要约人享有的权利，是否行使这项权利应由受要约人自己决定。这就是说，受要约人可以行使，也可以放弃该项权利。他在收到要约以后并不负有必须承诺的义务，即使要约人在要约中明确规定承诺人不作出承诺通知即为承诺，此种规定对受要约人也不产生效力。

5. 要约的撤回与撤销

1) 要约的撤回

要约的撤回是指要约人在要约发出以后、未到达受要约人之前，有权宣告取消要约。任何一项要约都是可以撤回的，只要撤回的通知先于或同时与要约到达受要约人，便能产生撤回的效力。允许要约人撤回要约，是尊重要约人的意志和利益的体现。撤回是在要约到达受要约人之前作出的，因此在撤回时要约并没有生效，撤回要约也不会损害受要约人的利益。基于这一点，我国《合同法》第十七条规定："要约可以撤回。撤回要约的通知应当在要约到达受要约人之前或者与要约同时到达受要约人。"《民法典》合同编第四百七十五条规定"要约可以撤回。要约的撤回适用本法第一百四十一条的规定"。《民法典》第一百四十一条规定"行为人可以撤回意思表示。撤回意思表示的通知应当在意思表示到达相对人前或者与意思表示同时

音频4：要约的撤回与撤销

到达相对人"。

在此需要指出，对于电子合同订立而言，要约人在发出要约以后，通常是不可能撤回的。因为网络文件的传输速度非常快，要约人发出要约的指令几秒钟之后就会到达对方的系统，不可能有其他方式能够在要约的指令到达之前便能将撤回的指令到达对方的系统，所以在电子商务中，要约一般是不能撤回的。要约一旦发出，该要约就几乎立即进入收件人的计算机系统，发出和收到的时间仅相差几秒。要约人根本不可能发出先于或者同时与要约人到达受要约人的撤回要约的通知。因此，撤回只能运用于其他非直接对话的订约方式。

2) 要约的撤销

要约的撤销，是指要约人在要约到达受要约人并生效以后，将该项要约取消，从而使要约的效力归于消灭。撤销与撤回都旨在使要约作废或取消，并且都只能在承诺作出之前实施。

要约的撤回与要约的撤销的区别：

(1) 撤回发生在要约未到达或到达了但未生效之前。

(2) 撤销则发生在要约已经到达并生效、受要约人尚未作出承诺的期限内。

撤销要约时要约已经生效，因此对要约撤销必须有严格的限定，例如因撤销要约而给受要约人造成损害的，要约人应负赔偿责任。《民法典》合同编第四百七十六条规定，如果要约中规定了承诺期限或者以其他形式明示要约是不可撤销的，或者尽管没有明示要约不可撤销，但受要约人有理由认为要约是不可撤销的，并且已经为履行合同做了准备工作，则不可撤销要约。

6. 要约失效

要约失效，即要约丧失了法律拘束力，不再对要约人和受要约人产生拘束。要约失效以后，受要约人也丧失了其承诺的能力，即使其向要约人表示了承诺，也不能导致合同的成立。《民法典》合同编第四百七十八条的规定，要约失效的原因主要有以下几种。

(1) 拒绝要约的通知到达要约人。拒绝要约是指受要约人没有接受要约所规定的条件。拒绝的方式有多种，既可以明确表示拒绝要约的条件，也可以在规定的时间内不做答复而拒绝。一旦拒绝，则要约失效。不过，受要约人在拒绝要约以后，也可以撤回拒绝的通知，但撤回拒绝的通知必须先于或同时与拒绝要约的通知到达要约人处，撤回通知才能产生效力。

(2) 要约人依法撤销要约。要约在受要约人发出承诺通知之前，可以由要约人撤销要约，一旦撤销，要约将失效。

(3) 承诺期限届满，受要约人未作出承诺。凡是在要约中明确规定了承诺期限的，则承诺必须在该期限内作出，超过了该期限，则要约自动失效。

(4) 受要约人对要约的内容作出实质性变更。受要约人对要约的实质性内容作出限制、更改或扩张从而形成反要约，既表明受要约人已拒绝了要约，同时也向要约人提出了一项反要约。如果在受要约人作出的承诺通知中并没有更改要约的实质性内容，只是对要约的非实质性内容予以变更，而要约人又没有及时表示反对，则此种承诺不应视为对要约的拒绝。如果要约人事先声明要约的任何内容都不得改变，那么受要约人更改要约的非实质性内容，也会产生拒绝要约的效果。

3.3.2 承诺

1. 承诺的概念与应具备的条件

1) 承诺的概念

《民法典》合同编第四百七十九条的规定，所谓承诺，是指受要约人同意要约的意思表示，即受要约人同意接受要约的条件以缔结合同的意思表示。承诺的法律效力在于一经承诺并送达要约人，合同便告成立。然而，受要约人必须完全同意要约人提出的主要条件，如果对要约人提出的主要条件并没有表示接受，就意味着拒绝了要约人的要约，并形成了一项新的要约。

2) 承诺应具备的条件

承诺一旦生效将导致合同的成立，因此承诺必须符合一定的条件。承诺产生法律效力必须具备以下条件。

(1) 承诺必须由受要约人作出。要约向受要约人发出，那么只有受要约人能对要约人做出承诺。要约发出对象，不管是一个人还是多个人，只要是收到要约的人则为特定的人，就可以对要约人作出承诺。这中间存在严格的相互对应关系。因此，第三人是不能向要约人作出承诺的。但是，承诺可以由受要约人的授权代理人作出承诺。

(2) 承诺必须向要约人作出。要约向受要约人发出，那么受要约人必须对要约人作出承诺，这是合同成立的必要阶段。若受要约人向其他人作出承诺，那么这个承诺并不具备效力。

(3) 承诺必须在规定的期限内到达要约人。受要约人做出的承诺，必须到达要约人时才具备生效的条件。此外，承诺到达要约人是需要花费一些时间的，所以承诺必须在一定的期限限制内到达要约人，承诺才具备生效的条件。若要约是以对话的方式进行，那么承诺就应该立即作出，要约人立即受到承诺；若以其他方式作出，那么就要在要约中规定的期限或合理期限内作出承诺，并送达要约人。

(4) 承诺的内容必须与要约的内容一致。其实，这是说明承诺的内容是在回应并同意要约的内容，构成意思表示一致，从而使合同成立。

对于以上有以下几点解释：

① 承诺不能更改要约的实质性内容，也就是要约的核心意思表示。

② 承诺能更改要约的非核心意思表示。对于承诺人对要约核心意思表示一致，但是附加了某一条非核心意思表示的条件，即为非实质性变更。

2. 承诺的方式

《民法典》合同编第四百八十条的规定，承诺应当以通知的方式作出。这就是说，受要约人必须将承诺的内容通知要约人。但受要约人应采取何种通知方式，应根据要约的要求确定。如果要约规定承诺必须以一定的方式作出，否则承诺无效，那么承诺人作出承诺时，必须符合要约人规定的承诺方式。在此情况下，承诺的方式成为承诺生效的特殊要件。如果要约没有特别规定承诺的方式，就不能将承诺的方式作为有效承诺的特殊要件。

如果要约中没有规定承诺的方式，根据交易习惯也不能确定承诺的方式，那么受要约人可以采用以下方式来表示承诺。①以口头或书面的方式表示承诺，这种方式是在实践中经常采用的。一般来说，如果法律或要约中没有明确规定必须用书面形式承诺，那么当事人可以用口头方式表示承诺。②以行为方式表示承诺。要约人尽管没有通过书面或口头方式明确表达其意思,但是通过实施一定的行为作出了承诺。如果对于承诺的方式没有特别的规定,也不能根据交易习惯确定承诺的方式,承诺人应当以书面的包括信件的方式承诺,同时要以比信件更快捷的方式作出。

《民法典》合同编第四百八十条规定,承诺原则上应采取通知方式,但根据交易习惯或者要约表明可以通过行为作为承诺的除外。通知的方式是指要约人以明示的方式作出承诺,包括采用对话、信件、电报、电传等方式明确地表达承诺人承诺的意思,因为只有采用通知的方式才能使要约人准确地了解承诺人的意图,确定承诺人是否已经作出了有效的承诺。要求承诺必须采用通知的方式,既排除了以缄默或不作为作出的承诺,也有利于减少不必要的纠纷。法律关于承诺采用通知的方式是任意性的规定,要约人可以在要约中确定特殊的承诺方式。同时,根据交易习惯,也可以采用法律不禁止的承诺方式。

3. 承诺的期限

《民法典》合同编第四百八十一条规定:"承诺应当在要约确定的期限内到达要约人。"严格地说,承诺的期限应当是由要约人在要约中规定的,因为承诺的权利是由要约人赋予的,但这种权利不是无期限地行使,如果要约中明确地规定了承诺的期限,承诺人只有在承诺的期限内作出承诺,才能视为有效的承诺。此处所说的作出承诺的期限,应当理解为承诺人发出承诺的通知以后实际到达要约人的期限,而不是指承诺人发出承诺通知的期限。

《民法典》合同编第四百八十二条规定:"要约以信件或者电报作出的,承诺期限自信件载明的日期或者电报交发之日开始计算。信件未载明日期的,自投寄该信件的邮戳日期开始计算。要约以电话、传真、电子邮件等快速通信方式作出的,承诺期限自要约到达受要约人时开始计算。"《民法典》合同编第四百八十四条规定"以通知方式作出的承诺,生效的时间适用本法第一百三十七条的规定。承诺不需要通知的,根据交易习惯或者要约的要求作出承诺的行为时生效"。

4. 承诺迟延和承诺撤回

1) 承诺迟延

所谓承诺迟延,是指受要约人未在承诺期限内发出承诺。超过承诺期限作出承诺,该承诺不产生效力。

承诺的迟延可以分为以下两种:

(1) 通常的迟延。这种迟延是指承诺人没有在承诺的期限内发出承诺。《民法典》合同编第四百八十六条规定:"受要约人超过承诺期限发出承诺,或者在承诺期限内发出承诺,按照通常情形不能及时到达要约人的,为新要约;但是,要约人及时通知受要约人该承诺有效的除外。"

(2) 特殊的迟延。这种迟延是指受要约人没有迟发承诺的通知,但由于送达等原因而导致迟延。《民法典》合同编第四百八十七条规定:"受要约人在承诺期限内发出承诺,按照通常情形能够及时到达要约人,但是因其他原因致使承诺到达要约人时超过承诺期限的,除要约人及时通知受要约人因承诺超过期限不接受该承诺外,该承诺有效。"

2) 承诺撤回

所谓承诺撤回,是指受要约人在发出承诺通知以后、在承诺正式生效之前撤回其承诺。

根据《民法典》合同编第四百八十五条规定"承诺可以撤回。承诺的撤回适用本法第一百四十一条的规定"。《民法典》第一百四十一条规定"行为人可以撤回意思表示。撤回意思表示的通知应当在意思表示到达相对人前或者与意思表示同时到达相对人"。因此,撤回的通知必须在承诺生效之前到达要约人,或与承诺通知同时到达要约人,撤回才能生效。如果承诺通知已经生效,合同已经成立,那么受要约人当然不能再撤回承诺。

【例题 3-1】A企业与B建筑公司签订了某个工程施工项目合同。在订立合同过程中,A企业与B建筑公司于A企业总部的会议室就合同的条款进行协商。经过协商,合同内容是双方的真实意思表示以及意见统一表示。双方于两天后,正式签署合同。

(1) 合同具有什么特征?
(2) 合同种类有哪些?A企业与B公司签订的合同属于什么种类的合同?
(3) 在本案例中,合同法律关系具体是什么?A企业与B公司在签订合同时体现了什么基本原则?

3.4 订立合同采用的形式与合同的一般条款

○ 思维导图

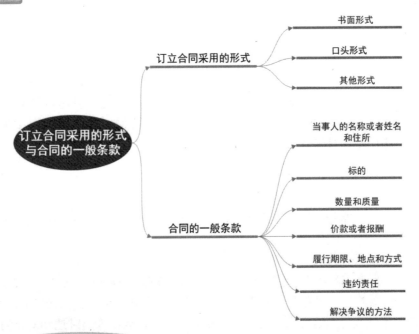

带着问题学知识

订立合同的书面形式是指什么?
合同的一般条款包括什么?

3.4.1 订立合同采用的形式

合同的形式,是指体现合同的内容、明确当事人权利义务的方式,它是双方当事人意思表示一致的外在表现,是合同的载体。只有通过合同的形式,才能证明合同的客观存在,合同的内容也才能被人所知晓。一般来说,当事人订立合同的形式有:书面形式、口头形式和其他形式。

视频2: 合同订立形式

1. 书面形式

书面形式是指以文字等有形的表现形式来订立合同。书面形式通过文字等有形的表现形式明确当事人之间的权利义务。因此,不仅能使当事人根据文字等有形形式履行合同,而且能作为发生纠纷时有据可查的证据,合理公正地解决纠纷。需要明确的是,合同并不等于合同书,没有书面形式并不意味着当事人之间不存在合同关系,也不一定表明当事人不能够通过其他形式证明合同关系的存在以及合同的内容,所以不能将合同书等书面形式等同于合同。如果不存在书面形式,一方要主张合同关系的存在,应当对此负举证责任。可见,合同的形式在原则上具有证据的效力。

合同的书面形式可以分为当事人约定的形式和法定形式。《民法典》第四百九十条规定:"法律、行政法规规定采用书面形式的,应当采用书面形式。当事人约定采用书面形式的,应当采用书面形式。"

(1) 当事人约定的书面形式

当事人在合同中明确规定订立合同的形式是书面形式。若订立合同时,没有使用书面形式,那么合同是不成立的。若当事人按照约定使用书面形式,那么应当在达成约定的书面合同之日起,确定合同的成立时间。

(2) 法定的书面形式

法律和行政法规规定在某种合同关系中应当采用书面形式,如果当事人未采用书面形式,一般认定合同没有成立。例如,《中华人民共和国担保法》(以下简称《担保法》)规定保证合同、抵押合同、质押合同应当采用书面形式;《中华人民共和国城市房地产管理法》(以下简称《城市房地产管理法》)规定不动产的转让应当采取书面形式。

法律、法规关于书面形式的规定是强制性的规定,那就是说当事人违反这些规定,不使用书面形式而使用口头或其他形式缔约,那么合同是不成立的,也是无效的。书面形式是指合同书、信件以及数据电文等可以有形地表现所载内容的形式。根据《民法典》合同编第四百六十九条规定"当事人订立合同,可以采用书面形式、口头形式或者其他形式。书面形式是合同书、信件、电报、电传、传真等可以有形地表现所载内容的形式。以电子数据交换、电子邮件等方式能够有形地表现所载内容,并可以随时调取查用的数据电文,视为书面形式。"由此可见,书面形式包括以下三种。

1) 合同书

合同书是指载有合同条款且由当事人双方签字或盖章的文书。合同书是最典型、最重要的书面形式。根据合同书的概念描述,可以得知其特点:以文字凭据的方式为内容载体、载有合同条款、有当事人双方及其代理人的签字或者盖章。

所谓签字,是指个人的签字以及法人、其他组织的法定代表人和代理人的签字。所谓盖章，主要指法人、其他组织的印章。个人签订合同时，必须在合同上签字，而不能仅仅在合同上加盖个人的印章。

2）信件

所谓信件，是指载有合同条款的文书，是当事人双方通过书信交往而积累下来的文件。合同法中所称的信件不同于一般的书信，它表现在该信件要载有合同的条款，是能够用来证明合同关系和合同内容的凭据。《民法典》合同编第四百九十条规定"当事人采用合同书形式订立合同的，自当事人均签名、盖章或者按指印时合同成立。在签名、盖章或者按指印之前，当事人一方已经履行主要义务，对方接受时，该合同成立。法律、行政法规规定或者当事人约定合同应当采用书面形式订立，当事人未采用书面形式但是一方已经履行主要义务，对方接受时，该合同成立"。《民法典》合同编第四百九十一条规定"当事人采用信件、数据电文等形式订立合同要求签订确认书的，签订确认书时合同成立。当事人一方通过互联网等信息网络发布的商品或者服务信息符合要约条件的，对方选择该商品或者服务并提交订单成功时合同成立，但是当事人另有约定的除外"。

3）数据电文

《民法典》合同编第四百六十九条规定"当事人订立合同，可以采用书面形式、口头形式或者其他形式。书面形式是合同书、信件、电报、电传、传真等可以有形地表现所载内容的形式。以电子数据交换、电子邮件等方式能够有形地表现所载内容，并可以随时调取查用的数据电文，视为书面形式"。数据电文(包括电报、电传、传真、电子数据交换和电子邮件)属于合同的书面形式。确认这种合同的形式，有利于促进电子商务的发展，也有助于意识到订立合同的后果，将数据电文以有形的形式储存。电子合同这种书面形式不同于其他合同的书面形式。这种书面形式具有其固有的缺陷：一方面，现有的技术尚不能解决签字问题，这就使其作为证据使用遇到极大的障碍；另一方面，这种书面形式并不存在原件，从计算机中下载的内容并不是真正的原件。所有电子合同不可能成为"经过签署的原件"。所以对电子合同承认其为书面形式时，应注意到这样的事实：对于书面文件有多种层次的形式要求，各个层次可以提供不同程度的可靠性、可查核性和不可更改性，电子合同的这种"书面形式"要求应视为其中的最低层次。

2. 口头形式

口头形式，是指当事人只用口头语言为意思表示订立合同，而不用文字表达协议内容的形式。口头形式在日常生活中经常被采用，集市的现货交易、商店里的零售等一般都采用口头形式。合同采取口头形式，毋须当事人特别指明。凡当事人无约定，法律未规定须采用特定形式的合同，均可采用口头形式。但发生争议时当事人必须举证证明合同的存在及合同关系的内容。合同采取口头形式并不意味着不能产生任何文字的凭证。人们到商店购物，有时也会要求商店开具发票或其他购物凭证，但这类文字材料只能视为合同成立的证明，不能作为合同成立的要件。以口头形式订立合同，可以简化手续、方便交易提高效益，但其缺点是发生合同纠纷时难以取证，不易分清责任。所以，对于不能即时清结的合同和标的数额较大的合同，不宜采用这种形式。

3. 其他形式

如可根据当事人行为或特定情形推定合同成立的情况，也称默示合同。

3.4.2 合同的一般条款

《民法典》合同编第四百七十条规定，合同的内容由当事人约定，一般包括以下条款。

1. 当事人的名称或者姓名和住所

确定合同的主体，即首先应当在合同中确定当事人的姓名和住所。合同必须由双方当事人签字，如果当事人是以合同书的形式订立的，就必须在合同中明确写明姓名，并且要签字、盖章。当事人的住所是表明当事人的主体身份的重要标志。合同中写明住所的意义在于通过确定住所，有利于决定债务履行地、诉讼管辖、涉外法律适用的准据法、法律文书送达的地点等事宜。当然，如果合同中没有规定住所，只要当事人是确定的，也不影响合同的效力。

2. 标的

标的是合同权利义务指向的对象。合同不规定标的，就会失去目的。可见，标的是一切合同的主要条款。当然，在不同的合同中，标的的类型是不同的。例如，在买卖、租赁等移转财产的合同中，标的通常与物联系在一起。在提供劳务的合同中，标的只是完成一定的行为。由于各类合同都必须确定标的，如果在合同中没有规定标的条款，一般将影响到合同的成立。在合同中，合同的标的条款必须清楚地写明标的物或服务的具体名称，以使标的特定化。

3. 数量和质量

标的的数量和质量是确定合同标的的具体条件，是一标的区别于同类另一标的的具体特点。数量是度量标的的基本条件，尤其是在买卖等交换标的物的合同中，数量条款直接决定了当事人的基本权利和义务，数量条款不确定，合同将根本不能得到履行。当事人在确定数量条款时，应当约定明确的计量单位和计量方法，并且可以规定合理的磅差和尾差。计量单位除国家明文规定以外，当事人有权选择非国家或国际标准计量单位，但应当确定其具体含义。

合同中的质量条款也可能直接决定着当事人的订约目的和权利义务关系。如果质量条款规定得不明确，极易发生争议。当然，质量条款在一般情况下并不是合同的必备条款，如果当事人在合同中没有约定质量条款或约定的质量条款不明确，可以根据《民法典》合同编第五百一十条和第五百一十一条的规定填补漏洞，但不宜因此简单地宣布合同不成立。

4. 价款或者报酬

价款一般是针对标的物而言的，例如买卖合同中的标的物应当规定价格。而报酬是针对服务而言的，例如在提供服务的合同中，一方提供一定的服务，另一方应当支付相应的报酬。价款和报酬是有偿合同的主要条款，因为有偿合同是一种交易关系，要体现等价交换的交易原则，所以价款和报酬是有偿合同中的对价，获取一定的价款和报酬也是一方当事人订立合同所要达到的目的。合同中明确规定价款和报酬，可以有效地预防纠纷的发生。但价款和报酬条款并不是直接影响合同成立的条款，没有这些条款，可以根据《民法典》合同编的规定填补漏洞，但不应当影响合同的成立。

5. 履行期限、地点和方式

所谓履行期限，是有关当事人实际履行合同的时间规定。换言之，是指债务人向债权人履行义务的时期。在合同成立、生效之后，当事人还不必实际地履行其义务，必须等待履行期到来以后才应当实际地履行义务。在履行期到来之前，任何一方都不得请求他方实际地履行义务。履行期限明确的，当事人应按确定的期限履行；履行期限不明确的，可由当事人事后达成补充协议或通过合同解释的办法来填补漏洞。在双务合同中，除法律另有规定外，当事人双方应当同时履行。凡是在履行期限到来时，不作出履行和不接受履行，均构成履行迟延。

所谓履行地点，是指当事人依据合同规定履行其义务的场所。履行地点与双方当事人的权利义务关系也有一定的联系。在许多合同中，履行地点是确定标的物验收地点、运输费用由谁负担、风险由谁承受的依据，有时也是确定标的物所有权是否转移以及何时转移的依据。

所谓履行方式，是指当事人履行合同义务的方法。例如，在履行交付标的物的义务中，是应当采取一次履行还是分次履行，是采用买受人自提还是采用出卖人送货的方式，如果要采用运输的方法交货，那么采用何种运输方式。这些内容也应当在合同中尽量作出规定，以免日后发生争议。

在此应当指出，有关合同的履行期限、地点和方式的条款并不是决定合同成立的必要条款。在当事人就这些条款没有约定或约定不明确时，可以采用合同法的规定填补漏洞。

6. 违约责任

所谓违约责任，是指违反有效的合同义务而承担的责任。换而言之，是指在当事人不履行合同义务时，所应承担的损害赔偿、支付违约金等责任。违约责任是民事责任的重要内容，它对于督促当事人正确履行义务，并为非违约方提供补救具有重要意义。但当事人可以事先约定违约金的数额、幅度，可以预先约定损害赔偿额的计算方法甚至确定具体数额，同时也可以通过设定免责条款限制和免除当事人可能在未来承担的责任。所以，当事人应当在合同中尽可能地就违约责任作出具体规定。但如果合同中没有约定违约责任条款，也不应当影响合同的成立。在此情况下，可以按照法定的违约责任制度来确定违约方的责任。

7. 解决争议的方法

所谓解决争议的方法，是指将来一旦发生合同纠纷，应当通过何种方式来解决纠纷。按照合同自由原则，选择解决争议的方法也是当事人所应当享有的合同自由的内容。具体来说，当事人可以在合同中约定，一旦发生争议以后，是采取诉讼还是仲裁的方式、如何选择适用的法律、如何选择管辖的法院等。当然，解决争议的方法并不是合同的必备条款。如果当事人没有约定解决争议的方法，那么在发生争议以后，应当通过诉讼解决。

【例题 3-2】某施工企业承包了某办公楼的施工部分，施工的材料购买部分也由施工企业承包，自行招标。现施工企业自行筛选 5 家材料供应商，从中选取了一家性价比、信誉较好的材料供应商，并向该供应商发出合作和订立合同的意向，由电子邮件发出。邮件中，要求供货商在收到合作意向和签订合作意向消息后的 2 天内作出答复。但是，该供应商在接收到邮件的第 4 天才给出答复。

(1) 简述要约与要约邀请的区别。

(2) 本案例中的"从中选取了一家性价比、信誉较好的材料供应商，并向该供应商发出合作和订立合同的意向。"属于要约还是要约邀请？

(3) 该供应商的答复是对某施工企业要约是什么？该供货商的答复是否有效？该答复属于什么迟延？

3.5 缔约过失责任

思维导图

缔约过失责任
- 缔约过失责任的含义
- 缔约过失责任的几种情形
  - 假借订立合同，恶意进行磋商
  - 故意隐瞒与订立合同有关的重要事实或者提供虚假情况
  - 泄露或不正当地使用商业秘密
  - 其他违背诚实信用原则的行为

带着问题学知识

缔约过失责任的含义是什么？
缔约过失责任有几种情形？
其他违背诚实信用原则的行为怎么解释？

3.5.1 缔约过失责任的含义

缔约过失责任是指在合同订立的过程中，一方因违背其依据诚实信用原则和法律规定的义务，致使另一方的信赖利益损失时所应承担的损害赔偿责任。我国《民法典》合同编第五百条和第五百零一条中专门规定了缔约过失责任制度，这不仅完善了我国债法制度的体系，而且完善了交易的规则。在缔约阶段，当事人因社会接触而进入可以彼此影响的范围，依诚实信用原则，应尽交易上的必要注意，以维护他人的财产和人身利益，因此，缔约阶段也应受到法律的调整。当事人应当遵循诚实信用的原则，认真履行其所负有的义务，不得因无合同约束而随意撤回要约或实施其他致人损害的不正当行为。否则，不仅将严重妨碍合同的依法成立和生效，影响到交易安全，也将影响人与人之间正常关系的建立。

3.5.2 缔约过失责任的几种情形

根据我国《民法典》合同编第五百条和第五百零一条的规定，缔约过失责任主要有以下几种情形。

1. 假借订立合同，恶意进行磋商

(1) 假借订立合同指的是与对方订立合同的目的是损害对方利益或损坏对方，其目的通过与对方谈判以及订立合同的方式。

(2) 所谓"恶意"，是指假借磋商、谈判，而故意给对方造成损害。恶意必须包括两个方面的内容：①行为人主观上并没有谈判意图；②行为人主观上具有给对方造成损害的目的和动机。恶意是恶意谈判构成的最核心的要件，受害的一方必须能证明另一方具有假借磋商、谈判而使其遭受损害的恶意，才能使另一方承担缔约过失责任。

2. 故意隐瞒与订立合同有关的重要事实或者提供虚假情况

故意隐瞒与订立合同有关的重要事实或者提供虚假情况，属于缔约过程中的欺诈行为。所谓欺诈，是指一方当事人故意实施某种欺骗他人的行为，并使他人陷入错误而订立的合同。一方当事人故意告知对方虚假情况，或者故意隐瞒真实情况，诱使对方当事人作出错误意思表示的，可以认定为欺诈行为。

欺诈行为的两个特征：

1) 欺诈方主观欺诈思想

欺诈方明知道其告知对方的信息是虚假的或隐瞒真实信息而导致对方陷入错误的境地。

2) 欺诈方客观上的欺诈行为

在实践中，大部分欺诈行为的表现是告知的信息是虚假的或隐瞒真实的信息。

告知的信息是虚假的指的是该信息是假的，不存在的；隐瞒真实的信息指的是本来有义务告知他人的信息却没有告知，而是实施了隐瞒行为。

3. 泄露或不正当地使用商业秘密

《民法典》合同编第五百零一条规定"当事人在订立合同过程中知悉的商业秘密或者其他应当保密的信息，无论合同是否成立，不得泄露或者不正当地使用；泄露、不正当地使用该商业秘密或者信息，造成对方损失的，应当承担赔偿责任"。根据《中华人民共和国反不正当竞争法》(以下简称《反不正当竞争法》)第十条的规定，商业秘密是指不被公众所知悉、能为权利人带来经济利益、具有实用性并经权利人采取保密措施的技术信息和经营信息。如果一方在谈判中明确告诉对方其披露的信息属于商业秘密，或者另一方知道或应当知道该信息属于商业秘密，那么另一方负有保密的义务。

我国《民法典》要求当事人在缔约阶段承担保密义务，一方面是为了进一步加强对商业秘密的保护，从而加强对智力成果的保护，激励发明创造与提高经济效益；另一方面也是为了维护商业道德，防止一方不劳而获，破坏人与人之间的信任关系，并使诚实信用原则得到切实遵守。

4. 其他违背诚实信用原则的行为

现实生活中，有些违背诚实信用原则的行为，法律未进行列举，但在实际缔结合同中又确实存在。例如，要约人以一特定物向某个特定的人发出要约以后，在要约的有效期限内，又向其他人发出同样的要约。发出要约人预见到会给受要约人造成损失，则不得向他

人发出同样的要约。因要约人的不当行为给他人造成损害,应负缔约过失责任。此外,在合同无效和被撤销等情况下,也能产生缔约过失责任。

【例题 3-3】 A 建设单位与 C 建筑公司有合作意向,并正在缔约合同。在 4 天后,双方就合同内容协商一致,准备签署合同。但是,此时,A 建设单位发现,C 建筑公司故意隐瞒了本公司曾经有过的建筑事故,而且事故中所用的设备和技术是正洽谈合同中的技术。A 建设单位认为收到了故意隐瞒重要事实真相,而拒绝继续与 C 建筑公司签订合同。

(1) 书面形式是订立合同采用的形式之一,那么书面形式有哪些类型,书面形式有几种?本案例属于书面形式中的哪种类型和形式?

(2) 假如 A 建设单位与 C 建筑公司发生了争议,解决争议的方法有几种?

(3) 案例中,C 建筑公司属于缔约过失,常见的缔约过失责任有几种情形?C 建筑公司缔约过失责任属于哪种情形?

3.6 实训练习

一、单选题

1. 关于合同的概念及其特征说法正确的是( )。
   A. 合同以设立或变更民事权利义务关系为目的和宗旨
   B. 变更民事法律关系可以指当事人在原先订立的合同的基础上对大部分内容进行改变
   C. 合同是平等主体的自然人、法人、其他组织所实施的一种民事法律行为。因此合同是合法的、具有法律约束力
   D. 一般来说,合同当事人必须是两个当事人的意思表示真实一致并形成合意

2. 以下说法错误的是( )。
   A. 单务合同是指仅有一方负担给付义务的合同
   B. 双务合同是指当事人双方互负对等给付义务的合同
   C. 无偿合同是等价有偿原则在适用中的例外现象,在实践中应用得较少。在无偿合同中,一方当事人虽不向他方支付任何报酬,但并非不承担任何义务
   D. 有偿合同是指双方通过履行合同规定的义务而互相给对方某种利益

3. 关于合同法的概念及其特点,以下说法错误的是( )。
   A. 合同法是调整平等主体之间的交易关系的法律,主要规范合同的订立、合同的有效和无效及合同的履行、变更、解除、保全、违反合同的责任等问题
   B. 合同法调整财产性的合同关系,也调整人身性质的合同关系
   C. 合同法只调整平等主体之间的关系
   D. 合同法所调整的关系限于平等主体之间民事权利义务的合同关系

4. 以下不属于合同法特点的是( )。
   A. 合同法强调人身性质　　　　　　B. 合同法具有任意性
   C. 合同法强调平等协商和等价有偿原则　　D. 合同法是富于统一性的财产法

5. 关于自愿原则,以下哪个是错误的( )。
   A. 合同缔约的自愿

B. 在合同不违法的前提下，当事人自愿约定

C. 关于合同补充或变更有关内容，当事人可以通过协商决定

D. 关于违约责任和解决争议的方法，不可以自由约定

6. 关于要约的概念说法错误的是(   )。

   A. 要约是希望和他人订立合同的意思表示

   B. 要约是一种合法的法律行为

   C. 没有要约，合同是无法成立的

   D. 要约作为一种订约的意思表示，能够对要约人和受要约人产生一种拘束力

7. 要约邀请方式不包括的是(   )。

   A. 报刊   B. 广播   C. 对话   D. 电视

二、多选题

1. 要约与要约邀请主要不同有(   )。

   A. 目的不同   B. 内容不同   C. 对象不同

   D. 方式不同   E. 主体不同

2. 承诺应具备的条件是(   )。

   A. 承诺必须由受要约人作出

   B. 承诺必须向要约人作出

   C. 承诺必须在规定的期限内到达要约人

   D. 承诺的内容必须与要约的内容一致

   E. 承诺应当以通知的方式作出

3. 书面形式包括(   )。

   A. 合同书   B. 口头举证   C. 信件

   D. 数据电文   E. 第三人举证

4. 合同的一般条款包括(   )。

   A. 当事人的名称或者姓名和住所   B. 标的、数量和质量

   C. 违约责任和解决争议的方法   D. 价款或者报酬

   E. 履行期限、地点和方式

5. 缔约过失责任的情形有(   )。

   A. 假借订立合同

   B. 故意隐瞒与订立合同有关的重要事实或者提供虚假情况

   C. 泄露或不正当地使用商业秘密

   D. 其他违背诚实信用原则的行为

   E. 恶意进行磋商

三、简答题

1. 简述合同的三个要素。
2. 简述订立合同应遵循的基本原则。
3. 简述承诺的方式
4. 订立合同一般采用的形式是书面形式，简述书面形式包括哪些？

第3章习题答案

项 目 实 训

班级		姓名		日期	
教学项目		合同的订立			
任务	掌握合同的基本概念、订立合同应遵循的原则、合同的一般条款、要约与承诺等内容；熟悉缔约过失责任、了解合同格式条款的含义与解释		方式		通过工程实例理解相关概念
相关知识			合同的基本概念、订立合同应遵循的原则、合同的一般条款、要约与承诺等内容；缔约过失责任、合同格式条款的含义与解释		
其他要求			无		
学习总结记录					
评语				指导老师	

第4章 合同的效力

学习目标

(1) 掌握合同生效、合同无效的几种情况,以及合同无效的后果。
(2) 熟悉效力待定合同的几种情况。
(3) 了解附条件、附期限的合同。

第4章教案

教学要求

第4章案例答案

章节知识	掌握程度	相关知识点
合同的生效	熟悉并掌握合同的成立与生效、附条件与附期限的合同	合同的成立与生效、附条件与附期限的合同
效力待定的合同	掌握效力待定合同的含义、效力待定合同的几种情况	效力待定合同的含义、效力待定合同的几种情况
无效合同与可撤销合同	熟悉并掌握无效合同、可撤销合同	无效合同、可撤销合同

课程思政

合同订立了,但不一定有效。其实,订立的合同存在有效合同和无效合同之分。之所以出现这个情况,是因为合同当事人在合同订立时对一些条件和规则没有了解清楚或故意规避造成的。因此,学生在学习本章内容时,在掌握辨别有效和无效合同类型之外,还应注重其结果,领悟哪些行为违反法律,并与同学讨论。

案例导入

合同生效的要件较多,但也是罗列几点。然而,其应用在现实案例中,就比较复杂了,必须考虑整个案例的真实情况。因此,合同生效和效力待定合同内容也是值得认真学习的,这会对现实案例任何一方当事人的利益和义务都有影响。

第4章 合同的效力

思维导图

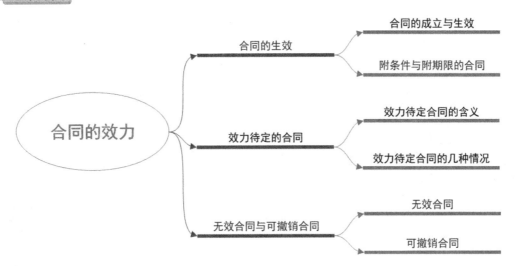

4.1 合同的生效

第4章扩展资源

思维导图

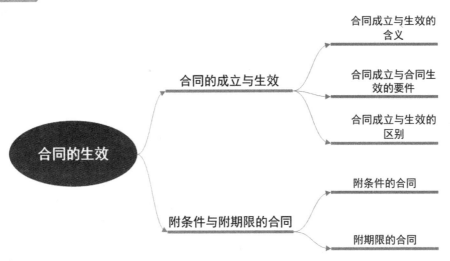

带着问题学知识

合同成立是什么意思？
合同生效是什么意思？
合同成立和合同生效的区别是什么？

1. 合同成立与生效的含义

合同的成立，是指缔约当事人就合同的主要条款达成合意，依法确定当事人之间特定的合同上的权利义务关系。

合同生效，是指已经成立的合同在当事人之间产生了一定的法律拘束力，也就是通常所说的法律效力。

这里所说的法律效力，并不是指合同能够像法律那样产生拘束力。合同本身并不是法律，只是当事人之间的合意，因此不可能具有同法律一样的效力。

所谓合同的法律效力，只是强调合同对当事人的拘束性。合同之所以具有法律拘束力，并非来源于当事人的意志，而是来源于法律的赋予。合同的效力本身介入了国家意志。如果合同不符合国家意志，该合同就可能被宣告无效或被撤销。

2. 合同成立与合同生效的要件

1) 合同成立的要件

(1) 合同主体——双方或多方当事人。

视频1：合同成立与生效的区别

合同主体应当是双方或多方当事人。因为合同是一种合意，那必须是双方或者多方当事人的意思统一或一致。相反，若主体只有一方当事人，那么根本体现不出合意，合同也就不成立。

(2) 达成合意——主要条款。

合同主体应当对主要条款达成合意。合同存在一般条款，只有合同主体就约定的条款意思统一或一致，也就是对主要条款意思统一或一致，才算合同成立，这是合同成立的根本标志。

(3) 两个阶段——要约和承诺。

合同的成立应当存在要约与承诺两个阶段。要约和承诺是合同成立的两个基本前提。

2) 合同生效的要件

(1) 行为人具有相应的民事行为能力。

合同是当事人对于主要条款的合意，那么当事人必须是具有相应民事行为能力的行为人。也就是说，行为人自己必须具有明白自己表达的意思、自己行为的性质和后果的能力。

作为合同主体的自然人、法人、其他组织应具有相应的行为能力。《民法通则》将公民的行为能力分为完全行为能力人、限制行为能力人、无行为能力人。

① 无行为能力人与限制行为能力人超出其行为能力的民事活动，由其法定代理人代为实施，或者在征得其法定代理人同意后才能实施。

② 法人也是民事活动的主体，应当以法人名义签订合同，其行为要符合法律的规定。

③ 其他组织也可以成为合同的主体，这种组织通常被称为非法人组织。所谓非法人组织，主要包括企业法人所属的领有营业执照的分支机构、从事经营活动的非法人事业单位和科技性社会团体、事业单位和科技性社会团体设立的经营单位、外商投资企业设立的从事经营活动的分支机构等。

(2) 意思表示真实。

意思表示是指行为人将其设立、变更、终止民事权利义务的内在意思表示于外部的行为。意思表示包括效果意思和表示行为两个要素。

(3) 不违反法律和社会公共利益。

① 合同不违反法律是指合同的内容不得违反法律的强制性规定，即合同的内容以及规定只能当事人遵守，不允许经过协商而改变。

② 合同在内容上不得违反社会公共利益，即那些实质上损害了社会全体人民的利益、破坏了社会经济生活秩序的合同行为。

(4) 合同必须具备法律规定的形式。

通常情况下，当事人订立合同的形式有书面形式、口头形式和其他形式。此外，依法成立的合同，自成立生效后，应当按照法律、行政法规规定办理批准、登记等手续。

3. 合同成立与生效的区别

合同成立与生效的区别如下。

1) 两者的概念和性质不同

(1) 合同的成立是指当事人就合同的主要条款达成合意，解决了当事人之间是否存在合意的问题，这不意味着合同产生了效力。

(2) 合同的生效是指合同内容合法以及符合国家意志和社会公共利益。

2) 构成要件不同

(1) 合同的成立要件包括订约主体符合规定、订约主体的合意及订约阶段。

(2) 合同的生效要件是必须符合一定的法律或规章。

3) 产生的效力与承担的责任性质不同

(1) 合同成立约束的是合同双方当事人，任何一方违反"约定"，都要承担缔约过失责任。

(2) 合同生效后，只有违反合同约定的人才需要承担违约责任。

4.2 效力待定的合同

思维导图

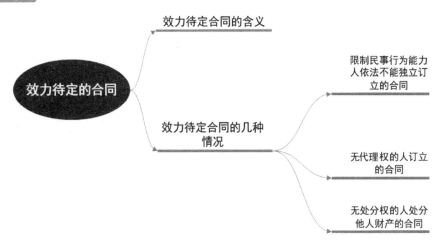

> **带着问题学知识**
>
> 效力待定合同的含义是什么？
> 限制民事行为能力人依法不能独立订立的合同的含义是什么？
> 无代理权的人订立的合同的含义是什么？
> 无处分权的人处分他人财产的合同的含义是什么？

4.2.1 效力待定合同的含义

效力待定合同是指合同成立时是否发生效力尚不能确定，有待于其他行为使之确定的合同。这类合同虽然已经成立，但因其不完全符合有关生效要件的规定，因此其效力能否发生尚未确定，须经有权人表示承认后才能生效。效力待定合同与无效合同及可撤销合同的不同之处在于，行为人并未违反法律的禁止性规定及社会公共利益，也不是因意思表示不真实而导致合同撤销。效力待定合同主要是因为有关当事人缺乏缔约能力、代订合同的资格及处分能力欠缺所造成的。由于存在着这种情况，合同本身是有瑕疵的，但此种瑕疵并非不可消除。一方面，效力待定合同可以因为权利人的承认而生效，例如无代理权人代理他人订立合同，经本人承认可以生效。由于这种承认，表明效力待定合同的订立是符合权利人的意志和利益的，因此经过追认可以消除合同存在的瑕疵。另一方面，因权利人的承认而使合同有效，并不违反法律和社会公共利益。相反，经过追认而有效，既有利于促成更多的交易，也有利于维护相对人的利益。因为相对人与缺乏缔约能力的人、无代理权人、无处分权人订立合同，大都希望使合同有效，并通过有效合同的履行使自己获得期待的利益。因此，通过有权人的追认使效力待定合同生效，而不是简单地宣告此类合同无效，是符合相对人的意志和利益的。

音频1：效力待定合同的含义

效力待定合同不同于其他合同的最大特点在于：此类合同须经权利人的承认才能生效。所谓承认，是指权利人表示同意无缔约能力人、无代理权人、无处分权人与他人订立的有关合同。同意是一种单方意思表示，无须相对人的同意即可发生法律效力。权利人的承认与否决定着效力待定合同的效力。在权利人尚未承认以前，效力待定合同虽然已经订立，但并没有实际生效。所以，当事人双方都不必履行，尤其是相对人如果知道对方不具有代订合同的能力和处分权，就不应当实际履行，否则构成恶意，将导致其不能依善意取得制度而获得利益。由于效力待定合同因权利人的承认而生效，因而与可撤销合同具有明显区别。可撤销合同在被撤销以前，应被认为有效，只是因撤销权人的撤销而使合同变为无效，不像效力待定合同那样因权利人的承认而使合同有效。

4.2.2 效力待定合同的几种情况

1. 限制民事行为能力人依法不能独立订立的合同

根据《民法典》第十九条规定：八周岁以上的未成年人为限制民事行为能力人，实施民事法律行为由其法定代理人或者经其法定代理人同意追认，但是可以独立实施纯获利益的民事法律行为或者与其年龄智力相适应的民事法律行为。

《民法典》总则编第一百四十五条规定"限制民事行为能力人实施的纯获利益的民事法律行为或者与其年龄、智力、精神健康状况相适应的民事法律行为有效；实施的其他民事法律行为经法定代理人同意或者追认后有效。相对人可以催告法定代理人自收到通知之日起三十日内予以追认。法定代理人未作表示的，视为拒绝追认。民事法律行为被追认前，善意相对人有撤销的权利。撤销应当以通知的方式作出"。限制民事行为能力人依法不能独立实施的行为，可以在征得其法定代理人的同意后实施。所谓同意，即事先允许。由于同意的行为是一种辅助的法律行为，因此，法定代理人实施同意行为，必须向限制民事行为能力人和其相对人明确做出意思表示。这种意思表示可以采取口头的形式，也可以采取书面或其他的形式。

如果限制民事行为能力人未经其法定代理人的事先同意，独立实施其依法不能独立实施的民事行为，就要区分两种情况进行处理：一是如果限制民事行为能力人实施的是单方民事行为，例如抛弃财产，那么行为当然无效。二是如果限制民事行为能力人实施的是双方民事行为，例如与他人订立合同，那么与其发生关系的相对人可以在规定的期限内，催告其法定代理人承认这些行为。这是《民法典》对善意相对人的合法权益的保护。所谓善意相对人，主要指不知行为人为限制民事行为能力人。如果相对人明知或者应知行为人是被限制民事行为能力人的，那么相对人就不属于善意相对人。

限制民事行为能力人可以实施"纯获法律上利益"的行为，因为纯获法律利益的行为对未成年人并无损害。而法律之所以规定限制行为能力人实施的行为效力待定，乃是考虑到限制民事行为能力人所订立的合同有可能使其蒙受损害。既然其实施的纯获法律利益的行为不会使其遭受损害，因此不应使该行为无效。

2. 无代理权的人订立的合同

无权代理可分为广义的无权代理和狭义的无权代理。广义的无权代理包括表见代理和狭义的无权代理。狭义的无权代理，是指表见代理以外的欠缺代理权的代理。狭义的无权代理主要有以下几种情况。

(1) 根本无代理权的无权代理。代理人在未得到任何授权的情况下，以本人的名义从事代理活动。

(2) 超越代理权的无权代理。代理人虽享有一定的代理权，但其实施的代理行为超越了代理权的范围。

(3) 代理权终止后的无权代理。委托代理权可能因原委托人撤销委托、代理期限届满等原因而终止。在代理权终止以后，代理人明知其无代理权仍然以原委托人名义从事代理活动，或者因过失而不知道其代理权已消灭而继续进行代理活动，都会发生无权代理。无权代理人应承担因其过错而给相对人造成损失的责任。

《民法典》总则编第一百七十一条第一款规定"行为人没有代理权、超越代理权或者代理权终止后，仍然实施代理行为，未经被代理人追认的，对被代理人不发生效力"。

无权代理所产生的合同，并不是绝对无效合同，而是一种效力待定合同，经过本人的追认是有效的合同。法律之所以规定无权代理合同可因本人的承认而有效，主要原因在于：一是无权代理行为并非都对本人不利；二是无权代理具有为本人订立合同的意思，第三人也有意与本人订立合同，问题的关键是无权代理人没有代理权。无权代理行为所订立的合同并不一定对相对人不利，因此在既不损害本人又不损害相对人利益的情况下，经过本人追认而使合同有效，有利于维护交易秩序及保护相对人的利益。

3. 无处分权的人处分他人财产的合同

【例题 4-1】 A 建筑总承包公司接到一个有 10 栋楼的小区住宅项目，由于项目较大，公司需要购置一批新的施工设备和机具。公司委托一个招标代理机构，进行了招

无处分权的人处分他人财产的合同.doc

音频 2：以下两种特殊情况不属于效力待定合同

标，公司决定选定招标委员会提供的中标候选人。中标候选人为 D 供货商。D 供货商得知中标结果后，也接受了这个中标结果，会按时参加合同签订和会议。签订合同前，A 建筑总承包公司与 D 供货商就合同主要条款进行了磋商，最后达成真实意思一致，并签订合同。

(1) 合同成立的要件是什么？案例中的合同是否成立？
(2) 简述合同成立与生效的区别。
(3) 效力待定合同是什么意思？本案例合同是否有可能成为效力待定合同？

4.3 无效合同与可撤销合同

思维导图

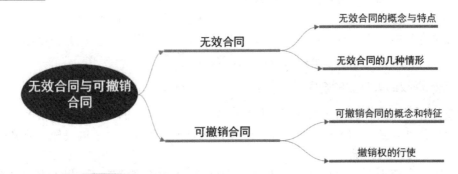

带着问题学知识

无效合同的概念是什么？
无效合同和可撤销合同的种类有哪些？
可撤销权如何行使？

4.3.1 无效合同

1. 无效合同的概念与特点

1) 无效合同的概念

无效合同是相对于有效合同而言的，即两者有相同的前提，就是合同都已经成立了，

但是一个是合同生效了,而另一个合同没有生效。

无效合同指的是,该合同已经成立了,但是因其内容违反了法律、强制性的规定,以及因不符合国家意志和社会利益而不符合合同产生效力的要件。

2) 无效合同的特点

(1) 无效合同的违法性。无效合同的种类很多,但都具有违法性。

(2) 对无效合同实行国家干预。干预行动体现为法院和仲裁机构主动审查合同并判断合同的有无效性。

(3) 无效合同具有不得履行性。当事人订立的合同是无效的,那么无须履行合同条款以及承担合同责任。

(4) 无效合同自始无效。由于合同内容从本质上违反了法律规定,那么自从订立起就不具有法律效力。

2. 无效合同的几种情形

1) 一方以欺诈、胁迫的手段订立合同,损害国家利益

(1) 欺诈行为是指合同中的一方当事人故意告知另一方虚假情况或隐瞒真实情况,导致另一方当事人作出错误的意思表示。欺诈行为本身存在损害国家利益的本质,所以导致合同无效。

(2) 胁迫行为是指合同中的一方当事人对另一方当事人以直接施加损害或以损害生命以及以将来发生的损害相威胁,导致另一方产生恐惧并订立合同。

因胁迫行为而订立的合同一般分为以下两类。

(1) 合同一方当事人采用胁迫手段而使另一方当事人被迫订立合同,损害了国家利益。本质上违反了法律规章,那么与当事人提出合同是否有效意愿已经无关了,即法院和仲裁机构宣告合同无效即可。

(2) 合同一方当事人以胁迫的手段迫使另一方当事人订立合同,却没有损害国家利益,这类合同作为可撤销合同对待。

2) 恶意串通,损害国家、集体或第三人利益的合同

恶意串通的合同是指双方当事人非法串通在一起,共同订立某种合同,造成国家、集体或第三人利益损害的合同。由此可见,在恶意串通的合同中,行为人的行为具有明显的违法性,据此可以将其作为违法合同对待。

这种合同具有以下主要特点:

(1) 当事人出于恶意。恶意是相对于善意而言的,即明知或应知某种行为将造成对国家、集体或第三人的损害而故意为之。

(2) 当事人之间互相串通。首先,当事人目的一致,即互相串通并实施某种行为损害国家、集体和第三人的利益。其次,当事人串通行为表达意思真实。当事人互相配合或者共同实施了该非法行为。

3) 以合法形式掩盖非法目的的合同

以合法形式掩盖非法目的是指当事人实施的行为在形式上是合法的,但在内容和目的上是违法的。在实施这种行为的过程中,当事人故意表示出来的形式或故意实施的行为并不是其要达到的目的,也不是其真实意思,而只是希望通过这种形式和行为掩盖、达到其非法目的。

4) 损害社会公共利益的合同

社会公共利益体现了全体社会成员的最高利益，违反社会公共利益或公序良俗的合同无效，成为各国立法普遍确认的原则。

5) 违反法律、行政法规的强制性规定的合同

这种合同属于最典型的无效合同。此处所说的法律是指由全国人民代表大会及其常委会制定的法律，行政法规是指由国务院制定的法规，违反这些全国性的法律和法规的合同当然是无效的。无效合同都具有违法性，而违反法律、行政法规的强制性规定的合同，在违法性方面较之于其他无效合同更为明显。

4.3.2 可撤销合同

1. 可撤销合同的概念和特征

1) 因重大误解订立的合同

重大误解，是指一方因自己的过错而对合同的主要内容等发生误解。误解直接影响到当事人所应享有的权利和承担的义务。

(1) 表意人因为误解作出了意思表示。在表意人因误解作出了意思表示之后，另一方当事人知道对方已经发生了误解并利用此种误解订立合同，不影响重大误解的构成。另一方当事人具有恶意可以在合同被撤销以后作为确定责任的一种根据，而不应作为重大误解的构成要件。

(2) 表意人对合同的内容等发生了重大误解。在法律上，一般的误解并不都能使合同撤销。我国的司法实践认为，只有对合同的主要内容发生误解，才构成重大误解。因为只有在对合同的主要内容发生误解的情况下，才可能影响当事人的权利和义务并可能使误解一方的订约目的不能达到。

(3) 误解是由误解方自己的过失造成的。在通常情况下，误解都是由表意人的过失造成的，即因其不注意、不谨慎造成的。如果表意人具有故意或重大过失，例如表意人对对方提交的合同草案根本不看就签字盖章，那么行为人无权请求撤销。

(4) 误解是误解一方的非故意的行为。如果表意人在订约时故意保留其真实的意志，或者明知自己已对合同发生误解而仍然与对方订立合同，那就表明表意人希望追求其意思表示所产生的效果。在此情况下，并不存在意思表示不真实的问题，因此不能按重大误解处理。

2) 显失公平的合同

显失公平的合同是指一方在订立合同时因情况紧迫或缺乏经验而订立的明显对自己有重大不利的合同。

显失公平的合同主要具有以下法律特点。

(1) 这种合同在订立时对双方当事人明显不公平。

在显失公平的合同下，一方要承担更多的义务而享受极少的权利或者在经济上要遭受重大损失，而另一方则以较少的代价获得较大的利益，承担极少的义务而获得更多的权利。

(2) 一方获得的利益超过了法律所允许的限度。

例如标的的价款显然大大超出了市场上同类物品的价格或同类劳务的报酬标准等。一般来说，在市场交易中出现的双方当事人的利益不平衡的现象有两种情况：一是主观的不

平衡，即当事人主观上认为其所得到的不如付出的多；二是客观的不平衡，即交易的结果对双方的利益是不平衡的，一方得到的多而另一方得到的少。

(3) 受害的一方在订立合同时缺乏经验或情况紧迫。

在订立合同时受害人因无经验，对行为的内容缺乏正当认识的能力，或者因为某种急需或其他急迫情况而接受了对方提出的条件。

3) 因欺诈、胁迫而订立的合同

如前所述，因欺诈、胁迫订立的合同应分为两类：一类是一方以欺诈、胁迫的手段订立合同损害国家利益，应作为无效合同；另一类是一方以欺诈、胁迫的手段订立合同并没有损害国家利益，只是损害了集体或第三人的利益，对此类合同应按可撤销合同处理。

4) 乘人之危的合同

所谓乘人之危，是指行为人利用他人的危难处境或紧迫需要，强迫对方接受某种明显不公平的条件并作出违背其真实意志的意思表示。乘人之危的合同具有以下特点。

音频3：乘人之危的合同

(1) 一方乘对方危难或急迫之际逼迫对方。所谓危难，除了经济上的窘迫外，也包括生命、健康、名誉等危难。所谓急迫，是指因情况比较紧急，迫切需要对方提供某种财物、劳务、金钱等。急迫主要包括经济上、生活上各种紧迫的需要，而不包括政治、文化等方面的急迫需要。由于乘人之危的合同是一方乘他方危难或急迫而要求对方订立的合同，因此不法行为人主观上具有乘人之危的故意。如果行为人在订立合同时并不知道对方处于危难或急迫状态，即使提出苛刻条件并被对方所接受，也不能认为是乘人之危。

(2) 受害人出于危难或急迫而订立了合同。不法行为人乘人之危要求受害人订立合同，受害人明知对方在利用自己的危难或急迫而获得利益，但陷于危难或出于急迫需要而订立了合同。正由于受害人是在危难或急迫状态下而与对方订立了合同，因此，此类合同从根本上也违背了受害人的真实意志。

(3) 不法行为人所取得的利益超出了法律允许的限度。乘人之危的行为往往使受害人被迫接受对自己十分不利的条件，订立某种使自己受到损害的合同，而不法行为人则取得了在正常情况下不可能取得的重大利益，并明显违背了公平原则，超出了法律所允许的限度。乘人之危的合同大多造成了双方利益极不均衡的结果。因此，乘人之危的合同也是显失公平的，但乘人之危不完全等同于显失公平。

《民法典》总则编第一百五十条规定"一方或者第三人以胁迫手段，使对方在违背真实意思的情况下实施的民事法律行为，受胁迫方有权请求人民法院或者仲裁机构予以撤销"。《民法典》总则编第一百五十一条规定"一方利用对方处于危困状态、缺乏判断能力等情形，致使民事法律行为成立时显失公平的，受损害方有权请求人民法院或者仲裁机构予以撤销"。

2. 撤销权的行使

(1) 撤销权通常由因意思表示不真实而受损害的一方当事人享有，依照自己的意思变更或者消灭合同效力的权利。受损害的一方当事人通常指重大误解中的误解人、显失公平中的遭受重大不利的一方。撤销权人有权提出变更

音频4：撤销权的行使

合同，请求变更的权利也是撤销权人享有的一项权利。《合同法》第五十四条规定："当事人请求变更的，人民法院或者仲裁机构不得撤销。"因此，如果当事人仅提出了变更合同而没有要求撤销合同，该合同仍然是有效的，法院或仲裁机构不得撤销该合同。

(2) 撤销权人必须在规定的期限内行使撤销权。因为可撤销的合同往往只涉及当事人一方意思表示不真实的问题，如果当事人自愿接受此种行为的后果，自愿放弃其撤销权，或者长期不行使其权利，不主张撤销，那么法律应允许该合同有效，否则如果在合同已经生效后的很长时间再提出撤销，将会使一些合同的效力长期处于不稳定状况，不利于社会经济秩序的稳定。《民法典》总则编第一百五十二条规定"有下列情形之一的，撤销权消灭：(一)当事人自知道或者应当知道撤销事由之日起一年内、重大误解的当事人自知道或者应当知道撤销事由之日起九十日内没有行使撤销权；(二)当事人受胁迫，自胁迫行为终止之日起一年内没有行使撤销权；(三)当事人知道撤销事由后明确表示或者以自己的行为表明放弃撤销权。当事人自民事法律行为发生之日起五年内没有行使撤销权的，撤销权消灭"。

【例题4-2】 上海某房地产企业开发了一个新的楼盘，是一个20层的商务办公楼，共80米高。某房地产企业具有自己的施工公司，商务办公楼的主体部分由本企业自行完成，关于水电安装等项目，计划作为分包项目进行招标。在商务办公楼的主体部分准备完工之后，对作为水电安装等分包项目进行招标。经过招标，上海本地一家水电安装公司中标水电安装的分包项目。双方签订合同后，水电安装公司按照合同约定进行施工。在施工一个月后，上海某房地产公司派人对水电施工完成部分进行抽检，发现水电用的材料不符合国家标准，但是，该材料是水电公司建议采用的材料。最后，上海某房地产公司认为与水电公司签订的合同存在欺诈行为，要求水电公司给予赔偿。

(1) 效力待定合同与无效合同、可撤销合同的不同是什么？

(2) 无效合同的情形有哪些？本案例中的合同是否属于无效合同？如果是，属于哪种无效合同？

(3) 可撤销合同情形有哪些？本案例合同是否属于可撤销合同？如果是，属于哪种情形？

4.4 实训练习

一、单选题

1. 合同成立的要件不包括( )。
   A. 合同主体——双方或多方当事人　　B. 达成合意——主要条款
   C. 约定义务——履行义务　　　　　　D. 两个阶段——要约和承诺
2. 以下关于效力待定的合同，说法错误的是( )。
   A. 效力待定合同是指合同成立时是否发生效力尚不能确定，有待于其他行为使之确定的合同
   B. 这类合同虽然已经成立，但因其不完全符合有关生效要件的规定，因此其效力能否发生尚未确定，须经有权人表示承认后才能生效
   C. 效力待定合同不同于其他合同的最大特点在于：此类合同须经权利人的承认才能生效

D. 可撤销合同属于效力待定合同
3. 关于无权代理的人订立合同，以下说法正确的是( )。
   A. 狭义的无权代理包括表见代理
   B. 超越代理权的无权代理。代理人虽享有一定的代理权，但其实施的代理行为超越了代理权的范围
   C. 狭义的无权代理，是指表见代理以外的欠缺代理权的代理
   D. 无权代理所产生的合同是无效合同
4. 关于表见代理的构成要件，以下说法错误的是( )。
   A. 行为人以自己的名义与相对人订立合同。这是表见代理的基础条件
   B. 客观上有足以使相对人相信行为人享有代理权的理由，按照通常人的感受标准和客观事实，相对人有理由相信行为人有代理权
   C. 相对人必须是善意无过失。所谓善意是指不知道或者不应当知道行为人实际上无权代理。所谓无过失，是指相对人的这种不知道不是因为疏忽大意即人的失察所致
   D. 行为人与相对人所订立的合同符合合同成立的要件，并且符合代理行为的表面特征

二、多选题

1. 合同成立与生效的区别有( )。
   A. 合同的成立是指当事人就合同的主要条款达成合意，解决了当事人之间是否存在合意的问题，这不意味着合同产生了效力
   B. 合同的生效是指合同内容合法以及符合国家意志和社会公共利益
   C. 合同的成立要件包括订约主体符合规定、订约主体的合意及订约阶段
   D. 合同的生效要件是必须符合一定的法律或规章
   E. 合同成立约束的是合同双方当事人，任何一方违反"约定"，要承担缔约过失责任
2. 合同生效的要件包括( )。
   A. 行为人具有相应的民事行为能力   B. 意思表示真实
   C. 不违反法律   D. 合同必须具备法律规定的形式
   E. 不违反社会公共利益
3. 无效合同包括的情形有( )。
   A. 一方以欺诈、胁迫的手段订立合同，损害国家利益
   B. 恶意串通，损害国家、集体或第三人利益的合同
   C. 以合法形式掩盖非法目的的合同
   D. 损害社会公共利益的合同
   E. 违反法律、行政法规的强制性规定的合同
4. 可撤销合同种类有( )。
   A. 因重大误解订立的合同   B. 显失公平的合同
   C. 因欺诈、胁迫而订立的合同   D. 乘人之危的合同
   E. 以合法形式掩盖非法目的的合同

三、简答题

1. 简述合同成立与生效的区别。
2. 简述无权处分的特点。
3. 简述无效合同的概念与特点。
4. 显失公平合同属于可撤销合同，简述显失公平的合同的特点。

第 4 章习题答案

项 目 实 训

班级		姓名		日期	
教学项目		合同的效力			
任务	掌握合同生效、合同无效的几种情况、合同无效的后果；熟悉效力待定合同的几种情况；了解附条件、附期限的合同		方式	结合工程实例合同理解其相关概念	
相关知识		合同生效、合同无效的几种情况；合同无效的后果、效力待定合同的几种情况；附条件和附期限的合同			
其他要求		无			
学习总结记录					
评语				指导老师	

第 5 章 合同的履行与保全

学习目标

(1) 掌握合同履行原则、合同履行规则。
(2) 熟悉合同履行中的同时履行、后履行、不安抗辩权的内容。
(3) 熟悉合同保全中的代位权与撤销权。

第 5 章教案

第 5 章案例答案

教学要求

章节知识	掌握程度	相关知识点
合同履行的原则	理解两个原则的内涵	全面履行原则、诚实信用原则
合同履行的规则	掌握合同约定不明的履行规则、由第三人代为履行的合同和向第三人履行的合同的含义	合同约定不明的履行规则、由第三人代为履行的合同、向第三人履行的合同
双务合同履行中的抗辩权	熟悉并掌握同时履行抗辩权、后履行抗辩权、不安抗辩权	同时履行抗辩权、后履行抗辩权、不安抗辩权

课程思政

合同的履行是合同当事人的义务，不履行合同就要承担一定的后果。正常的合同履行结果，需要合同当事人的努力。有时候有意外事情打断了这个正常的履行，那么合同当事人可以协商作出补救。但是一些想钻法律空子的当事人，不配合解决问题，继续履行合同，那么就只能承担法律责任甚至金钱赔偿。因此，合同的履行需要当事人共同的努力、相互理解以及相互帮助。

案例导入

订立合同的最初目的就是为了获取利益或获得某个东西。但是，合同一旦订立，就不只是有利益存在，还产生了义务，双方都负有履行合同的义务。但是，一般情况下，合同约定履行义务的期限较长，其中情况会有变化。不管是合同双方当事人还是社会环境改变，都会对合同的履行产生影响。因此，需要对这些情况下的合同履行进行规定。

第 5 章 合同的履行与保全

思维导图

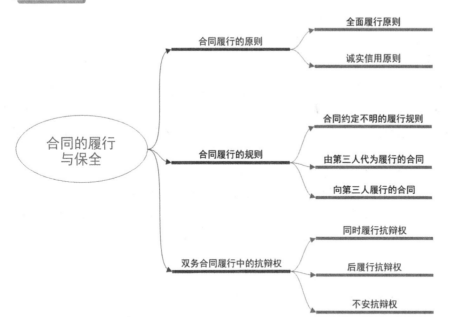

视频 1：合同中止履行的情形有哪些？

5.1 合同履行的原则

思维导图

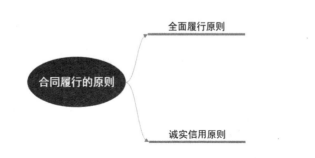

第 5 章扩展资源

带着问题学知识

合同履行的原则有哪些？
如何理解全面履行原则？
如何理解诚实信用原则？

5.1.1 全面履行原则

全面履行原则，又称适当履行原则。首先，合同当事人依照法律和合同的约定对应当履行的义务进行逐条地、全部地履行。例如，对于合同的标的、价款、数量、质量等义务全面履行。其次，合同当事人需要正确适当地履行合同约定的义务。例如，某合同要求采用该规格的产品，那么就应当交付相同规格的产品，不允许采用其他规格的产品代替交货。

5.1.2 诚实信用原则

我国《民法典》合同编将诚实信用原则作为订立合同应当遵循的基本原则，同时作为合同履行的原则。《民法典》合同编规定了当事人应当遵循诚实信用原则，根据合同的性质、目的和交易习惯履行通知、协助、保密等义务。通知，是指当事人在履行合同中应当将有关重要的事项、情况告诉对方，例如当事人改变了住所或者履行地点，因客观情况必须变更合同或者因不可抗力不能履行时，必须及时通知对方。协助，是指当事人在履行合同过程中，除严格按约定履行自己的义务外，还要相互合作，配合对方履行。保密，是指当事人在履行合同的过程中对属于对方当事人的商业秘密或者对方当事人要求保密的信息、事项，不能向外泄露。

遵循诚实信用原则要求合同双方当事人都应当按照合同的约定，履行自己所应承担的义务。合同的双方当事人应当相互关照，互通有无。在合同的履行过程中，双方当事人之间要及时通报情况，发现问题及时解决，以便于合同的履行。债权人应当以适当的方法接受履行，并为债务人履行义务创造必要的条件。

5.2 合同履行的规则

○ 思维导图

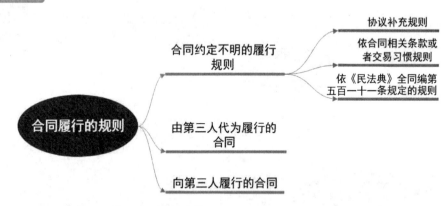

带着问题学知识

协议补充规则的解释是什么？
依合同相关条款或者交易习惯规则的解释是什么？
依《民法典》第六十二条规定的规则的解释是什么？

5.2.1 合同约定不明的履行规则

1. 协议补充规则

《民法典》合同编第五百一十条规定，合同生效后，当事人就质量、价款或者报酬、履行地点等内容没有约定或者约定不明的，可以协议补充。合同权利义务的设定允许当事人协商，合同履行过程中，也允许合同当事人就约定不明的有关事项进行协商，这正是合同自由原则、当事人的意思自治原则的体现。

2. 依合同相关条款或者交易习惯规则

合同生效后，当事人就质量、价款或者报酬、履行地点等内容没有约定或者约定不明的，可以协议补充，补充不能达成协议的，按照合同的有关条款或者交易习惯确定。按合同的有关条款或者交易习惯确定，一般只适用于部分常见条款或者不明确的情况，因为只有这些条款才能形成一定的交易习惯。

3. 依《民法典》合同编第五百一十一条规定的规则

《民法典》合同编第五百一十一条的规定，当事人就有关合同内容约定不明确，当事人进行协商后不能达成协议的，按照合同相关条款或者交易习惯仍不能确定的，适用以下规定。

(1) 质量要求不明确的，按照国家标准、行业标准履行；没有国家标准、行业标准的，按照通常标准或者合同目的的特定标准履行。

(2) 价款或者报酬不明确的，按照订立合同时合同履行地的市场价格履行；依法应当执行政府定价或者政府指导价的，按照规定履行。《民法典》合同编第五百一十三条规定，执行政府定价或者政府指导价的，在合同约定的交付期限内政府价格调整时，按交付时的价格计价。逾期交付标的物的，遇价格上涨时，按照原价格执行；价格下降时，按照新价格执行。逾期提取标的物或者逾期付款的，遇价格上涨时，按照新价格执行；价格下降时，按原价执行。

(3) 履行地点不明确，给付货币的，在接受给付一方所在地履行；交付不动产的，在不动产所在地履行；其他标的物的，在履行义务一方所在地履行。

(4) 履行期限不明确的，债务人可以随时履行，债权人也可以随时要求履行，但应当给对方必要的准备时间。

(5) 履行方式不明确的，按照有利于实现合同目的的方式履行。

(6) 履行费用的负担不明确的，由履行义务一方负担。

5.2.2 由第三人代为履行的合同

合同当事人一般为双方当事人，即合同履行的主体。因此，合同履行的主体就是包括履行合同债务的一方当事人和接受履行的一方当事人。通常情况下，合同需要当事人经过合同规定的行为来履行义务，即债务人对债权人履行债务。

然而，在其他特殊情况下，合同可以由第三人代替履行。这要求第三人是合法的履行主体，即不违背合同约定。但是，第三人履行的债务只能是债务人不需要亲自履行的义务或不是法律和合同约定的债务人必须亲自履行的义务。若是债务人必须亲自履行的义务，合法的第三人则不能代替履行义务。

5.2.3 向第三人履行的合同

在第三人代替债权人接受履行时，第三人也是履行主体。在一般情况下，债权人都可以指定债务人向其指定的第三人履行义务，即由第三人代替债权人接受履行。但是，债权人指定由第三人代其接受履行的，不得因此而使债务人增加履行费用的负担。第三人代替债权人接受履行不适当或因此造成债务人损失的，应由债权人承担违约责任。《民法典》合同编第五百二十二条规定："当事人约定由债务人向第三人履行债务的，债务人未向第三人履行债务或者履行债务不符合约定，债务人应当向债权人承担违约责任。"

【例题5-1】2022年8月，甲、乙公司签订了一项房屋买卖合同，合同约定甲公司于当年10月25日向乙公司交付房屋60套，并办理登记手续，乙公司则向甲公司分三次付款：第一期支付6000万元，第二期支付2000万元，第三期则在10月25日甲公司向乙公司交付房屋时支付4000万元。在签订合同后，乙公司按期支付了第一期、第二期款项共8000万元。

10月25日，甲公司将房屋的钥匙移交乙公司，但并未立即办理房产所有权移转登记手续。因此，乙公司表示剩余款项在登记手续办理完毕后再付。在合同约定付款日期(10月25日)7日后，乙公司仍然没有付款，甲公司遂以乙公司违约为由诉至法院，请求乙公司承担违约责任。甲公司则以乙公司未按期办理房产所有权移转登记手续为由抗辩。

(1) 案例中的合同属于什么合同种类？
(2) 甲公司与乙公司做法是否合法？他们履行的是什么抗辩权？

5.3 双务合同履行中的抗辩权

◉ 思维导图

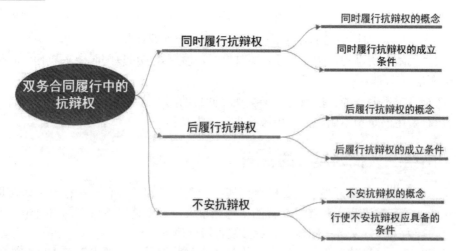

带着问题学知识

同时履行抗辩权的含义是什么？
后履行抗辩权的含义是什么？
不安抗辩权的含义是什么？

5.3.1 同时履行抗辩权

1. 同时履行抗辩权的概念

同时履行抗辩权是指当事人互负债务且没有先后履行顺序，一方当事人在他方未为对待给付以前，有拒绝履行自己的合同义务的权利。同时履行抗辩权只适用于双务合同，单务合同不存在同时履行抗辩权问题。在双务合同中，当事人的权利义务存在着牵连性，即当事人的权利与义务是相对应的，一方的权利就是他方的义务，一方的义务即为他方的权利。如果一方的权利、义务不成立或者无效，则另一方的权利、义务也就会发生同样的效果。正因为如此，双务合同的履行也存在着牵连性，即一方义务的履行须以他方履行义务为前提。如果一方不履行义务，他方的权利就不能得到实现，其履行义务自然也就会受到影响。而一方不履行自己的义务而要求对方履行义务，在法律上是有违公平观念的。可见，法律设立同时履行抗辩权的目的，就在于维持双务合同当事人之间在利益关系上的公平，以维护交易的安全。

音频1：同时履行抗辩权的概念

《民法典》合同编第五百二十五条规定了同时履行抗辩权，即"当事人互负债务，没有先后履行顺序的，应当同时履行。一方在对方履行之前有权拒绝其履行要求。一方在对方履行债务不符合约定时，有权拒绝其相应的履行要求"。

2. 同时履行抗辩权的成立条件

1) 当事人须因同一双务合同而互负义务

关于同时履行抗辩权，那么只能是用于双务合同。双务合同的合同双方当事人都需要承担义务，那么就可以行使抗辩权。但是，同时履行抗辩权的条件是合同当事人双方承担的义务是对价的关系。

音频2：同时履行抗辩权的成立条件

2) 当事人双方互负的债务没有先后履行顺序

首先，对于合同双方当事人约定了履行义务的先后顺序，那么就应该按照合同约定按期履行义务。其次，没有约定履行义务的先后顺序，那么就是同时履行义务。

此外，在合同双方当事人必须要履行的义务已经到期了，但同时履行抗辩权的合同履行期没到，那么不能行使同时履行抗辩权。因为，这会形成要求履行义务的当事人提前履行义务的情况。对于合同双方当事人必须要履行的义务还没有到期的，按照合同的性质，一方当事人是先履行义务的，那么先履行义务的当事人是没有主张同时履行抗辩的权利。

3) 对方当事人未履行债务或未按约定履行债务

首先，一方当事人在没有履行义务的情况下，一方当事人请求另一方当事人履行义务时，被请求一方当事人可以主张行使同时履行抗辩权，拒绝对请求一方当事人的履行义务。

其次，一方当事人在履行了义务的情况下，一方当事人请求另一方当事人履行义务，那么被请求方不可以主张行使同时履行抗辩权。

此外，合同的一方当事人履行义务时没有适当履行，那么合同另一方当事人有权利拒绝其相应要履行义务的要求。那么，对于同时履行抗辩权，另一方当事人可以行使同时履行抗辩权。但是，这种情况只能存在于一方当事人在没有适当履行义务的部分主张行使同时抗辩权，是存在限制性的。

4）对方当事人的对待履行是可能履行的

法律设立同时履行抗辩权的目的，在于使双方当事人同时履行自己的义务。因此，只有在债务可以履行的情况下，同时履行抗辩权才具有意义。如果当事人所负的债务成为不能履行的债务，就不发生同时履行抗辩权问题。当事人只能通过其他途径请求补救。例如，当事人的债务是因不可抗力的原因使标的物灭失而导致不能履行的，如果对方提出履行请求，就可以主张解除合同以否定其请求权的存在，而不能主张同时履行抗辩权。

5.3.2 后履行抗辩权

1. 后履行抗辩权的概念

音频3：后履行抗辩权的概念

所谓后履行抗辩权，是指在双务合同中应当先履行的一方当事人没有履行合同义务的，后履行一方当事人有拒绝履行自己的合同义务的权利。《民法典》合同编第五百二十六条规定："当事人互负债务，有先后履行顺序，先履行一方未履行的，后履行一方有权拒绝其履行要求。先履行一方履行债务不符合约定的，后履行一方有权拒绝其相应的履行要求。"后履行抗辩权不同于同时履行抗辩权和不安抗辩权。同时履行抗辩权是在双方当事人的债务没有先后履行顺序的情况下适用的，而后履行抗辩权是在双方当事人的债务有先后履行顺序的情况下适用的。不安抗辩权与后履行抗辩权都是在双方当事人的债务有先后履行顺序的情况下适用的，但不安抗辩权是先履行一方所享有的权利，而后履行抗辩权是后履行一方所享有的权利。

2. 后履行抗辩权的成立条件

（1）当事人因双务合同互负债务，主张后履行抗辩权必须是在双务合同中。合同一方当事人和另一方当事人之间的义务关系是存在对价关系的，即一方当事人履行义务就是为了换取另一方当事人的义务。因此，合同中约定一方当事人应当先履行义务时，而一方当事人不履行义务，那么另一方当事人就可以不履行自己的义务，以保护自己的利益。这也就形成了不对价关系。

（2）当事人一方须有先履行的义务。在双务合同中，当事人可以同时履行义务，也可以异时履行义务。在异时履行的情况下，负有先履行义务的一方应当先履行义务。当事人的履行顺序，应当按照法律规定、合同约定或交易习惯确定。

（3）先履行一方到期未履行债务或不适当履行债务。在合同异时履行的情况下，负有先履行义务的一方应当先履行义务。如果先履行一方不履行到期的义务，属于违约，那么后履行一方有权拒绝履行。如果先履行一方的履行不符合合同约定，那么后履行一方有权拒绝先履行一方的相应的履行要求，即先履行一方履行债务不符合约定的部分。

5.3.3 不安抗辩权

不安抗辩权.doc

【例题 5-2】 某通用设备采购合同中约定，采购方付款后，供货方交货。合同订立后，采购方以有确切证据证明供货方经营状况严重恶化为由，暂停支付设备货款。

音频 4：不安抗辩权的概念

(1) 简述不安抗辩权的概念。
(2) 采购方暂停支付设备货款的行为行使的是什么抗辩权？
(3) 行使不安抗辩权应具备哪些条件？

5.4 实训练习

一、单选题

1. 关于合同履行的规则，以下说法错误的是(　　)。
   A. 合同约定不明的履行规则　　　B. 由第三人代为履行的合同
   C. 合同没有约定的履行规则　　　D. 向第三人履行的合同

2. 关于《民法典》合同编第五百一十一条规定的规则，以下说法不正确的是(　　)。
   A. 质量要求不明确的，按照国家标准、行业标准履行；没有国家标准、行业标准的，按照通常标准或者合同目的的特定标准履行
   B. 履行地点不明确，给付货币的，在接受给付一方所在地履行；交付不动产的，在不动产所在地履行；其他标的，在履行义务一方所在地履行
   C. 履行期限不明确的，债务人可以随时履行，债权人也可以随时要求履行，但应当给对方必要的准备时间
   D. 履行方式不明确的，按照法律规定的方式履行

3. 关于同时履行抗辩权的概念，以下说法错误的是(　　)。
   A. 同时履行抗辩权只适用于双务合同，单务合同不存在同时履行抗辩权问题
   B. 同时履行抗辩权是指当事人互负债务且有先后履行顺序，一方当事人在他方未为对待给付以前，有拒绝履行自己的合同义务的权利
   C. 在双务合同中，当事人的权利义务存在着牵连性，即当事人的权利与义务是相对应的，一方的权利就是他方的义务，一方的义务即为他方的权利
   D. 一方不履行自己的义务而要求对方履行义务，在法律上是有违公平观念的

4. 关于双务合同履行中的几种抗辩权，以下说法错误的是(　　)。
   A. 不安抗辩权中，当事人须因单务合同互负债务
   B. 行使不安抗辩权主要是为了保护先履行一方当事人的利益免受损害而中止合同的履行，即暂时停止合同的履行，以待后履行一方恢复履行能力或者提供担保
   C. 同时履行抗辩权是在双方当事人的债务没有先后履行顺序的情况下适用的，而后履行抗辩权则是在双方当事人的债务有先后履行顺序的情况下适用的
   D. 不安抗辩权与后履行抗辩权都是在双方当事人的债务有先后履行顺序的情况下适用的，但不安抗辩权是先履行一方所享有的权利，而后履行抗辩权是后履

行一方所享有的权利

二、多选题

1. 同时履行抗辩权的成立条件有（   ）。
   A. 当事人须因同一双务合同而互负义务
   B. 当事人双方互负的债务没有先后履行顺序
   C. 对方当事人未履行债务或未按约定履行债务
   D. 对方当事人的对待履行是可能履行的
   E. 当事人因双务合同互负债务

2. 当先履行债务的当事人，有确切证据证明对方有下列（   ）情形之一的，可以中止履行。
   A. 经营状况严重恶化
   B. 转移财产、抽逃资金，以逃避债务
   C. 丧失商业信誉
   D. 有丧失或者可能丧失履行债务能力的其他情形
   E. 后履行义务一方没有对待给付或未提供担保

3. 关于后履行抗辩权成立的条件有（   ）。
   A. 当事人因单务合同互负债务，主张后履行抗辩权必须是在双务合同中
   B. 当事人因双务合同互负债务，主张后履行抗辩权必须是在双务合同中
   C. 当事人一方须有先履行的义务
   D. 无履行义务的先后顺序
   E. 先履行一方到期未履行债务或不适当履行债务

4. 关于行使不安抗辩权应具备的条件有（   ）。
   A. 当事人须因双务合同互负债务
   B. 当事人一方须有先履行的义务且已到了履行期
   C. 后履行义务一方有丧失或可能丧失履行债务能力的法定情形
   D. 后履行义务一方没有对待给付或未提供担保
   E. 行使不安抗辩权主要是为了保护先履行一方当事人的利益免受损害而中止合同的履行，即暂时停止合同的履行，以待后履行一方恢复履行能力或者提供担保

三、简答题

1. 简述合同履行的两个原则。
2. 简述合同约定不明的履行规则。
3. 简述《民法典》合同编第五百一十一条规定的规则。
4. 简述双务合同履行中的几种抗辩权的概念。

第 5 章习题答案

项 目 实 训

班级		姓名		日期	
教学项目		合同的履行			
任务	掌握合同履行原则、合同履行规则;熟悉合同履行中的同时履行、后履行、不安抗辩权的内容;熟悉合同保全中的代位权与撤销权		方式	在课本的基础上,查找相关工程实例视频学习	
相关知识			合同履行原则、合同履行规则、合同履行中的同时履行、后履行、不安抗辩权的内容、合同保全中的代位权与撤销权		
其他要求			无		
学习总结记录					
评语				指导老师	

第6章　合同的变更、转让与终止

学习目标

(1) 掌握合同变更、转让与终止的含义。
(2) 熟悉合同变更的条件、合同义务移转、合同终止的法定情形、合同终止的效力等。
(3) 了解合同变更的特点、合同权利义务概括移转。

第6章教案

第6章案例答案

教学要求

章节知识	掌握程度	相关知识点
合同的变更	熟悉并掌握合同变更的含义与特点、合同变更的条件	合同变更的含义与特点、合同变更的条件
合同的转让	熟悉并掌握合同权利的转让、合同义务的移转	合同权利的转让、合同义务的移转
合同权利义务的终止	熟悉并掌握合同终止的含义、合同终止的法定情形、合同终止的效力	合同终止的含义、合同终止的法定情形、合同终止的效力

课程思政

合同在当事人履行过程中，会因为外界的原因而发生变更、转让，甚至终止。这些是合同履行发生的正常现象。但是这样可能会造成当事人的利益受损，以及其他影响。因此，当事人为了保护自己的利益或减少损失，会通过法律手段去实现目的。在学习、生活和工作中，我们都有可能会遇到自己利益受损害的时候，我们应当学会用正当以及正确的手段，保护自己的利益。

案例导入

合同变更、转让、终止是合同三个基本的改变情况。其具体情况有多种，但是合同如果没有违反法律及规定，就可以变更、转让、终止。其实，这是关于合同权利与义务的变更、转让、终止。我们在学习时必须注意其对于合同权利与义务的侧重点。

第 6 章 合同的变更、转让与终止

思维导图

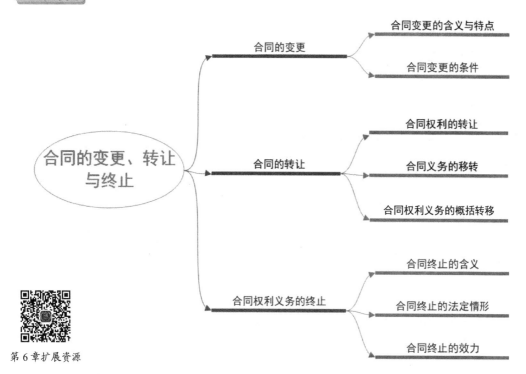

第 6 章扩展资源

6.1 合同的变更

思维导图

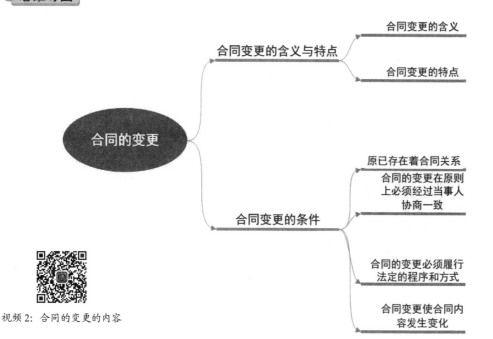

视频 2：合同的变更的内容

> **带着问题学知识**
>
> 合同变更的含义是什么？
> 合同变更的特点是什么？
> 合同变更的条件有哪些？

6.1.1 合同变更的含义与特点

1. 合同变更的含义

目前，合同变更有广义与狭义之分。广义的合同变更指的是合同主体和合同内容同时发生改变。主体变更主要指新的主体取代了原合同主体，即债务人发生了改变，而债权人没发生改变。因为债权人发生改变的，称为合同转让。此时，合同内容没有发生改变。

通常我们说的合同变更，指的是狭义的合同变更，即合同的内容的改变。合同变更指的是合同成立并生效后，当事人没有履行或没有完全履行，当事人就合同内容达成修改和补充协议。《民法典》合同编第五百四十三条规定："当事人协商一致，可以变更合同。"《民法典》合同编的这一规定，实际上就是指狭义的合同变更。

2. 合同变更的特点

(1) 协议变更合同。合同的变更应当是双方当事人经过协商之后的结果，而不是一方任意无理由改变的结果。而且合同变更需要在原来合同的内容上达成新的协议内容。合同任何一方擅自更改合同内容，都不会对合同当事人造成任何影响，反而会造成违约。

音频1：合同变更的特点

值得注意的是，强调变更在原则上必须经过双方协商一致，并非意味着变更只能由约定产生，而不存在着法定的变更事由。事实上，在特殊情况下，依据法律规定可以使一方享有法定变更合同的权利，例如在重大误解、显失公平的情况下，受害人享有请求法院或仲裁机构变更合同内容的权利。在出现了法定的变更事由以后，一方将依法享有请求法院变更合同的权利，但享有请求变更权的人必须实际请求法院或仲裁机构变更合同，且法院或仲裁机构经过审理，确认了变更的请求，合同才能发生变更。任何一方当事人即使享有请求变更的权利，也不得不经诉讼而单方面变更合同。

(2) 合同变更是指合同内容的变化。

合同变更指的是合同关系的部分改变，即对原来合同关系进行部分修改和协议补充，而不是对合同关系进行全部修改。例如标的大小尺寸变化；关于质量方面的变化；价格方面的变化；改变交货地点、时间、结算方式等，均属于合同内容的变更。若合同内容完全改变，那么原来的合同关系已经消灭了，形成了另一个新的合同关系。例如合同标的的改变，因为标的本身是合同双方权利、义务指向的对象，这属于实质内容改变。那么，标的发生了，相应的义务和权利也改变了，因此，标的变更就意味着原来合同关系的结束。当然，仅仅是标的数量、质量、价款发生变化，一般不会影响到合同的实质内容，而只是影响到局部内容，更不会导致合同关系消灭。

(3) 合同的变更，也会产生新的有关债权债务的内容。当事人在变更合同以后，需要增加新的内容或改变合同的某些内容。合同变更以后，不能完全以原合同内容来履行，而应按变更后的权利义务关系来履行。当然，这并不是说在变更时必须首先消灭原合同的权利义务关系。事实上，合同的变更是指在保留原合同的实质内容的基础上产生一种新的合同关系，它仅是在变更的范围内使原债权债务关系消灭，而变更之外的债权债务关系仍继续生效。所以从这个意义上讲，合同变更是使原合同关系相对消灭。

6.1.2 合同变更的条件

1. 原已存在着合同关系

合同的变更是在原合同的基础上，通过当事人双方的协商，改变原合同关系的内容。因此，不存在原合同关系，就不可能发生变更问题。如果合同被确认无效，就不能变更原合同。如果合同具有重大误解或显失公平的因素，享有撤销权的一方就可以要求撤销或变更。原合同中享有变更或者撤销权的当事人，如果只提出了变更合同，未提出撤销合同，那么在经双方同意变更合同以后，享有撤销权的一方当事人不得再提出撤销合同，撤销权因合同的变更而消灭。

视频1：合同变更的原因或情形

2. 合同的变更在原则上必须经过当事人协商一致

《民法典》合同编第五百四十四条规定："当事人对合同变更的内容约定不明确的，推定为未变更。"如果当事人对合同变更的内容规定不明确的，就推定当事人并没有达成变更合同的协议，合同被视为未变更，当事人仍应当按原合同履行。

3. 合同的变更必须履行法定的程序和方式

"法律、行政法规规定变更合同应当办理批准、登记等手续的，依照其规定。"这类合同的变更，不但要求当事人双方协商一致，而且还必须履行变更合同的法定程序和方式，只有这样合同才能发生变更的效力。

4. 合同变更使合同内容发生变化

合同标的以外的有关数量、质量、合同价款、合同履行期限、地点、方式等各种条款的变更，都产生合同内容的变理，排除了合同主体与合同标的改变的情形。

6.2　合同的转让

思维导图

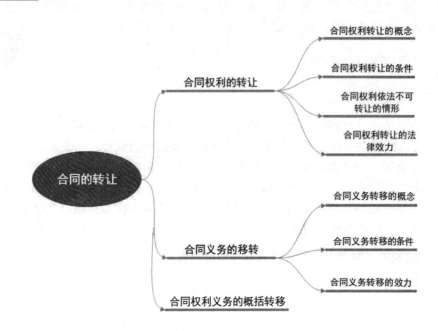

带着问题学知识

合同权利转让的概念是什么？
合同权利转让的条件是什么？
合同义务移转的概念是什么？
合同义务移转的条件有哪些？

6.2.1　合同权利的转让

1. 合同权利转让的概念

《民法典》合同编第五百四十五条规定"债权人可以将债权的全部或者部分转让给第三人，但是有下列情形之一的除外：(一)根据债权性质不得转让；(二)按照当事人约定不得转让；(三)依照法律规定不得转让。当事人约定非金钱债权不得转让的，不得对抗善意第三人。当事人约定金钱债权不得转让的，不得对抗第三人"。这是关于债权转让的规定。所谓合同权利的转让，是指合同债权人通过协议将其债权全部或部分地转让给第三人的行为。为了更好地理解合同的转让，我们有必要对合同转让的概念做进一步解释。

债权的转让是指债权人将原来债权转让给第三人。这个债权的内容不发生改变。相对于合同变更，债权的转让只是需要通知债务人即可，不需要债务人的同意。而债权人没有通知债务人的话，债权转让也不会生效。债权的转让是指不改变债权的内容，由债权人将权利转让给第三人。债权转让的当事人是债权人和第三人。但债权转让时债权人应当及时通知债务人，未经通知，该转让对债务人不发生效力。权利的转让必须首先保证权利有效。债权转让指的是合同中债权人拥有的债权，它是可以全部转让，也可以局部转让。全部转让的情况就是，受让人代替了原来合同债权的地位，成为合同当事人，即原来合同关系消灭，受让人和债务人形成新的合同关系。局部转让的情况就是，受让人以第三人的身份和债权人共同拥有债权。债权的转让，如果权利内容没有发生改变，那么债务人的负担也应该不发生变化。此外，债权转让产生的费用等应该由转让人或者受让人承担，而不是债务人。

2. 合同权利转让的条件

1) 须有有效的合同权利存在

合同权利的有效存在，是合同权利转让的根本前提。如果合同根本不存在，或者已经被宣告无效，或者被撤销发生的转让行为都是无效的，那么转让人应对善意的受让人所遭受的损失承担损害赔偿责任。

音频2：合同权利转让的条件

2) 转让双方之间必须达成转让合意

合同权利的转让，必须由让与人和受让人之间订立权利转让合同。此种合同的当事人是转让人和受让人，订立权利转让合同应具备合同的有效条件。

3) 转让的合同权利具有可让与性

合同权利具有可让与性，即合同的权利依法可以转让。

3. 合同权利依法不可转让的情形

根据《民法典》合同编第五百四十条的规定，下列合同权利不得转让。

1) 根据合同权利的性质不得转让

根据合同权利的性质，若该合同只能在特定的当事人之间订立并生效，那么这种合同不能转让。若将合同转让给第三人，这会导致合同的内容改变，那么转让后的合同内容与转让前的合同内容不存在联系性和同一性。此外，还违反了当事人违反合同的目的。一般来说，根据合同性质不得让与的权利主要包括四种。一是根据个人信任关系而发生的债权，例如委托人对受托人的债权。二是以选定债权人为基础发生的合同权利，例如与特定人签订的出版合同。三是合同内容中包括了针对特定当事人的不作为义务，例如禁止受让人转让其权利。四是与主权利不能分离的从权利，例如保证合同权利。

2) 按照当事人的约定不得转让

根据合同自由原则，当事人可以在订立合同时或订立合同后特别约定，禁止任何一方转让合同权利，只要此约定不违反法律的禁止性规定和社会公共道德，就应当产生法律效力。任何一方违反此种约定而转让合同权利，将构成违约行为。如果一方当事人违反禁止转让的规定而将合同权利转让给善意的第三人，那么善意的第三人可取得这项权利。

3) 法律规定不得转让

依照法律规定应由国家批准的合同，当事人在转让权利义务时，必须经过原批准机关批准。如原批准机关对权利的转让不予批准，那么权利的转让无效。

4. 合同权利转让的法律效力

6.2.2 合同义务的移转

合同权利转让的法律效力.doc

1. 合同义务移转的概念

合同义务的转移也称债务承担,指的是在债权人、债务人与第三人之间达成的协议将债务转移给第三人,由第三人承担。通常,合同义务的转移可根据法律的规定而发生。

因此,通常的合同义务转移说的是合同当事人将合同中的债务转移给第三人承担。这里的债务转移指的是债务全部转移和债务局部转移。这是合同义务转移的两种情况。前者合同义务转移一般称为免责的债务承担,因为新的债务人全部承担了合同义务,和债权人形成了新的合同关系,原来的合同关系消灭了。后者合同义务转移一般称为并存的债务承担,是第三人和原来合同债务人共同承担债务,原理合同关系并没有发生消灭,只是发生了改变。

2. 合同义务移转的条件

1) 必须有有效合同义务存在

根据我国法律的规定,当事人移转的合同义务只能是有效存在的债务。如果债务本身不存在,或者合同订立后被宣告无效或被撤销,就不能发生义务转移的后果。将来可能发生的债务虽然理论上也可由第三人承担,但仅在该债务有效成立后,债务承担合同才能发生效力。

2) 转让的合同义务必须具有可让与性

因合同义务转移后,合同义务主体发生变更,因此,所转移的合同义务必须具有可让与性。依据法律的规定或合同的约定不得转移的义务,不得转移。

3) 必须存在合同义务转移的协议

合同义务的转移,须由当事人达成转移的协议。合同义务转移协议的订立有两种形式:既可通过债权人与第三人订立,也可通过债务人与第三人订立。

4) 必须经债权人的同意

通常,债权人的权利转让不会造成债务人的损害,但是债务转移就会有可能造成债权人的利益损害。债务人转让债务给第三人后,新的债务人的履行能力、诚信度是否可靠等,这些情况是债权人无法掌握的。若债权人同意债务人任意转移债务,而新债务人没有以上基本能力去履行合同义务,或即使有能力却不愿意履行,那么会直接导致债权人的债权无法实现的后果。《民法典》合同编第五百五十一条规定"债务人将债务的全部或者部分转移给第三人的,应当经债权人同意。债务人或者第三人可以催告债权人在合理期限内予以同意,债权人未作表示的,视为不同意"。如果未征得债权人同意,合同义务转移无效,原债务人仍负有向债权人履行的义务,债权人有权拒绝第三人向其作出的履行,同时也有权追究债务人迟延履行或不履行的责任。债务人与第三人之间达成的转移合同义务的协议一经债权人的同意即发生效力。债权人的同意可以采取明示或默示的方式。如果债权人未明确表示同意,但他已经将第三人作为其债务人并请求其履行,就推定债权人已经同意债务的转移。

5) 必须依法办理有关手续

如果法律、行政法规规定，转移合同义务应当办理批准、登记等手续的，就在转移合同义务时应当办理这些手续。

3. 合同义务转移的效力

1) 合同义务全部转移的效力

合同义务全部转移的，新债务人将取代原债务人的地位而成为当事人，原债务人将不再作为债的一方当事人。如果新债务人不履行或不适当履行债务，那么债权人只能向新债务人而不能向原债务人请求履行债务或要求其承担违约责任。

音频3：合同义务转移的效力

2) 合同义务部分转移的效力

合同义务部分转移的，承担部分义务的人以第三人的身份加入原来合同关系中，与原债务人共同承担合同义务。第三人和原债务人的义务分配应该按照转移协议确定。若两人没有事先约定好义务分配，那么两人应当承担连带责任。

3) 义务转移后的抗辩权

《民法典》合同编第五百五十一条规定"债务人转移债务的，新债务人可以主张原债务人对债权人的抗辩；原债务人对债权人享有债权的，新债务人不得向债权人主张抵销"。

4) 新债务人承担的相关从义务

合同义务转移后，新债务人应当承担与主债务有关的从债务。《民法典》合同编第五百五十一条规定"债务人转移债务的，新债务人应当承担与主债务有关的从债务，但是该从债务专属于原债务人自身的除外"。从债务与主债务是密切联系在一起的，不能与主债务相互分离而单独存在。所以，当主债务发生转移以后，从债务也要发生转移，新债务人应当承担与主债务有关的从债务。值得注意的是，主债务转移后，专属于原债务人自身的从债务不得转移。

6.2.3 合同权利义务的概括转移

《民法典》合同编第五百五十五条规定："当事人一方经对方同意，可以将自己在合同中的权利和义务一并转让给第三人。"这是对合同权利和义务的概括转移的规定。所谓合同权利和义务的概括转移，是指由原合同当事人一方将其债权债务一并转移给第三人，由第三人概括地继受这些债权债务。这种转移与前面所说的权利转让和义务转移的不同之处在于它不是单纯地转让债权或转移债务，而是概括地转移债权债务。由于转移的是全部债权债务，与原债务人利益不可分离的解除权和撤销权也将因概括的权利和义务的转移而转移给第三人。

合同权利义务的概括转移，可以依据当事人之间订立的合同而发生，也可以因法律的规定而产生，在法律规定的转移中，最典型的就是因企业的合并而发生的权利义务的概括转移。《民法通则》第四十四条第二款规定："企业法人分立、合并，它的权利和义务由变更后的法人享有和承担。"《民法典》总则编第六十七条规定"法人合并的，其权利和义务由合并后的法人享有和承担。法人分立的，其权利和义务由分立后的法人享有连带债权，承担连带债务，但是债权人和债务人另有约定的除外"。

合同权利义务的概括转移是指权利和义务的一体转移，即不能只转移权利或义务。只有双务合同才可以实现概括转移，因为双务合同指的是当事人同时享有权利和义务的。

单务合同是无法实现概括转移的。因为单务合同指的是当事人仅享有权利或义务，所以无法实现权利和义务的同时转移。在合同当事人一方与第三人达成概括转移权利义务的协议后，必须经另一方当事人同意后方可生效。因为概括转移权利义务包括了义务的转移，所以必须取得合同另一方的同意，在取得另一方同意之后，"第三人"将完全取代原合同当事人一方的地位，原合同当事人的一方将完全退出合同关系。例如在转让之后不履行或不适当履行合同义务，则由"第三人"承担义务和责任。

《民法典》合同编第五百五十一条规定"合同的权利和义务一并转让的，适用债权转让、债务转移的有关规定"。具体内容包括：根据合同性质不得转让的权利、按照当事人约定不得转让的权利、依照法律规定不得转让的权利，合同权利不能转让；受让人在取得主债权的同时也取得了与主债权有关的从权利，但该从权利专属于债权人自身的除外；在合同权利转让之后，债务人对原债权人所享有的抗辩权，可以对抗受让人；债务人接到债权转让通知时，债务人对让与人享有债权，并且债务人的债权先于转让的债权到期或者同时到期的，债务人可以向受让人主张抵销；债务人转移义务的，新债务人可以主张原债务人对债权人的抗辩；新债务人应当承担与主债务有关的从债务，但该从债务专属于原债务人自身的除外；法律、行政法规规定转让权利或者转让义务应当办理批准、登记手续的，应依照其规定。上述这些规定，也适用于合同权利义务的概括转移。

【例题6-1】 甲是某施工单位，乙是某钢筋供货商。甲乙双方于2022年4月2日签订了买卖施工材料——钢筋的书面合同，约定由甲方向乙方提供5吨钢筋，每吨价格为5000元。合同签订后，乙方提出价格偏高，甲乙双方经口头协商，一致同意降低单价。甲方在履行交付义务之后，向乙方催款。此时双方对钢筋的单价发生争议。甲方提出："我当时同意将5000元单价降至4850元。"乙方则认为："你当时同意将5000元单价降至4750元。"双方就此争议提交法院裁决。

(1) 书面合同能否采用口头形式予以变更？
(2) 当事人对合同变更后的单价约定不明确的，是否可以判定为未变更？
(3) 若认定合同已经变更，那么应当采纳哪一方当事人的主张？

6.3 合同权利义务的终止

思维导图

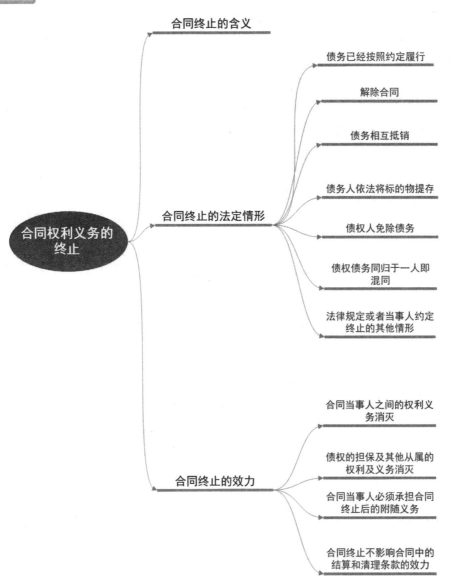

带着问题学知识

合同终止的含义是什么?
合同终止的法定情形有哪几种?
合同终止的效力指的是什么?

6.3.1 合同终止的含义

合同的终止指的是合同权利义务的终止，合同双方当事人之间的权利和义务在客观上消灭了。合同不会无缘无故终止，一定是在一定的法律事实基础上终止的，这是合同终止的原因。这里注意区别合同终止和合同解除，因为合同解除是合同终止的其中一个原因。此外，合同解除和合同变更也不同。合同终止后，合同双方当事人之间的合同关系消灭，而合同变更只是合同内容发生局部变更，其合同关系仍然存在，并没有消失。

6.3.2 合同终止的法定情形

合同关系是基于一定的法律事实而产生、变更的，同时也基于一定的法律事实而终止。能够引起合同终止的法律事实就是合同终止的原因。没有终止原因，合同就不能消灭。合同终止的几种情形如下：

视频2：哪些情形可以解除合同？

1. 债务已经按照约定履行

合同的清偿是指债务人按照合同完全履行了债务，实现了债权目的的行为。清偿的主体，包括清偿人与清偿受领人。清偿指的是清偿债务，那么清偿人就是清偿债务的人，包括债务人、债务人的代理人、第三人。清偿受领人指的是接受债务人清偿义务的人。债务的清偿要保证受领人的受领权存在，这样受领人接受后，债务人等的清偿行为才具有效力。债权人作为合同关系的权利主体，当然有权受领清偿利益。但是，在以下情形中，债权人不得受领。①债权已出质。债权已作为质权的标的出质于他人时，债权人非经质权人同意，不得受领。②债权人已被宣告破产。债权人被宣告破产时，自然不能为有效的受领，其债权应由破产清算人受领。③在债务人的履行行为属于法律行为，并须债权人做必要的协助时，债权的受领人应具有完全民事行为能力，若债权人无完全民事行为能力，就不能是有效的受领。④法院按民事诉讼法的规定，对债权人的债权采取强制执行措施时，债权人不得自行受领。除债权人以外，债权人的代理人、债权人的破产管理人、债权质权的质权人、持有真正合法收据的人(通常称为表见受领人)、代位权人、债权人和债务人约定受领清偿的第三人等都可作为有权受领清偿的人。债务人向无受领权人清偿的，其清偿无效。但其后无受领权人的受领经债权人承认或者其取得债权人的债权，债务人的清偿为有效。

2. 解除合同

1) 合同解除的概念

合同的解除有狭义与广义之分。狭义的合同解除是指在合同依法成立后、尚未全部履行前，当事人一方基于法律规定或当事人约定行使解除权而使合同关系归于消灭的一种法律行为。广义的合同解除包括狭义的合同解除和协议解除。我国《合同法》对合同解除采用了广义的概念，包括协议解除、约定解除和法定解除。因此，合同的解除是指在合同依法成立后而尚未全部履行前，当事人基于协商、法律规定或者当事人约定而使合同关系归于消灭的一种法律行为。

2) 合同解除的特点

(1) 合同的解除以当事人之间存在有效合同为前提。首先，如果合同从一开始就没有成立，也没有生效，那么合同当事人并不存在合同关系，也就不存在合同解除。其次，即使合同成立而且生效了，说明合同关系存在，但是一旦合同关系消灭了，那么也不需要考虑合同解除。值得注意的是，既然要求的是有效合同，那么无效合同、可撤销合同、效力待定合同无须考虑合同的解除。

音频4：合同解除的特点

(2) 合同的解除须具备一定的条件。合同成立并生效后，对合同当事人具有法律效力，即合同当事人任何一方无法解除合同，除非具备一定的条件，同时在法律上，当事人可以解除合同，为了满足自己的利益需求。合同解除的条件一般有两种，一是法律规定的，另一个是合同当事人约定的。前者的条件指的是法律规定合同当事人拥有解除权的各种条件。后者的条件指的是合同当事人在合同中约定的拥有解除权的条件。此外，合同当事人在合同中没有约定的，可以在合同订立后，经过协商的方式达成一致意见，解除合同。

(3) 合同的解除是一种消灭合同关系的法律行为。在具备了合同解除条件的情况下，当事人可以解除合同。但当事人解除合同必须实施一定的行为，即解除行为。这种解除行为是一种法律行为。如果仅有合同解除的条件，而没有当事人的解除行为，合同就不能自动地解除。解除合同的法律行为，既可以是单方法律行为，也可以是双方法律行为。

3) 合同解除的种类

(1) 协议解除。协议解除是指在合同依法成立后、尚未全部履行前，当事人通过协商而解除合同。《民法典》合同编第五百六十二条第一款规定："当事人协商一致，可以解除合同。"

(2) 约定解除。约定解除是指在合同依法成立后、尚未全部履行前，当事人基于双方约定的事由行使解除权而解除合同。《民法典》合同编第五百六十二条第二款规定"当事人可以约定一方解除合同的事由。解除合同的事由发生时，解除权人可以解除合同"。

值得注意的是，约定解除与协商解除都是当事人意志的反映，都是通过合同的形式实现的，但二者适用的条件是不同的。约定解除是事先确定解除合同的条件，协商解除并不需要什么条件，只要当事人协商一致即可解除合同。因此，应当将约定解除和协商解除区分开来。

(3) 法定解除。法定解除是指在合同依法成立后、尚未全部履行前，当事人基于法律规定的事由行使解除权而解除合同。法定解除与约定解除一样，属于一种单方解除合同的方式。由法律直接规定解除合同的条件，在具备条件时，当事人可以行使解除权以解除合同。法定解除既不同于约定解除，也不同于协商解除。

《民法典》合同编第五百六十三条规定，有下列情形之一的，当事人可以解除合同。

(1) 因不可抗力致使合同双方不能实现合同目的。不可抗力是指不能预见、不能避免并不能克服的客观现象。不可抗力事件的发生对合同履行的影响程度存在着差异，有的是影响合同的部分履行，有的是影响合同的全部履行，也有的只是暂时影响合同的履行。不可抗力影响合同履行的，只有达到不能实现合同目的的程度时，当事人才能解除合同。

(2) 在履行期限届满之前，当事人一方明确表示或者以自己的行为表明不履行主要债务。

(3) 当事人一方迟延履行主要债务，经催告后在合理期限内仍未履行。

(4) 当事人一方迟延履行债务或者有其他违约行为致使合同双方不能实现合同目的。

(5) 法律规定的其他情形。例如，当事人在行使不安抗辩权而中止履行的情况下，如果对方在合理期限内未恢复履行能力并且未提供适当的担保，那么中止履行的一方可以解除合同。

4) 合同解除的程序

关于合同解除的程序，《民法典》合同编根据合同解除的不同种类规定了不同的解除程序，即合同解除的程序应分别按以下两种情况处理。

(1) 协议解除合同的程序。协议解除合同是当事人通过订立一个新合同的办法，达到解除合同的目的。因此，协议解除合同的程序必须遵循合同订立的程序，即必须经过要约和承诺两个阶段。也就是说，当事人双方必须对解除合同的各种事项达成意思表示一致，合同才能解除。

(2) 通知解除合同的程序。约定解除和法定解除都属于单方解除。在具备了当事人约定的或法律规定的条件时，当事人一方或双方即享有解除合同的权利，简称解除权。我国《合同法》对解除合同的通知方式没有具体规定，从理论上说，通知可以采取书面形式、口头形式或其他形式。但为了避免产生争议，最好采取书面形式。对于法律规定或当事人约定采取书面形式的合同，当事人在解除合同时也应当采取书面通知的方式。如果法律、行政法规规定解除合同需要办理批准、登记手续的，应当依法办理批准、登记手续。解除权的行使应当在确定期间内或合理期限内进行。《民法典》合同编第五百六十四条规定，法律规定或者当事人约定解除权行使期限，期限届满当事人不行使的，该权利消灭。法律没有规定或者当事人没有约定解除权行使期限，经对方催告后在合理期限内不行使的，该权利消灭。《民法典》合同编第五百六十六条第一款规定，合同解除后，尚未履行的，终止履行；已经履行的，根据履行情况和合同性质，当事人可以请求恢复原状或者采取其他补救措施，并有权要求赔偿损失。

3. 债务相互抵销

抵销是指当事人双方相互负有给付义务，将两项债务相互充抵，使其相互在对等额内消灭。在抵销中，主张抵销的债务人的债权，称为主动债权。被抵销的权利即债权人的债权，称为被动债权。《民法典》合同编第五百六十八条规定"当事人互负债务，该债务的标的物种类、品质相同的，任何一方可以将自己的债务与对方的到期债务抵销；但是，根据债务性质、按照当事人约定或者依照法律规定不得抵销的除外。当事人主张抵销的，应当通知对方。通知自到达对方时生效。抵销不得附条件或者附期限"。这是关于法定抵销的规定。合意抵销又被称为契约上抵销，是指依当事人双方的合意所为的抵销。合意抵销是由当事人自由约定的，其效力也取决于当事人的约定。《民法典》合同编第五百六十九条规定："当事人互负债务，标的物种类、品质不相同的，经协商一致，也可以抵销。"这是关于合意抵销的规定。

合意抵销与法定抵销尽管效力相同，但它们之间存在着很大的差别。主要表现在五个方面。①抵销的根据不同。法定抵销的根据在于法律的规定，只要具备法律规定的条件，当事人任何一方都有权主张抵销。合意抵销的根据在于当事人双方订立的抵销合同，只有基于抵销合同，当事人才能主张抵销。②债务的性质要求不同。法定抵销要求当事人互负债务的种类、品质相同。合意抵销则允许当事人互负债务的种类、品质不相同。③债务的履行期限要求不同。法定抵销要求当事人的债务均已届履行期。合意抵销则不受是否已届履行期的限制。也就是说，只要双方当事人协商一致，即使债务未届履行期，也可以抵销。④抵销的程序不同。法定抵销以通知的方式为之，抵销自通知到达对方时生效。合意抵销采用合同的方式为之，当事人双方达成抵销协议时，发生抵销的效力。⑤法定抵销不得附条件或附期限，抵销的意思表示也不得附条件或附期限，但抵销合同可以附条件或附期限。

4. 债务人依法将标的物提存

1) 提存的概念与应具备的条件

(1) 提存的概念。提存指的是，债务人在履行债务到期之时，在标的物无法给付的情况下，债务人将标的物提交给提存机关，以此消灭自己债务的行为。这个行为其实关乎合同履行中的协作履行原则。在债务人履行合同债务过程中，债权人应当提供协助，即债权人应当接受债务人的债务履行或债权人帮助债务人履行债务。若债权人不提供协助，即使会负受领延迟责任，但债务人无法清偿债务，这对债务人来说也是不公平的。由此，法律设立了提存制度。债务人通过提存行为，将自己无法给付的标的物提存代替向债权人的给付，最终免除自己的清偿责任。此时，债务人的债务消失，合同终止。这也说明了提存使合同终止。

(2) 提存的条件。根据我国《民法典》合同编及《提存公证规则》的有关规定，提存须具备以下条件。①提存主体合格。提存涉及三方当事人，即提存人、提存机关和提存受领人。在一般情况下，提存人即为债务人，但不以债务人为限，凡债务的清偿人均可为提存人，例如须是清偿的第三人、代理人等。由于提存是一种法律行为，所以提存人应具有行为能力，同时提存人的意思表示应真实，否则，提存不能发生效力。提存机关是法律规定的有权接受提存物并为之保管的机关。我国目前还没有专门的提存机关，依现行法律的规定，拾得遗失物的，可向公安机关提存；公证提存的，由公证处为提存机关；此外，法院、银行也可为提存机关。提存受领人主要是提存之债的债权人。同时，得为受领清偿的第三人也可为提存受领人。②提存的合同之债有效且已届履行期。提存的合同之债就是提存债务人与债权人之间基于合同而发生的债权债务关系。提存是消灭合同的一种原因，因而，提存的发生是以合同已经存在为前提的。没有合同的存在，就不会有提存的发生。但得为提存的合同，必须是有效合同。对于无效合同、被撤销合同、效力未定合同，都不能提存。③提存原因合法。提存的目的在于消灭合同关系，产生与清偿同样的法律后果。但提存与清偿毕竟不同，不能由债务人任意为之，否则，会对债权人造成不利的后果。因此，提存必须存在合法的原因。这种原因就是债务人无法向债权人清偿债务。根据《合同法》第一百零一条的规定，"有下列情况之一，难以履行债务的，债务人可以依法办理提存：一是债权人无正当理由拒绝受领；二是债权人下落不明；三是债权人死亡未确定继承人或者丧失民事行为能力未确定监护人；四是法律规定的其他情形"。④提存客体适当。提存的客体即是提存标的物，是提存人交付提存机关保管的标的物。《合同法》第一百零一条第二款规定："标的物不适于提存或者提存费用过高的，债务人依法可以拍卖或者变卖标的物，提存所得的价款。"根据《提存公证规则》第七条的规定，"下列标的物可以提存：货币；有价证券、票据、提单、权利证书；贵重物品、担保物(金)或其替代物；其他适宜提存的标的物"。

2) 提存的效力

提存涉及债务人、债权人、提存机关三方之间的效力，具体有以下几个方面。

(1) 关于债务人与债权人之间的效力，我国《民法典》合同编对此没有规定，但根据《提存公证规则》第十七条的规定，提存之债从提存之日即告清偿。可见，我国将提存作为债权当然消灭的原因。债务人作出提存行为后，债务人和债权人之间的合同关系随即消灭，即债务人不需要承担清偿责任，标的物转移给债权人。那么，提存期间标的物的财产收益为债权人所有。同时，标的物的风险责任也由债权人承担，例如，毁损灭失风险责任。《民法典》合同编第五百七十三条规定："标的物提存后，毁损、灭失的风险由债权人承担。提存期间，标的物的孳息归债权人所有。提存费用由债权人负担。"同时，《民法典》合同编第五百七十二条规定"标的物提存后，债务人应当及时通知债权人或者债权人的继承人、遗产管理人、监护人、财产代管人"。

(2) 关于提存人与提存机关之间的效力。提存成立后，提存机关有保管提存物的义务，《提存公证规则》第十九条规定，提存机关应当采取适当的方法妥善保管提存物，以防毁损、变质。对不宜保存的、债权人到期不领取或超过保管期限的提存物，提存机关可以拍卖，保存其价款。提存人在提存后能否取回提存物，我国《民法典》合同编对此没有规定，但根据《提存公证规则》第二十六条的规定，提存人可以凭人民法院的判决、裁定或提存之债已经清偿的公证证明，取回提存物；提存受领人以书面形式向提存机关表示抛弃提存受领权，提存人得取回提存物。提存人取回提存物的，视为未提存，因此而产生的费用由提存人承担。

(3) 关于提存机关与债权人之间的效力。提存成立后，债权人与提存机关之间形成一种权利义务关系。《民法典》合同编第五百七十四条规定"债权人可以随时领取提存物。但是，债权人对债务人负有到期债务的，在债权人未履行债务或者提供担保之前，提存部门根据债务人的要求应当拒绝其领取提存物。债权人领取提存物的权利，自提存之日起五年内不行使而消灭，提存物扣除提存费用后归国家所有。但是，债权人未履行对债务人的到期债务，或者债权人向提存部门书面表示放弃领取提存物权利的，债务人负担提存费用后有权取回提存物"。

5. 债权人免除债务

1) 债务免除的概念

债务免除是指债权人免除债务人的债务而使合同权利义务部分或全部终止的意思表示。债务免除成立后，债务人就不再负担被免除的债务，债权人的债权也就不再存在。因此，债务免除为合同终止的原因之一。《民法典》合同编第五百七十五条规定："债权人免除债务人部分或者全部债务的，债权债务部分或者全部终止，但是债务人在合理期限内拒绝的除外。"根据《民法典》合同编的规定，债务免除可以解释为单方行为，即债权人根据其单方的意思表示就可以免除债务人的债务。当然，将债务免除定性为单方行为，并不是说债权人和债务人不能以双方行为为债务免除。债权人以单方法律行为免除债务的，债权人向受债务免除的债务人作出免除的意思表示，即可发生免除的效力。而且一旦债权人作出了免除债务的意思表示，即不得撤回；债权人以合同免除债务的，债权人和债务人应明确约定免除债务的范围。

2) 债务免除的成立条件

债务免除是一种法律行为，故债务免除的成立应具备法律行为成立的一般条件。此外，债务免除还应具备以下条件。

(1) 免除的意思表示应向债务人为之。免除作为一种单方行为时，免除的意思表示应由债权人或其代理人向债务人或其代理人为之，该意思表示到达债务人或其代理人时生效。向第三人为免除的意思表示的，不产生免除的效力。如果当事人订立免除协议，那么免除自达成协议时起生效。当然，免除协议附有条件或期限的，则免除自条件成就或期限届至时生效。

(2) 债权人须具有处分能力。

债权人免除债务人的债务，即舍弃自己的权利。这是债权人处分自己债权的行为。这种情况要求债权人必须具有处分的能力。对于债权人不具有处分能力的情况，其免除债务的行为无效。

(3) 免除不得损害第三人利益。

债权人行使自己处分债务的权利，即免除债务。债权人这个行为是不能给第三人的利益造成损害的。例如，已就债权设定质权的债权人不得免除债务人的债务而对抗质权人。

3) 债务免除的效力

债务免除的效力是使合同关系消灭。债权人免除债务人全部债务的，那么合同债务就全部消灭，合同关系也随之消灭；债权人免除债务人局部债务的，那么合同债务的局部消失，合同关系的局部消灭。类似的，债权人免除债务人主要债务，那么债务人的从债务也免除，那么两者也消失。但反过来，债权人免除债务人的从债务，从债务本身消失，并不影响主债务的存在。也就是说从债务消灭，主债务不消灭。

6. 债权债务同归于一人即混同

1) 混同的概念

混同是指债权与债务同归于一人，而使合同关系消灭的事实。《民法典》合同编第五百七十六条规定"债权和债务同归于一人的，债权债务终止，但是损害第三人利益的除外"。

法律上的混同有广义与狭义之分。广义的混同包括权利与权利的混同、义务与义务的混同、权利与义务的混同。狭义上的混同仅指权利与义务的混同。作为合同的终止原因的混同，是指狭义的混同。混同有概括承受与特定承受。概括承受是指合同关系的一方当事人概括承受他人权利与义务。特定承受是指因债权让与或债务承担而承受权利与义务。例如，债务人自债权人受让债权、债权人承担债务人的债务，发生混同，合同归于消灭。

2) 混同的效力

混同的效力是导致合同关系绝对消灭，并且主债消灭。保证债务因主债务人与债权人混同而消灭，从债也随之消灭。在连带债务人中一人与债权人混同时，债仅在该连带债务人应负担的债务额限度内消灭，其他连带债务人对剩余部分的债务仍负连带债务。在连带债权人中一人与债务人混同时，债仅在该连带债权人所享有的债权额限度内消灭，其他连带债权人对剩余部分的债权仍享有连带债权。

混同虽然能产生合同终止的效力，但是，在例外情形下，即涉及第三人利益时，虽然债权人和债务人发生混同，合同也不消灭。例如票据的债权人与债务人混同时，债也不能当然消灭。

7. 法律规定或者当事人约定终止的其他情形

我国《合同法》以列举的形式规定了合同终止的几种情形。在现实生活中，还存在着其他法律规定可以终止合同的情形，还可能有合同当事人约定终止合同的情形，因此，《合同法》关于终止合同的情形的第七种情形规定得较为弹性，应当说这是《合同法》要求合同当事人订立合同依法原则与意思自治原则的体现。

6.3.3 合同终止的效力

合同终止的效力表现为以下几个方面。

1. 合同当事人之间的权利义务消灭

合同的终止意味着合同权利义务的消灭，债权人不再享有合同的债权，债务人也不再承担合同的债务，合同中的主债权与债务归于消灭。

2. 债权的担保及其他从属的权利及义务消灭

担保物权、保证债权、违约金债权、利息债权等，在合同关系消灭时，当然也消灭。因为这些权利有些属于主合同的从合同，主合同已经消灭了，从合同自然也随之消灭。

3. 合同当事人必须承担合同终止后的附随义务

《民法典》合同编第五百五十八条规定"债权债务终止后，当事人应当遵循诚信等原则，根据交易习惯履行通知、协助、保密、旧物回收等义务"。这就是合同终止后的附随义务。合同终止后的附随义务不因合同的终止而消灭。

4. 合同终止不影响合同中结算和清理条款的效力

《民法典》合同编第五百六十七条规定"合同的权利义务关系终止，不影响合同中结算和清理条款的效力"。

【例题6-2】下列哪些合同的转让是不合法的？

A．甲建筑公司与乙建筑总承包公司举办中外合资企业，合资合同经过审批机关批准后，甲建筑公司未经乙建筑总承包公司同意将合同权利义务转让给丙建筑公司。

B．债权人李某因急需用钱便将债务人杨某欠自己的两万元债权以一万五千元的价格转让给了柳某，李某将此事打电话通知了杨某。

C．丁对丙的房屋享有抵押权，为替好友从银行借款提供担保，将该抵押权转让给了银行。

6.4 实训练习

一、单选题

1. 关于合同变更的含义与特点，以下说法正确的是（　　）。
   A．债权人发生变更主要指以新的主体取代原合同关系的主体
   B．合同主体发生变更的，合同法将其称为债权转让或者债权转移

C. 广义的合同变更是指合同的主体和合同的内容发生变化

D. 广义合同变更主要是指合同的内容的变更,即合同成立后,尚未履行或者尚未完全履行以前,当事人就合同的内容达成修改和补充的协议

2. 以下关于合同权利转让的说法错误的是( )。
   A. 权利转让的当事人是债权人和第三人
   B. 但权利转让时债权人应当及时通知债务人,未经通知,该转让对债务人不发生效力
   C. 转让权利是以权利的有效为前提的
   D. 合同权利的转让是指不完全改变合同权利的内容,由债权人将权利转让给第三人

3. 关于合同权利转让的法律效力,以下说法错误的是( )。
   A. 对受让人的效力:受让人取得合同权利、受让人取得属于主权利的从权利
   B. 原债权人的效力是保证转让的权利有效且可以有小瑕疵
   C. 对债务人的效力:债务人应向受让人履行债务、免除债务人对转让人所负的责任
   D. 对债务人的效力:对受让人的抗辩权不因权利转让而消灭、债务人的抵销权

4. 以下关于合同权利义务的概括转移的说法错误的是( )。
   A. 即使合同一方当事人经对方同意,也不可以将自己在合同中的权利和义务一并转让给第三人
   B. 合同权利和义务的概括转移,是指由原合同当事人一方将其债权债务一并转移给第三人,由第三人概括地继受这些债权债务
   C. 合同权利义务的概括转移,可以依据当事人之间订立的合同而发生,也可以因法律的规定而产生,在法律规定的转移中,最典型的就是因企业的合并而发生的权利义务的概括转移
   D. 由于合同权利义务的概括转移将要转移整个权利义务,因此只有双务合同中的当事人一方才可以转移此种权利和义务

5. 合同解除的种类不包括( )。
   A. 协议解除　　B. 约定解除　　C. 法定解除　　D. 强制解除

6. 关于债务人依法将标的物提存的条件,以下说法错误的是( )。
   A. 提存主体合格　　　　　　B. 提存客体可以是任何东西
   C. 提存的合同之债有效且已届履行期　　D. 提存原因合法

二、多选题

1. 合同变更的条件有( )。
   A. 原已存在着合同关系
   B. 合同的变更在原则上必须经过当事人协商一致
   C. 合同的变更必须履行法定的程序和方式
   D. 合同变更使合同内容发生变化
   E. 合同变更使合同主体发生变更

2. 合同权利依法不可转让的情形有( )。
   A. 根据合同的内容不得转让　　　　B. 根据合同权利的性质不得转让

C. 按照当事人的约定不得转让 D. 按照合同的约定不得转让
E. 法律规定不得转让

3. 合同义务转移的条件有(　　)。
   A. 必须有有效合同义务存在 B. 转让的合同义务必须具有可让与性
   C. 必须存在合同义务转移的协议 D. 必须经债权人的同意
   E. 必须依法办理有关手续

4. 合同终止的法定情形有(　　)。
   A. 债务已经按照约定履行 B. 解除合同
   C. 债务相互抵销 D. 债务人依法将标的物提存
   E. 债权人免除债务

5. 债务人依法将标的物提存的条件的有(　　)。
   A. 提存主体合格 B. 提存的合同之债有效且已届履行期
   C. 提存原因合法 D. 提存客体适当
   E. 提存不得损害第三人利益

三、简答题

1. 简述合同变更的特点。
2. 简述合同义务转移的效力主要内容。
3. 简述债务免除的成立条件。
4. 简述合同终止的效力表现。

第 6 章习题答案

项 目 实 训

班级		姓名		日期	
教学项目		合同的变更、转让与终止			
任务	掌握合同变更、转让与终止的含义；熟悉合同变更的条件、合同义务移转、合同终止的法定情形、合同终止的效力等；了解合同变更的特点、合同权利义务概括移转		方式	通过相关概念的视频讲解针对重难点理解	
相关知识		合同变更、转让与终止的含义、合同变更的条件、合同义务移转、合同终止的法定情形、合同终止的效力等；合同变更的特点、合同权利义务概括转移			
其他要求		无			
学习总结记录					
评语				指导老师	

第 7 章 违约责任

学习目标

(1) 掌握违约责任的含义及其构成要件、不可抗力、承担违约责任的主要方式等内容。
(2) 熟悉定金、赔偿损失、违约金等相关内容。
(3) 了解违约行为形态、责任竞合等内容。

第 7 章教案

第 7 章案例答案

教学要求

章节知识	掌握程度	相关知识点
违约责任及其构成要件	熟悉并掌握违约责任的概念与特点、违约责任的构成要件、免责事由——不可抗力	违约责任的概念与特点、违约责任的构成要件、免责事由——不可抗力
违约行为形态	熟悉并掌握违约行为形态的概念及其分类意义、几种违约行为形态	违约行为形态的概念及其分类意义、几种违约行为形态
承担违约责任的主要方式	熟悉并掌握继续履行、采取补救措施、赔偿损失、支付违约金、定金责任	继续履行、采取补救措施、赔偿损失、支付违约金、定金责任
责任竞合	熟悉并掌握责任竞合的概念及其特征、违约责任和侵权责任竞合发生的原因、对违约责任和侵权责任竞合的处理	责任竞合的概念及其特征、违约责任和侵权责任竞合发生的原因、对违约责任和侵权责任竞合的处理

课程思政

简单来说，违反合同约定就构成了违约。那么，违约就是合同当事人没有按照合同约定履行合同，给合同对方当事人造成了损失。这个损失可能是经济损失、货物破损、机器损坏等情况。按照合同约定，违约的当事人需要弥补合同另一当事人，一般是继续履行、经济赔偿等。但是，情节严重者是需要承担法律责任的——可能是民事法律责任，也有可能是刑事法律责任。因此，合同履行过程中，违约行为是不可取的。

第7章 违约责任

案例导入

违约责任是合同成立并生效之后因合同当事人违约而产生的。它的产生说明合同已受法律保护，违约责任必须按照法律责任进行评判。因此，关于违约行为的界定非常明晰、准确。同时，对于违约责任的评定也非常公平、准确。违约责任不仅保护了遭受违约的当事人的利益，也断绝了违约方违约的侥幸心理，还打击了其蔑视法律的态度。

思维导图

第7章扩展资源

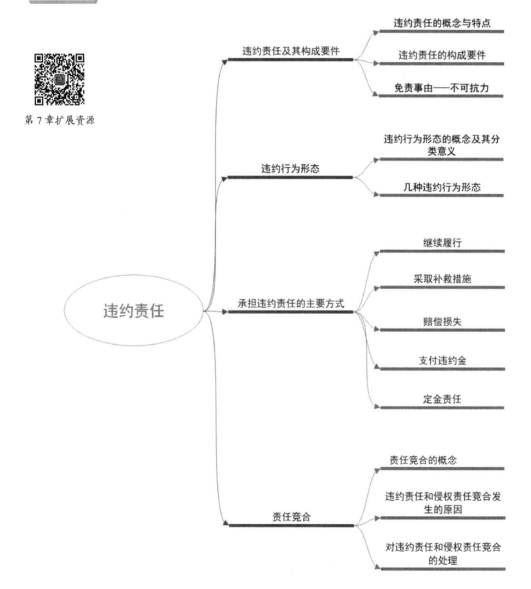

7.1 违约责任及其构成要件

思维导图

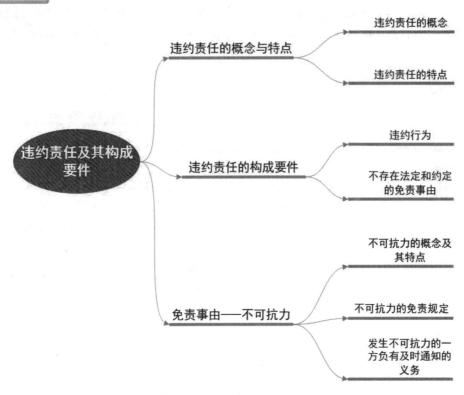

带着问题学知识

违约责任的概念是什么？
违约责任的构成要件有哪些？
不可抗力指的是什么？

7.1.1 违约责任的概念与特点

1. 违约责任的概念

违约责任又称违反合同的民事责任，是指合同当事人因违反合同义务所承担的责任。合同一旦生效，即在当事人之间产生法律拘束力，当事人应按照合同的约定全面、严格地履行合同义务，任何一方当事人违反合同所规定的义务均应承担违约责任。所以，违约责任是违反有效合同所规定的义务的后果。《民法典》合同编第五百七十七条规定："当事人一方不履行合同义务或者履行合同义务不符合约定的，应当承担继续履行、采取补救措施或者赔偿损失等违约责任。"

2. 违约责任的特点

(1) 违约责任产生的条件是合同任何一方当事人不履行合同约定的义务。
(2) 违约责任存在相对性。
(3) 违约责任的主要特点是补偿性。
(4) 违约责任通常由合同双方当事人约定。

7.1.2 违约责任的构成要件

1. 违约行为

违约行为是指合同当事人违反合同义务的行为。《民法典》合同编第五百七十七条规定:"当事人一方不履行合同义务或者履行合同义务不符合约定的,应当承担继续履行、采取补救措施或者赔偿损失等违约责任。"违约行为与不履行是有区别的。严格地说,不履行只是违约行为的一种表现形式。违约行为只能在特定的关系中才能发生。违约行为发生的前提是当事人之间已经存在着合同关系。如果合同关系并不存在,就不发生违约行为。违约行为的主体是合同关系中的当事人,第三人的行为不构成违约行为。违约行为是以有效的合同关系的存在为前提的。违约行为在性质上都违反了合同义务。合同义务主要是由当事人通过协商而约定的,但法律为维护公共秩序和交易安全,也为当事人设定了一些必须履行的义务。尽管这些义务大多具有任意性特点,但对确定当事人的义务具有重要意义。违约行为在后果上导致了对合同债权的侵害。由于债权是以请求权为核心的,债权的实现有赖于债务人切实履行其合同义务,债务人违反合同义务必然会使债权人依据合同所享有的债权不能实现。

2. 不存在法定和约定的免责事由

首先,应当明确的是,即使合同的任何一方当事人产生了违约行为,并不意味着就产生了违约责任以及承担违约责任。因为,一旦合同双方当事人约定了或具有法定的免责事由,那么即使存在违约行为,也不一定承担违约责任。因此,违约行为只是违约责任的其中一个构成要件。

那么,明确违约责任的免责事由标准,应当先考虑违约责任的规则原则。

目前,违约责任的规则原则通常采取的是过错推定原则。过错推定原则是指合同一方当事人证明了另一方当事人产生了违约行为,而另一方当事人又不能证明本身没有产生违约行为,那么从法律的角度,可以推定另一方当事人产生了违约行为,并应当承担违约责任。

实际上,从我国法律规定来看,《民法典》的一部分有采取过错推定原则,但即使采取了过错推定原则,也没有提及产生违约的过错概念。此外,也有不明确规定采取过错推定原则。

《民法典》合同编的通则分编采取了严格责任原则,而《民法典》合同编的典型合同分编在特殊情况下,采取了过错责任原则。依据《合同法》总则的原则,合同一方当事人只要能证明另一方当事人产生违约行为,另一方当事人就应该承担违约责任,除非另一方当事人能够证明本身的违约行为是具有法定或约定的免责事由。例如，根据《民法典》合同编第五百七十九条规定"当事人一方未支付价款、报酬、租金、利息，或者不履行其他金钱债务的，对方可以请求其支付"。除非违约方能够依据《民法典》合同编第五百九十条的规定举证证明其不履行合同是由于不可抗力造成的，才可以根据不可抗力的影响，部分或全部免除责任。

上述要件是违约责任的一般构成要件。不过，当事人要请求违约方承担违反某个具体合同义务的责任，还需要根据该合同特定的性质和内容负有不同的举证责任。值得注意的是，非违约方在请求违约方承担违约责任时，是否必须举证证明损害事实的存在，对此存在着不同的看法。笔者认为，非违约方要请求违约方承担损害赔偿责任，毫无疑问应当举证证明损害事实的存在。但损害事实本身并不应成为违约责任的一般构成要件，其原因有两个方面。①一方当事人违反合同规定的义务，并不一定必然会给另一方带来损害。例如，承租人在租约未到期时搬离房屋，但该房屋很快被其他人以更高的租金租用，出租人并未遭受实际损害。②一方当事人违约给对方造成了损害，但此种损害可能难以确定，特别是要由对方当事人就其遭受的损害数额、损害与违约行为之间的因果关系举证，十分困难，可能使非违约方放弃损害赔偿的请求，而选择其他的请求。例如实际履行、违约金责任、定金责任等请求。损害赔偿以外的责任形式并不要求以实际发生的损害为前提。所以，损害事实不应成为违约责任的一般构成要件。

7.1.3 免责事由——不可抗力

1. 不可抗力的概念及其特点

合同成立并生效后，合同双方当事人应当就合同约定履行相应的义务。然而在履行过程中，由于存在法定的或合同约定的免责条件，在这种情况下，合同义务不能继续履行，即债务人可以免除履行义务，那么法定或约定的免责条件就是免责事由。

免责事由指的是，对于合同中，合同当事人没有履行的责任事由，限于合同责任。合同责任包括法定的责任的事由和合同中双方当事人约定的责任事由，分别指的是不可抗力和免责条款。关于合同关系，法律是明确允许合同双方当事人自行确定权利和义务关系的。此外，也可以由约定设定的免责条款来约束、免责将来的责任。因此，合同债务被免除的情况，只能是法定的事由和约定的免责事由。

在我国《民法典》合同编中，法定的免责事由仅指不可抗力。根据《民法典》总则编第一百八十条第二款的规定，不可抗力"是指不能预见、不能避免并不能克服的客观情况"。不可抗力包括某些自然现象或某些社会现象，其主要特点有两点。①它具有不能预见性。在判断是否可以预见时，必须以一般人的预见能力及现有的科学技术水平作为能否预见的判断标准。②它具有不能避免及不能克服性。这就表明，对不可抗力事件，即使当事人已经尽了最大努力，仍不能避免其发生；或者在事件发生以后，即使当事人已经尽了最大努力，也不能克服事件所造成的损害后果，使合同得以履行。还要看到，不可抗力属于客观情况，它是独立于人的行为之外的事件，不包括单个人的行为。例如，第三人的行为对于被告人来说是不可预见并不能避免的，但第三人的行为并不具有独立于人的行为之外的客

音频1：不可抗力的概念及其特点

观性的特点，因此不能作为不可抗力对待。不可抗力主要包括：自然灾害，例如地震、台风、洪水、海啸等；政府行为，主要是指当事人在订立合同以后，政府当局颁布新政策、法律和行政措施而导致合同不能履行；社会异常现象，主要是指一些偶发的事件阻碍合同的履行，例如罢工、骚乱等。这些行为既不是自然事件，也不是政府行为，而是社会中人为的行为，但对于合同当事人来说，在订约时是不可预见的，因此也可以称之为不可抗力事件。

2. 不可抗力的免责规定

不可抗力虽为合同的免责事由，但有关不可抗力的具体事由很难由法律作出具体列举式的规定。按照合同自由原则，当事人也可以订立不可抗力条款来具体列举各种不可抗力的事由，一旦出现这些情况，便可以导致当事人被免责。

不可抗力发生以后，将导致当事人被免除责任。我国《民法典》合同编第五百九十条规定"当事人一方因不可抗力不能履行合同的，根据不可抗力的影响，部分或者全部免除责任，但是法律另有规定的除外。因不可抗力不能履行合同的，应当及时通知对方，以减轻可能给对方造成的损失，并应当在合理期限内提供证明。当事人迟延履行后发生不可抗力的，不免除其违约责任"。在某些情况下，不可抗力的事由只是导致合同部分不能履行或暂时不能履行，这样，当事人只能部分被免除责任，或者暂时停止履行，在不可抗力事由消除以后如能够履行还要继续履行。所以，不可抗力是否应导致当事人被免除责任，应视具体情况而定。

3. 发生不可抗力的一方负有及时通知的义务

在不可抗力事件发生以后，当事人一方因不可抗力而不能履行合同，应及时向对方通报合同不能履行或者需要迟延履行、部分履行的事由，并应取得有关证明。同时也应当尽最大努力消除事件的影响，减少因不可抗力所造成的损失。

【例题 7-1】 2018 年 5 月 28 日，上海 A 建筑工程公司与南京 B 房地产公司签订了一项建造住宅小区的建筑工程承包合同。合同规定工程期限从 2018 年 5 月 28 日开工至 2021 年 7 月 28 日竣工验收，工程价款支付方式按补充协议办理。补充协议规定住宅小区的主体完工时预付 30%的工程款，屋面工程完工时，预付 30%的工程款，竣工验收结算后，留尾款 40%在半年内付清。该工程于 2018 年 5 月开工，2021 年 7 月底竣工，所耗资金全部向银行贷款，但南京 B 房地产公司却未按补充协议规定支付工程款。

2021 年 11 月 8 日，南京 B 房地产公司在上海 A 建筑工程公司的一再要求下，派出公司管理人员与上海 A 建筑工程公司进行工程结算，并立下工程结账单。次年，该上海 A 建筑工程公司向南京 B 房地产公司提出工程变更补充决算报告，经南京 B 房地产公司管理人员确认，工程变更增加费用 6780 元，合计应付工程款为 5780 万元。之后，上海 A 建筑工程公司多次向南京 B 房地产公司催讨，但后者仍未付款。建造完工的住宅小区一直由上海 A 建筑工程公司保管维护。上海 A 建筑工程公司在催讨无果的情况下，向市中级人民法院提起诉讼。原告要求法院判令被告支付工程款及逾期支付的违约金，并要求对原告建造的价值 5780 万元的住宅小区享有留置权，在拍卖后优先支付原告的工程款。

(1) 上海 A 建筑工程公司与南京 B 房地产公司签订的这一项建造住宅小区的建筑工程承包合同是否有效？

(2) 南京 B 房地产公司的行为是否违约？若是，应当承担什么违约责任？

(3) 简述违约的三种情形。南京 B 房地产公司的违约行为属于哪种违约情形？

7.2 违约行为形态

思维导图

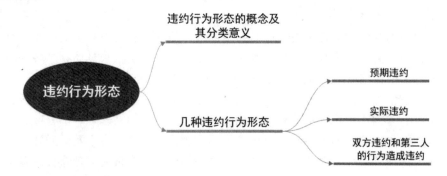

带着问题学知识

预期违约指的是什么？其特点是什么？

实际违约指的是什么？其特点是什么？

双方违约和第三人的行为造成违约指的是什么？其特点是什么？

7.2.1 违约行为形态的概念及其分类意义

所谓违约行为形态，是指根据违约行为违反义务的性质、特点而对违约行为作出的分类。由于违约行为是对合同义务的违反，而合同义务的性质不同将导致对这些义务的违反的形态也不相同，从而形成不同的违约形态。

违约形态分类的主要意义有两点。①有助于当事人在对方违约的情况下，寻求良好的补救方式以维护自己的利益。违约行为形态总是与特定的补救方式和违约责任联系在一起的。换言之，法律设置违约形态的依据，是对不同违约形态所提供的补救。例如对各种合同义务的违反，可分别形成不适当履行、部分履行、迟延履行、拒绝履行等多种形态。各种违约形态又是与各种违约责任联系在一起的，所以，确定违约形态有利于当事人选择补救方式，维护其利益。②违约形态的确定也有利于司法审判人员根据不同的违约形态确定违约当事人所应负的责任，并准确认定合同是否可以被解除。在违约行为发生后，司法审判人员可以根据违约行为对合同的继续存在所产生的影响来决定是否应宣告对合同的解除。

我国现行立法对违约形态的分类大多采用了两分法，即不履行和不适当履行两种类型。《民法典》合同编第五百七十七条规定："当事人一方不履行合同义务或者履行合同义务不符合约定的，应当承担继续履行、采取补救措施或者赔偿损失等违约责任。"

7.2.2 几种违约行为形态

1. 预期违约

1) 预期违约的两种形态

(1) 明示毁约。所谓明示毁约，是指一方当事人无正当理由，明确肯定地向另一方当事人表示他将在履行期限到来时不履行合同。《民法典》合同编第五百七十八条规定"当事人一方明确表示或者以自己的行为表明不履行合同义务的，对方可以在履行期限届满前请求其承担违约责任"。就是明示毁约。它须具备以下条件。①合同的一方当事人非常明确地向另一方当事人作出毁约的表示，这也表明了这个毁约行为是不附带任何条件的。例如，不愿意付款等违约行为。②不履行合同的主要条款，即主要义务。合同一方当事人表示应当履行义务的期限到期时没有履行合同的主要条款(例如，没有付款等)，使合同另一方当事人的约定目的没有实现或受到严重的利益损害，这就形成了非常明显的明示毁约，那么毁约一方当事人应当承担违约责任。此外，若合同一方当事人拒绝履行合同的部分内容，该部分内容没有对实现根本目的造成阻碍，那么这种拒绝履行没有形成债权期待，就不构成预期违约。若合同一方当事人对于合同的次要义务没有履行，那么就不构成明示毁约。③不履行合同义务无正当理由。在实践中，一方提出不履行合同义务通常有可能会找出各种理由和借口，如果这些理由能够成为法律上的正当理由，就不构成明示毁约。例如因债权人违约而使债务人享有解除合同的权利；因不可抗力而使合同不能履行等。在具有正当理由的情况下，一方拒绝履行义务是合法的，不构成明示毁约。

(2) 默示毁约。所谓默示毁约，是指在履行期到来之前，一方以自己的行为表明其将在履行期到来之后不履行合同，且另一方有足够的证据证明一方将不履行合同，而一方也不愿意提供必要的履行担保。《民法典》合同编第五百七十八条规定"当事人一方明确表示或者以自己的行为表明不履行合同义务的，对方可以在履行期限届满前请求其承担违约责任"。就属于默示毁约。

根据我国《民法典》合同编的有关规定，默示毁约须具备以下构成要件。

(1) 一方当事人具有《民法典》合同编第五百二十七条所规定的情形，包括经营状况严重恶化；转移财产、抽逃资金，以逃避债务；丧失商业信誉；有丧失或者可能丧失履行债务能力的其他情形。对于以上的任何情况，默示毁约方从始至终都没有明确表示自己将毁约或拒绝履行合同义务，否则构成明示毁约。那些情况确实没有明确体现出合同一方当事人毁约，但是从其不作为行为或实际能力情况来看，表明了他不会履行或无能力履行，导致了辜负合同另一方当事人的合理期望以及不能实现期待债权的境况。因此，构成了违约。

(2) 合同一方当事人具有另一方当事人明确的证据证明其具有违约的情形。那么，若合同一方当事人只是预测或推测另一方的违约情形，可能会造成违约的结果，这并不是明确的违约证据。《民法典》合同编第五百二十七条规定的"确切证据"标准，就是要求预见的一方必须举证证明对方届时确实不能或不会履约。其举出的证据是否确切，应由司法审判人员予以确定。显然，我国法律的规定加重了非违约方的举证负担，在实践中也更为可行。

(3) 合同一方当事人不愿意提供合理的履约担保。虽然合同另一方当事人有明确的证据证明一方当事人将会不履行合同义务，但是还不能马上确定一方当事人已经构成违约。根据《民法典》合同编第五百二十八条的规定，另一方要确定对方违约，必须首先要求对方提供适当的履约担保。只有在对方不提供适当的履约担保的情况下，才能确定其构成违约并可以要求其承担预期违约的责任。只有符合上述要件，才能构成默示违约。在默示违约的情况下，非违约人可以采取补救措施。①目前先暂时中止履行合同义务。②在义务履行期限到期之后，可以要求毁约方实际履行义务或承担违约责任。这个情况，主要说的是，对于违约方的默示违约，非违约方可以不考虑，而是等待义务履行到期后，要求违约方直接承担违约责任。③相对于不考虑违约人的默示违约情况，非违约人也可以在义务履行期限到期之前，立即要求毁约方实际履行义务或承担违约责任。

2. 实际违约

在履行期限到来以后，当事人不履行或不完全履行合同义务的，将构成实际违约。实际违约行为主要如下。

1) 拒绝履行

拒绝履行是指在合同期限到来以后，一方当事人无正当理由拒绝履行合同规定的全部义务。《民法典》合同编第五百七十七条所提及的"一方不履行合同义务"是指拒绝履行的行为。拒绝履行的特点有两个。①一方当事人明确表示拒绝履行合同规定的主要义务。如果仅仅是表示不履行部分义务则属于部分不履行的行为。②一方当事人拒绝履行合同义务无任何正当理由。

在一方拒绝履行的情况下，另一方有权要求其继续履行其合同，也有权要求其承担违约金和损害赔偿责任。但另一方是否有权解除合同，《民法典》合同编第五百六十三条似乎没有明确作出规定，而只是规定"当事人一方迟延履行债务或者有其他违约行为致使不能实现合同目的，另一方可以解除合同"。实际上，根据该条规定的精神，在一方拒绝履行以后，其行为已转化为迟延履行，另一方有权解除合同。尤其应当看到，无正当理由拒绝履行合同，已表明违约当事人完全不愿接受合同的约束，实际上已剥夺了受害人根据合同所应得到的利益，从而使其无法实现订立合同的目的。因此，受害人没有必要证明违约已构成严重的损害后果才可以解除合同。

2) 迟延履行

迟延履行可分为债务人迟延履行债务与债权人迟延受领。所谓债务人迟延履行，是指债务人在履行期限到来时，能够履行而没有按期履行债务。构成迟延履行的条件有以下4个。①债务人迟延履行必须以合法的债务存在为前提，并且违反了履行期限的规定。②在迟延履行的情况下，履行是可能的。如果因为债务人的过错使债务根本不能履行，此时就成不履行。如果履行期限到来时，债务人仍然可以继续履行，就构成履行迟延；如果履行期限到来以后，债务人已不能履行，就应区分是因债务人的过错还是非因债务人的过错所致而确定责任。③在履行期限到来以后，债务人没有履行债务。此处所言没有履行不包括不适当履行和其他履行不完全的行为。如果履行了部分债务，就可能构成部分履行和迟延履行。但如果债务人明确表示对未履行的部分不再履行，就构成部分履行和履行拒绝。④迟延履行没有正当理由。按照诚实信用原则的要求，如果在特殊情况下，债务人确有正当理由因暂时不能履行合同而被免除实际履行的责任，或者债务人依法行使同时履行抗辩权而暂不履行债务，就不构成迟延。但是，如果非因债务人的过错而是债权人的原因造成迟延，应由债权人负责。

在迟延履行的情况下，非违约方有权要求违约方支付迟延履行的违约金，如果违约金不足以弥补非违约方所遭受的损失，非违约方还有权要求赔偿损失。

受领延迟也称债权人延迟，但是从本质上来看，有两种不同的含义。①合同债务人履行了合同义务，然而债权人没有能及时接受债务人履行的义务。②在债权人没有及时受领债务人履行的义务情况下，同时也没有为债务人履行义务时提供有效的协作。比较这两种观点，笔者认为，仅就受领迟延本身的含义来说，应将其限于应当对债务人的履行及时受领而没有受领，而不应包括未提供必要的协作。其主要原因在于，依据诚实信用原则，合同当事人在履行中均负有相互协作的义务，也就是说双方当事人都应当向对方当事人提供方便和帮助，从而使债得以适当履行。受领迟延是一种违约行为，在受领迟延时债权人应承担违约责任。在迟延受领的情况下，债权人应依法支付违约金，还应负损害赔偿责任。

3) 不适当履行

不适当履行是指当事人交付的标的物不符合合同规定的质量要求，也就是说履行具有瑕疵。根据《民法典》合同编第五百八十二条规定："履行不符合约定的，应当按照当事人的约定承担违约责任。对违约责任没有约定或者约定不明确，依据本法第五百一十条的规定仍不能确定的，受损害方根据标的的性质以及损失的大小，可以合理选择请求对方承担修理、重作、更换、退货、减少价款或者报酬等违约责任。"这就是说，在不适当履行的情况下，如果合同对责任形式和补救方式已经做了明确规定，就应当按照合同的规定确定责任。如果合同没有做出明确规定或者规定不明确，受害人可以根据具体情况，选择各种不同的补救方式和责任形式。可见，我国法律对瑕疵履行的受害人采取了各种方式进行保护。

关于不适当履行行为中，加害给付行为是一种特殊的不适当履行行为。加害给付行为指的是债务人履行了义务，但是其履行行为是不适当的，造成了债权人在履行利益上的损失，以及再造成了其他额外利益的损失。例如，交付不合格的汽化炉造成火灾，致使债权人受伤等。加害给付具有三个特点。①债务人履行义务的行为并不符合合同约定的规定。②债务人的不适当履行义务行为造成了债权人的履行利益损害以及额外的利益损害。额外的利益指的是债权人可以享有不受债务人和其他人侵害的现有财产和人身利益。例如，交付的货物有残缺，造成他人的利益损害。交付货物属于合同的履行利益，人身伤害属于合同履行利益的之外，额外的利益损害。③加害给付是一种损害债权人的相对权和绝对权的不符合法律规定的行为，即同时构成了违约行为和侵权行为。然而，对于加害给付行为的结果处理，只能依据责任竞合规则选定其中一种责任，即受害人可以请求加害人承担违约责任或侵权责任，并提起诉讼。

4) 部分履行

所谓部分履行，是指合同虽然履行但履行不符合数量的规定，或者说履行在数量上存在着不足。在部分履行的情况下，非违约方首先有权要求违约方依据合同规定的数量条款继续履行，交付尚未交付的货物、金钱，非违约方也有权要求违约方支付违约金。如果因部分履行造成了损失，就有权要求违约方赔偿损失。由于在一般情况下，对部分不履行债务人是可以补足的，因此不必要解除合同。如果因部分履行而导致合同的解除，那么对已经履行的部分将要作出返还，从而会增加许多不必要的费用。所以，除非债权人能够证明部分履行已构成根本违约，导致其订约目的不能实现，否则一般不能解除合同。

5) 其他不完全履行的行为

按照《合同法》的规定，债务人应当按照法律和合同的规定，全面、适当地履行合同。因此，当事人在履行合同时，除在标的、质量、数量、期限上符合法律和合同规定外，履行的地点、方式等也应符合法律和合同的规定。因此，履行地点、方法等不适当，也属于违约行为。

3. 双方违约和第三人的行为造成违约

1) 双方违约

所谓双方违约，是指合同的双方当事人都违反了其依据合同所应尽的义务。《民法典》合同编第五百九十二条规定"当事人都违反合同的，应当各自承担相应的责任。当事人一方违约造成对方损失，对方对损失的发生有过错的，可以减少相应的损失赔偿额"。双方违约的构成要件有三个。①双方违约主要适用于双务合同。因为，双务合同的双方当事人都负有责任，那么就有可能出现双方违约行为。但对于单务合同来说，只有合同一方当事人负有责任，只有一方可能产生违约行为。②合同双方当事人都违背了其应该履行的合同义务。例如，合同双方当事人都做出了义务履行，但其义务履行都不符合合同的约定的规定。③合同双方的违约都不是正当理由。若是合同一方当事人行使了同时履行抗辩权或不安抗辩权，是不能认定为合同双方当事人的违约情况。 例如，一方当事人交付的货物在数量上有严重的缺少，另一方当事人拒绝支付货款，这是一方当事人正当行使抗辩权的行为，不应认定为违约行为。若另一方当事人在一方当事人做出违约后，立即采取适当的自我补救措施，例如在另一方当事人拒绝收货时将标的物以合理价格转卖，就不认定为违约。

在双方违约的情况下，应当根据双方的过错程度及因其过错给对方当事人造成的损害程度而确定各自的责任。如果双方过错程度相当，且因其过错而给对方当事人造成的损害程度大体相同，那么双方应当各自承担其损失。如果一方的过错程度明显大于另一方，且给对方造成的损失也较重，那么应当承担更重的责任。

2) 第三人的行为造成违约

《民法典》合同编第五百九十三条规定"当事人一方因第三人的原因造成违约的，应当依法向对方承担违约责任。当事人一方和第三人之间的纠纷，依照法律规定或者按照约定处理"。根据该规则，在因第三人的行为造成债务不能履行的情况下，债务人仍然应当向债权人承担违约责任，债权人也只能要求债务人承担违约责任。债务人在承担违约责任以后，有权向第三人追偿。这就是所谓"债务人为第三人的行为向债权人负责的规则"。

债务人在为第三人的行为向债权人负责后，可以依据法律规定向第三人追偿。例如第三人造成标的物的毁损、灭失，致使合同不能履行，债务人可要求第三人依法承担侵权责任。债务人也可以依据其事先与第三人的合同而向第三人追偿。例如第三人不依据合同向债务人交货，使债务人不能履行其对债权人的交货义务，债务人在向债权人承担责任后，可依据其与第三人的合同要求第三人承担责任，但两个合同关系必须分开。

音频2：双方违约和第三人的行为造成违约

7.3　承担违约责任的主要方式

思维导图

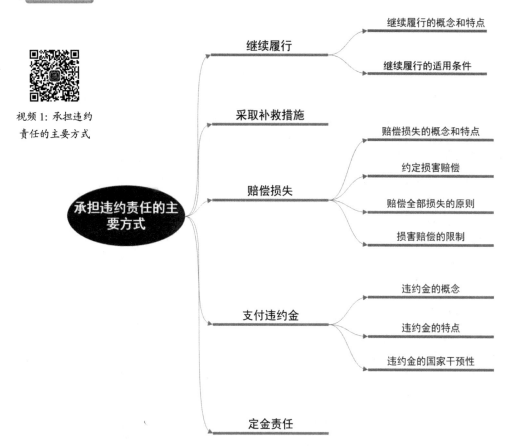

视频1：承担违约责任的主要方式

带着问题学知识

继续履行、采取补救措施、赔偿损失、支付违约金、定金责任的特点各是什么？

7.3.1　继续履行

1. 继续履行的概念和特点

1) 继续履行的概念

继续履行也称强制实际履行、依约履行。作为一种违约后的补救方式，继续履行是指在一方违反合同时，另一方有权要求其依据合同的规定实际履行。《民法典》合同编第五百七十七条规定，当事人一方不履行合同义务或者履行合同义务不符合约定的，应当承担继续履行等违约责任。《民法典》合同编第五百七十九条规定，当事人一方未支付价款或者报酬的，对方可以要求其支付价款或者报酬。《民法典》合同编第五百八十条规定，当事人一方不履行非金钱债务或者履行非金钱债务不符合约定的，对方可以要求履行。

2) 继续履行的特点

(1) 继续履行是合同一方当事人违约后的补救方式之一。继续履行，说明了，即使合同一方当事人产生违约之后，另一方当事人有权利要求违约方继续履行合同义务以及要求违约方承担违约责任、支付违约金、利益损害赔偿等。因此，请求实际履行是非违约方的一项权利。

继续履行的基本内容是要求违约方继续依据合同规定作出履行。继续履行也是《民法典》合同编第五百零九条关于"当事人应当按照约定全面履行自己的义务"的规定的具体体现。不过对继续履行的适用，《合同法》区分了金钱债务和非金钱债务两种情况。对金钱债务，如果一方不支付价款或报酬的，另一方当然有权要求对方支付价款和报酬。而对于非金钱债务，根据《民法典》合同编第五百八十条的规定，非违约方原则上虽可以请求继续履行，但在法律上有一定的限制。根据该条规定，有下列情形之一的不能再继续履行：法律上或者事实上不能履行；债务的标的不适于强制履行或者履行费用过高；债权人在合理期限内未要求履行。

(2) 继续履行可以与违约金、损害赔偿和定金责任并用，但不能与解除合同的方式并用。因为解除合同旨在使合同关系不复存在，债务人不再负履行义务，所以它是与继续履行对立的补救方式。

2. 继续履行的适用条件

1) 必须有违约行为的存在

继续履行责任是一方不履行合同的后果，只有在一方不履行合同义务或者履行合同义务不符合约定的情况下，另一方才有权要求其继续履行。由于迟延履行中违约当事人已经做出了履行，只是履行不符合期限的规定，因而不适用于继续履行。同时，针对不适当履行而采取的修理、重做、更换的补救措施不包括在继续履行中，因此可适用于继续履行的违约行为不包括不适当履行行为。适用继续履行的违约行为主要包括拒绝履行、部分履行行为。《民法典》合同编第五百七十九条和第五百八十条的规定主要是指上述两种违约行为。

2) 非违约方必须在合理期限内提出继续履行的请求

在《民法典》合同编中，从保护债权人的利益角度出发，非违约方具有是否请求实际履行的权利，即在违约的情况下，非违约方可以选择采取继续履行或不继续履行，从而使合同得以补救。若非违约方认为继续履行合同义务可以更利于自己的利益，那么就可以采取这种措施。通常情况下，假若合同一方当事人产生了违约，在合同当事人订立合同的目的并不是为得到金钱的赔偿，而是追求订立的约定以及继续履行方式在实际上是具有意义的，那么非违约方就可以提出以继续履行的方式补救合同。若非违约方决定采取继续履行的补救方式，那么应当在合理的期限内及时向违约方提出请求。否则，一旦非违约方提出的继续履行补救请求，不能在合理的期限内提出，那么将不能再次提出这种请求。将是否请求实际履行的选择权交给非违约方，由非违约方决定是否采取继续履行的方式。如果他认为继续履行更有利于保护其利益，就可以采取这种措施。在许多情况下，当事人订立合同主要不是为了在违约以后寻求金钱赔偿，而是为了实现其订约目的，继续履约如果具有现实的需要，就可以提出继续履行的请求。

3) 必须依据法律和合同的性质能够履行

一般来说，在金钱债务中，当事人一方不支付价款或报酬的，另一方有权要求其继续履行，违约的一方不得以任何理由拒绝履行。然而，在非金钱债务中，如果依据法律和合同的性质不能继续履行，那么违约方也可以拒绝非违约方的履行的要求。

4) 继续履行在事实上是可能的和在经济上是合理的

根据《民法典》合同编第五百八十条的规定，在非金钱债务中，如果在事实上不能继续履行，或者债务的标的不适合强制履行或履行费用过高的，就不能采取继续履行措施。

7.3.2 采取补救措施

采取补救措施，是指违约方所采取的旨在消除违约后果的补救方式。这种补救方式不同于继续履行、赔偿损失、支付违约金、支付定金等违约承担的方式。《合同法》第一百零七条规定："当事人不履行合同义务或者履行合同义务不符合约定的，应当承担继续履行、采取补救措施或者赔偿损失等违约责任。"

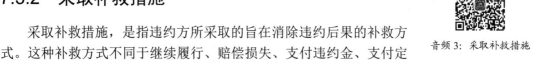

音频3：采取补救措施

《民法典》合同编第五百八十二条规定"履行不符合约定的，应当按照当事人的约定承担违约责任。对违约责任没有约定或者约定不明确，依据本法第五百一十条的规定仍不能确定的，受损害方根据标的的性质以及损失的大小，可以合理选择请求对方承担修理、重作、更换、退货、减少价款或者报酬等违约责任"。

《民法典》合同编第五百八十三条规定："当事人一方不履行合同义务或者履行合同义务不符合约定的，在履行义务或者采取补救措施后，对方还有其他损失的，应当赔偿损失。"根据这一规定，采取补救措施是可以和赔偿损失并用的。

7.3.3 赔偿损失

1. 赔偿损失的概念和特点

1) 赔偿损失的概念

赔偿损失又称违约损害赔偿，是指违约方因不履行或不完全履行合同义务而给对方造成损失，依法和依据合同的规定应承担的赔偿损失的责任。《民法典》合同编第五百七十七条规定："当事人一方不履行合同义务或者履行合同义务不符合约定的，应当承担赔偿损失等违约责任。"

2) 违约损害赔偿的特点

(1) 赔偿损失是因债务人不履行或不完全合同债务所产生的责任。
(2) 赔偿损失本质上是具有补偿性而不是具有惩罚性。
(3) 赔偿损失具有一定程度的任意性。
(4) 赔偿损失原则是赔偿非违约方实际遭受的全部损失。

2. 约定损害赔偿

所谓约定损害赔偿，是指当事人在订立合同时预先约定，一方违约时应向对方支付一定数额的金钱或约定损害赔偿额的计算方法。在《民法典》合同编第五百八十五条规定中，都允许当事人约定损害赔偿。在本法的规定中，当事人可以约定违约产生的损害赔偿额的计算方法。

关于约定损害赔偿和法定损害赔偿的区别，存在两个方面。其一，违约方产生违约行为，造成了非违约方的损害，那么非违约方就可以依据合同损害赔偿条款的约定而请求赔偿，并理应获得赔偿。在这个情况下，非违约方是不需要证明具体的损害范围的。而合同双方当事人之间约定了损害赔偿的计算方法，那么非违约方还应当证明具体的实际损害范围。其二，约定损害赔偿和法定损害赔偿都存在的情况下，通常，优先考虑约定损害赔偿，其次再考虑法定损害赔偿。

约定损害赔偿与约定违约金也不相同。一方面，违约金的支付不以实际发生的损害为前提，只要有违约行为的存在，不管是否发生了损害，违约当事人都应支付违约金。而约定损害赔偿的适用应以实际发生的损害为前提。另一方面，违约金通常可以与法定损害赔偿并存，例如违约金不足以弥补实际损失还应当赔偿损失。但是，如果当事人约定一笔赔偿金，那么在适用该约定损害赔偿条款以后就不能再适用法定损害赔偿，即不能再要求违约方另外赔偿损失。不过，与违约金条款一样，如果约定的损害赔偿额过高或过低，法院有权基于当事人的请求增减赔偿额，也就是说有权对该条款进行干预。

3. 赔偿全部损失的原则

所谓赔偿全部损失的原则，是指因违约方的违约使受害人遭受的全部损失都应当由违约方负赔偿责任。《民法典》合同编第五百八十四条规定，当事人一方不履行合同义务或者履行合同义务不符合约定，给对方造成损失的，损失赔偿额应当相当于因违约所造成的损失，包括合同履行后可以获得的利益。

可得利益指的是，合同成立并生效后以及履行后能够实现和获得的利益。关于可得利益，首先，它是合同双方当事人在订立合同时就能够预见到的利益。其次，它能实现的条件是合同必须实际履行。也就是说，在订立合同后，合同当事人没有实际享有，但合同如期履行了，合同当事人就能够获得。关于可得利益的损失赔偿，非违约方需要从两个方面确定自己本身是否能够获得可得利益的损失赔偿。首先，非违约方需要证明自己本身的可得利益损失就是因为违约方的违约行为造成的。其次，非违约方还要证明自己本身可得利益的损失是在双方当事人在订立合同时就能够合理预见的，而且其可得利益的损失的直接原因是违约方产生的违约行为。

4. 损害赔偿的限制

根据《民法典》合同编第五百八十四条的规定，损害赔偿不得超过违反合同一方订立合同时预见到或者应当预见到的、因违反合同可能造成的损失。

依据以上的规定，当合同双方当事人在订立合同时，将要违约的合同一方当事人能够预见到当自己违约时对非违约方产生的损害。在这个情况下，才能认定违约方对非违约方产生的损害与违约方的违约行为存在直接关系，那么违约方就应该承担损害赔偿责任。相反，合同一方当事人在订立合同时无法预见到违约产生的损害时，一旦产生了违约，那么违约方是不需要承担损害赔偿损失的。可预见性规则指的是当交易发生时，合同一方当事人对自身或合同另一方当事人将来的风险和责任是能够预测的，才能计算费用和利润，从而能正常履行合同。若将来的风险对于合同当事人来说超过了承担能力，那么合同当事人就会较难顺利地履行合同。因此，可预见性规则将违约方产生违约行为的责任限制在了可以预见的范围，这可以推进合同的顺利订立、保障合同顺利履行。

非违约方负有采取适当措施防止损失扩大的义务。《合同法》第一百一十九条规定：

"当事人一方违约后,对方应当采取适当措施防止损失的扩大;没有采取适当措施致使损失扩大的,不得就扩大的损失要求赔偿。"

7.3.4 支付违约金

1. 违约金的概念

所谓违约金,是指由当事人通过协商预先确定的、在违约发生后作出的独立于履行行为以外的给付。《民法典》合同编第五百八十五条规定,当事人可以约定一方违约时应当根据违约情况向对方支付一定数额的违约金。

2. 违约金的特点

(1) 违约金可由当事人协商确定。
(2) 违约金的数额具有预先确定性。
(3) 违约金是一种违约后适用的责任方式。
(4) 违约金的支付是独立于履行行为之外的给付。

3. 违约金的国家干预性

违约金的约定尽管属于当事人合同自由约定的范围,但这种自由不是绝对的,而是受限制的。《民法典》合同编第五百八十五条第二款规定"约定的违约金低于造成的损失的,人民法院或者仲裁机构可以根据当事人的请求予以增加;约定的违约金过分高于造成的损失的,人民法院或者仲裁机构可以根据当事人的请求予以适当减少"。

从实际来看,对于合同违约金的干预是必要的,即法院和仲裁机构的干预。合同双方当事人订立合同时,违约金的金额或者违约金相对于合同总价的比例是约定好的,是双方当事人意思表示一致的。然而当合同履行之后,实际违约行为产生的损失,造成的金额与合同约定的违约金金额并不相同。违约方产生违约实际造成的损失与合同约定的违约金相比,存在两种情况。一种情况是,相较于实际损失造成的金额,合同双方当事人合同中约定的违约金金额过低。这种情况下,制裁违约方的违约行为以及补偿非违约方的损失作用并不大。另一种情况是,相较于实际损失造成的金额,合同双方当事人合同约定的违约金金额过高。这种情况下,不仅非违约方获得不正当的利益,对违约方的财产状况造成恶化,而且非违约方可能形成一种把违约金的约定当作赌博的心理,这会造成鼓励非违约方通过不正当方式获取利益和收入结果。法院和仲裁机构对违约金数额的调整,一方面,必须由一方当事人提出要求,而不得由法院和仲裁机构主动调整。另一方面,调整的依据在于,违约金的数额与实际损失相比过高或过低,从而违反了公平和诚实信用原则。因此,在调整的过程中必须以公平和诚实信用原则为依据。

7.3.5 定金责任

所谓定金,是指为保证合同的履行,合同双方当事人约定的由一方预先向对方给付的一定数量的货币。我国《中华人民共和国担保法》(以下简称《担保法》)第八十九条、第九十条、第九十一条分别规定了定金的性质、定金的罚则、定金的最高限额。《民法典》合同编第五百八十六条规定"当事人可以约定一方向对方给付定金作为债权的担保。定金合同自实际交付定金时成立。定金的数额由当事人约定；但是，不得超过主合同标的额的百分之二十，超过部分不产生定金的效力。实际交付的定金数额多于或者少于约定数额的，视为变更约定的定金数额"。

《民法典》合同编第五百八十七条规定"债务人履行债务的，定金应当抵作价款或者收回。给付定金的一方不履行债务或者履行债务不符合约定，致使不能实现合同目的的，无权请求返还定金；收受定金的一方不履行债务或者履行债务不符合约定，致使不能实现合同目的的，应当双倍返还定金"。

音频4：定金责任

目前，我国法律所说的定金主要指的是违约定金。原则上，法律对于定金的规定包含了制裁不履行合同行为的措施。对于不履行合同，设定的定金罚则将会在合同双方当事人任何一方不履行合同义务时生效，即不履行合同义务的任何一方当事人要承担定金责任。尤其是在《民法典》合同编的第八章关于违约责任的规定中，对定金作出了明确规定，表明合同法是将定金责任作为违约责任的形式对待的。《民法典》合同编第五百八十八条规定，当事人既约定违约金又约定定金的，一方违约时，对方可以选择适用违约金或者定金条款。由此可以看出，在违约责任的承担上，定金责任方式与违约金责任方式是不能并用的。《民法典》赋予了当事人选择权。

【例题 7-2】 2022 年 5 月 11 日，乙公司将自己的职工宿舍楼工程发包给甲建筑公司施工。施工期间，因为没有任何手续，建设行政主管部门责令工地停工，停工时间高达 45 天。在此期间，发现地下障碍物停工 18 天。工期延误 21 天。结算时甲建筑公司要求乙公司承担停工损失，乙公司要求甲建筑公司承担工期延误责任。甲建筑公司要求乙公司支付工程尾款 2450 万元，并承担停工损失 145 万元。甲建筑公司的要求是否合理？请说明理由。

7.4 责任竞合

> 思维导图

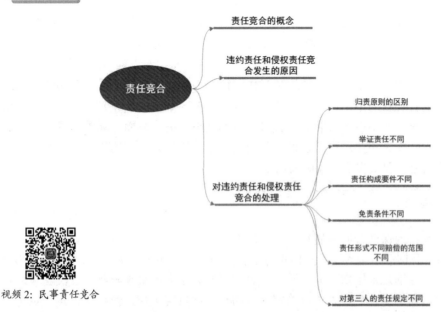

视频2：民事责任竞合

第7章 违约责任

> **带着问题学知识**
>
> 责任竞合的概念是什么?
> 违约责任和侵权责任竞合发生的原因是什么?
> 对违约责任和侵权责任竞合应如何处理?

7.4.1 责任竞合的概念

所谓责任竞合,是指由于某种法律事实的出现而导致两种以上的责任产生,这些责任彼此之间是相互冲突的。在民法中,责任竞合主要表现为违约责任和侵权责任的竞合。《民法典》总则编第一百八十六条规定"因当事人一方的违约行为,损害对方人身权益、财产权益的,受损害方有权选择请求其承担违约责任或者侵权责任"。

7.4.2 违约责任和侵权责任竞合发生的原因

违约行为和侵权行为的区别主要体现在不法行为人与受害人之间是否存在着合同关系,不法行为人违反的是约定义务还是法定义务,侵害的是相对权还是绝对权,以及是否造成受害人的人身伤害等。同一违法行为可能符合不同的责任构成要件,具体如下。

(1) 合同当事人违反合同义务的行为同时侵害了法律规定的强制性义务,这种强制性义务包括保护、照顾、保密、忠实等附随义务和其他法定的不作为义务。

(2) 在一些情况下,侵权行为是违约产生的直接原因,即具有侵权性的违约行为。例如,关于保管合同中,保管方依据合同约定,具有保管好另一方货物的义务。一旦货物出现损失、损毁、灭失等情况或保管方占有并非法使用。这就是不仅违约了,而且也可能造成侵权的结果。

(3) 当合同双方当事人订立合同后,他们之间产生了某种合同关系。在合同履行过程中,其中一方当事人对另一方当事人故意实施侵害他人权利的行为,并构成了损害的侵权行为。那么,在这种情况下,不法行为人的损害行为不仅可以认为是侵权行为,而且可以认为是违反了双方当事人合同约定的义务的违约行为。

(4) 一种违法行为虽然只符合一种责任构成要件,但是法律从保护受害人的利益出发,要求合同当事人根据侵权行为制度提出请求和提起诉讼,或者将侵权行为责任纳入合同责任的范围内,例如产品质量责任。

7.4.3 对违约责任和侵权责任竞合的处理

根据《民法典》总则编第一百八十六条的规定,在发生违约责任和侵权责任竞合的情况下,允许受害人选择一种责任提起诉讼。法律允许受害人选择责任,是因为在责任竞合的情况下,行为人的行为已符合两种责任的构成要件,受害人选择任何一种责任都是加害人所应当承担的。同时,允许受害人选择责任,也是因为违约责任和侵权责任在很多方面都是不同的,而选择不同的责任对受害人的保护也不同。具体如下。

1. 归责原则的区别

目前，我国的侵权对于侵权责任的原则是过错责任、严格责任和公平责任，而实际上的原则是多种归责原则。在侵权的诉讼中，对于被侵权的人具有重大过失时，侵权人的赔偿责任才能够减轻。然而关于合同的诉讼，我国法律的原则是严格责任制度，即除非是可免责情况，不履行合同义务或不合理履行合同义务，就要承担违约责任。

2. 举证责任不同

根据《民法典》的有关规定，在一般侵权责任中，受害人就加害人的过错负举证责任。在特殊侵权责任中，应由加害人反证证明自己没有过错。而在合同责任中，受害人只需证明对方实施了违约行为，而不必证明其是否有过错。

3. 责任构成要件不同

在违约责任中，行为人只要实施了违约行为且不具有有效的抗辩事由，就应承担违约责任。而在侵权责任中，损害事实是侵权损害赔偿责任成立的前提条件，无损害事实便无侵权责任。

4. 免责条件不同

在违约责任中，法定的免责条件仅限于不可抗力，但当事人可以事先约定免责条款和不可抗力的具体范围。在侵权责任中，当事人虽然难以事先约定免责条款和不可抗力的具体范围，但法定的免责条件不限于不可抗力，还包括意外事故、第三人的行为、正当防卫和紧急避险等。

5. 责任形式不同赔偿的范围不同

违约责任包括损害赔偿、违约金、继续履行等责任形式，损害赔偿也可以由当事人事先约定。而侵权责任的主要形式是损害赔偿，此种赔偿当事人不得事先约定。另外，损害赔偿的范围不同。违约损害赔偿主要是财产损失的赔偿，不包括对人身伤害的赔偿和精神损害的赔偿责任，且法律采取了"可预见性"标准来限定赔偿的范围。对于侵权责任来说，损害赔偿不仅包括财产损失的赔偿，还包括人身伤害和精神损害的赔偿。

6. 对第三人的责任规定不同

在合同责任中，如果因第三人的过错导致合同债务不能履行，债务人首先应对债权人负责，然后才能向第三人追偿。而在侵权责任中，贯彻了自己行为责任的原则，行为人仅对因自己的过错导致他人的损害的后果负责。此外，在时效期限、诉讼管辖等方面，侵权责任和违约责任也存在区别。正是因为上述区别的存在，受害人选择不同的责任，将严重影响到对其利益的保护和对不法行为人的制裁。

7.5 实训练习

一、单选题

1. 关于违约责任构成要件，以下说法错误的是(　　)。

A. 违约行为是指合同当事人违反合同义务的行为
B. 一旦合同双方当事人约定了或具有法定的免责事由，那么即使存在违约行为，也不一定承担违约责任
C. 损害事实本身是违约责任的一般构成要件
D. 我国《合同法》总则采取了严格责任原则，而《合同法》分则在特殊情况下，采取了过错责任原则

2. 关于不可抗力，以下说法错误的是(   )。
   A. 合同成立并生效后，合同双方当事人应当就合同约定履行相应的义务。然而在履行过程中，由于存在法定的或合同约定的免责条件，在这种情况下，合同义务不能继续履行，即债务人可以免除履行义务，那么法定或约定的免责条件就是免责事由
   B. 免责事由指的是，对于合同中，合同当事人没有履行的责任事由，限于合同责任
   C. 具有不能避免及不能克服性
   D. 不可抗力不具有预见性

3. 关于实际毁约，以下说法正确的是(   )。
   A. 拒绝履行是指在合同期限到来之前，一方当事人无正当理由拒绝履行合同规定的全部义务
   B. 债务人迟延履行，是指债务人在履行期限到来时，能够履行而没有按期履行债务
   C. 在迟延履行的情况下，非违约方有权要求违约方支付迟延履行的违约金，如果违约金不足以弥补非违约方所遭受的损失，非违约方就无权要求赔偿损失
   D. 不适当履行是指当事人交付的标的物不符合合同规定的数量要求，也就是说履行具有瑕疵

4. 实际毁约不包括(   )。
   A. 拒绝履行   B. 补偿履行
   C. 迟延履行   D. 不适当履行、部分履行和其他不完全履行的行为

5. 关于约定损害赔偿，以下说法错误的是(   )。
   A. 赔偿损失不具有任意性
   B. 赔偿损失是因债务人不履行或不完全合同债务所产生的责任
   C. 赔偿损失本质上是具有补偿性而不是具有惩罚性
   D. 赔偿损失具有一定程度的任意性

6. 关于责任竞合，以下正确的是(   )。
   A. 侵权行为不是违约产生的直接原因，不属于违约行为
   B. 当合同双方当事人订立合同后，他们之间产生了某种合同关系。在合同履行过程中，其中一方当事人对另一方当事人故意实施侵害他人权利的行为，并构成了损害的侵权行为，但是不属于违约行为
   C. 一种违法行为只符合一种责任构成要件，可以不把侵权行为责任纳入合同责任的范围内
   D. 合同当事人违反合同义务的行为同时侵害了法律规定的强制性义务，这种强制性义务包括保护、照顾、保密、忠实等附随义务和其他法定的不作为义务

7. 以下关于双方违约的说法错误的是(　　)。
   A. 双方违约,是指合同的双方当事人都违反了其依据合同所应尽的义务
   B. 双方违约主要适用于单务合同
   C. 合同双方当事人都违背了其应该履行的合同义务
   D. 在双方违约的情况下,应当根据双方的过错程度及因其过错给对方当事人造成的损害程度而确定各自的责任

8. 关于第三人的行为构成违约,以下说法错误的是(　　)。
   A. 当事人一方因第三人的原因造成违约的,应当向对方承担违约责任。当事人一方和第三人之间的纠纷,依照法律规定或者按照约定解决
   B. 债务人在承担违约责任以后,有权向第三人追偿
   C. 在因第三人的行为造成债务不能履行的情况下,债务人仍然应当向债权人承担违约责任,债权人能要求债务人或第三人承担违约责任
   D. 如果第三人不依据合同向债务人交货,使债务人不能履行其对债权人的交货义务,债务人在向债权人承担责任后,就可依据其与第三人的合同要求第三人承担责任,但两个合同关系必须分开

9. 以下对于违约责任和侵权责任竞合处理的说法错误的是(　　)。
   A. 我国的侵权对于侵权责任的原则是一种归责原则
   B. 在特殊侵权责任中,应由加害人反证证明自己没有过错。而在合同责任中,受害人只需证明对方实施了违约行为,而不必证明其是否有过错
   C. 在违约责任中,行为人只要实施了违约行为且不具有有效的抗辩事由,就应承担违约责任。而在侵权责任中,损害事实是侵权损害赔偿责任成立的前提条件,无损害事实便无侵权责任
   D. 在违约责任中,法定的免责条件仅限于不可抗力,但当事人可以事先约定免责条款和不可抗力的具体范围。在侵权责任中,当事人虽然难以事先约定免责条款和不可抗力的具体范围,但法定的免责条件不限于不可抗力,还包括意外事故、第三人的行为、正当防卫和紧急避险等

二、多选题

1. 违约责任的特点包括(　　)。
   A. 违约责任产生的条件是合同任何一方当事人不履行合同约定的义务
   B. 违约责任存在相对性
   C. 违约责任的主要特点是补偿性
   D. 违约责任通常由合同双方当事人约定
   E. 违约责任存在相互性

2. 违约行为形态有(　　)。
   A. 立即毁约　　　　B. 预期违约　　　　C. 实际违约
   D. 延迟毁约　　　　E. 双方违约和第三人的行为造成违约

3. 继续履行的适用条件包括(　　)。
   A. 必须构成违约

B. 必须有违约行为的存在

C. 非违约方必须在合理期限内提出继续履行的请求

D. 必须依据法律和合同的性质能够履行

E. 继续履行在事实上是可能的和在经济上是合理的

4. 以下关于赔偿损失的说法正确的有(   )。

   A. 约定损害赔偿和法定损害赔偿都存在的情况下，通常，优先考虑法定损害赔偿，其次再考虑约定损害赔偿

   B. 可得利益指的是，合同成立并生效后能够实现和获得的利益

   C. 所谓约定损害赔偿，是指当事人在订立合同时预先约定，一方违约时应向对方支付一定数额的金钱或约定损害赔偿额的计算方法

   D. 违约方产生违约行为，造成了非违约方的损害，那么非违约方就可以依据合同损害赔偿条款的约定而请求赔偿，并理应获得赔偿。在这个情况下，非违约方是不需要证明具体的损害范围的。而合同双方当事人之约定了损害赔偿的计算方法，那么非违约方还应当证明具体的实际损害范围

   E. 约定损害赔偿与约定违约金从本质上是相同的

5. 以下关于违约金的说法正确的有(   )。

   A. 违约金，是指由当事人通过协商预先确定的、在违约发生后做出的独立于履行行为以外的给付

   B. 相较于实际损失造成的金额，合同双方当事人合同约定的违约金金额过高。这种情况下，不仅非违约方获得不正当的利益，对违约方的财产状况造成恶化，而且非违约方可能形成一种把违约金的约定当作赌博的心理，这造成鼓励非违约方通过不正当方式获取利益和收入结果

   C. 违约金的数额不具有预先确定性

   D. 违约金的约定尽管属于当事人合同自由约定的范围，但这种自由不是绝对的，而是受限制的

   E. 从实际来看，对于合同违约金的干预是必要的，即法院和仲裁机构的干预

6. 对违约责任和侵权责任竞合的处理有(   )。

   A. 归责原则的区别   B. 举证责任不同

   C. 责任构成要件不同   D. 免责条件不同

   E. 责任形式不同赔偿的范围不同

三、简答题

1. 简述预期毁约及其构成要件。
2. 承担违约责任的主要方式有哪些？
3. 简述违约责任和侵权责任竞合发生的原因。

第7章习题答案

项 目 实 训

班级		姓名		日期	
教学项目		违约责任			
任务	掌握违约责任的含义及其构成要件、不可抗力、承担违约责任的主要方式等内容；熟悉定金、赔偿损失、违约金等相关内容；了解违约行为形态、责任竞合等内容		方式	查找工程实例，结合课本知识和其他相关资料学习	
相关知识			违约责任的含义及其构成要件、不可抗力、承担违约责任的主要方式等内容；定金、赔偿损失、违约金等相关内容；违约行为形态、责任竞合等内容		
其他要求			无		
学习总结记录					
评语				指导老师	

第 8 章 建设工程合同概述

第 8 章教案

第 8 章案例答案

学习目标

(1) 掌握建设工程合同的含义、特点等内容。
(2) 熟悉建设工程合同当事人的权利和义务等相关内容。
(3) 了解勘察、设计、施工合同等内容。

教学要求

章节知识	掌握程度	相关知识点
建设工程合同当事人的权利和义务	熟悉并掌握建设工程合同的概念和特点、建设工程合同当事人的权利和义务	建设工程合同的概念和特点、建设工程合同当事人的权利和义务
建设工程合同的种类	熟悉并掌握建设工程勘察合同、建设工程设计合同、建设工程施工合同	建设工程勘察合同、建设工程设计合同、建设工程施工合同

课程思政

建设工程是一项复杂的活动,需要多方单位的参与。因此,建设工程合同种类也较多,其内容更是繁杂。作为建设工程合同的学习者,不仅要学习专业知识,还要在工作中学会观察、调查接触的工程参与单位,更要编制好相关合同条款,保护自身利益,降低合同风险。

案例导入

通常来说,建设工程合同具有范本性,但是各个建设工程项目的具体情况却不太一样,因此在订立建设工程合同时,当事人会就一些实际情况而修改合同条款,达成双方意思一致。建设工程合同的条款虽然类似,但是各种建设工程合同又具有自己的特点,因此,在学习时应当注意各种建设工程合同的相同点和不同点。

🔖 思维导图

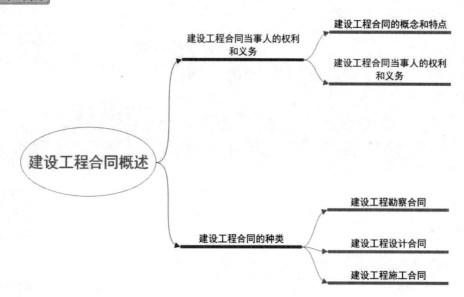

8.1 建设工程合同当事人的权利和义务

第 8 章扩展资源

🔖 思维导图

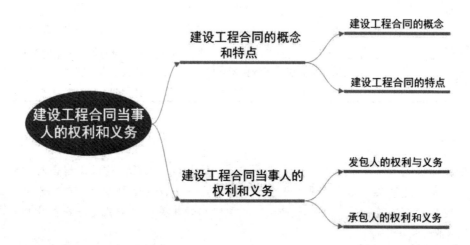

带着问题学知识

建设工程合同是什么?
建设工程合同的特点是什么?
发包人的权利与义务、承包人的权利和义务具体指的是什么?

8.1.1 建设工程合同的概念和特点

1. 建设工程合同的概念

根据《民法典》合同编第七百八十八条的规定，建设工程合同是指承包人进行工程建设、发包人支付价款的合同。建设工程合同包括工程勘察、设计、施工合同。《民法典》合同编第八百零八条规定，"本章没有规定的，适用承揽合同的有关规定"。从这个意义上讲，建设工程承包合同具有承揽合同的性质。

2. 建设工程合同的特点

1) 建设工程合同的标的物一般仅限于基本建设工程

依据《中华人民共和国建筑法》(以下简称《建筑法》)第二条的规定，建设工程合同中的工程指的是：各类房屋的建造、房屋附属设施的建造、房屋配套的线路、管线、设备安装等。此外，还包括房屋、铁路、公路、机场、港口、桥梁、矿井、水库、电站和通信线路等。

音频1：建设工程合同的特点

2) 建设工程合同的主体应具备相应的条件

通常，建设工程的特点是投资大、周期长、质量要求高、技术力量要求全面。因此，一般民事主体是很难完成的，建设工程合同的双方当事人资格是具有限制性的。

根据《建筑法》第十二条的规定，建筑活动的参与主体应当具备一定的条件。一般包括以下三个方面的条件。

① 有符合国家规定的注册资本。
② 有与所从事的建筑活动相适应的具有法定执业资格的专业技术人员。
③ 有从事相关建筑活动所应有的技术装备。

除了以上三个条件，还有这些主体必须满足法律、行政法规规定的其他条件。一般的建筑工程活动参加主体有建筑施工企业、勘察单位、设计单位和工程监理单位。以上每个单位的注册资本、专业技术人员、技术装备和已完成的建筑工程业绩等，是不同资质等级的审查条件。一经审查合格，就可以获取相应的资质证书，并在相应的资质等级许可内参与建筑工程活动。

3) 建设工程活动具有较强的国家管理性

由于建设工程的标的物为不动产，工程建设对国家和社会生活的各方面影响较大，因此在建设工程合同的订立和履行上，具有强烈的国家干预的色彩。

4) 建设工程合同的要式性

根据《民法典》合同编第七百八十九条的规定，建设工程合同应当采用书面形式。因此，建设工程合同为要式合同。

8.1.2 建设工程合同当事人的权利和义务

1. 发包人的权利与义务

1) 发包人的权利

(1) 签订合同的权利。根据《民法典》合同编第七百九十一条的规定，发包人可以与总承包人订立建设工程合同,也可以分别与勘察人、设计人、施工人订立勘察、设计、施工合同。

(2) 发包人的检查权。《民法典》合同编第七百九十七条规定,发包人在不妨碍承包人正常作业的情况下,可以随时对作业进度、质量进行检查。

2) 发包人的义务与责任

(1) 不得肢解发包。根据《民法典》合同编第七百九十一条的规定,发包人不得将应当由一个承包人完成的建设工程肢解成若干部分发包给多个承包人。

(2) 依国家规定的程序和批准订立合同。《民法典》合同编第七百九十二条规定,国家重大建设工程合同,应当按照国家规定的程序和国家批准的投资计划、可行性研究报告等文件订立。

(3) 发包人负有及时检查隐蔽工程的义务。《民法典》合同编第七百九十八条规定,隐蔽工程在隐蔽以前,承包人应当通知发包人检查。发包人应当及时检查,否则将负有赔偿停工、窝工的损失。

(4) 发包人应按合同规定的期限提供准确的资料,并不得随意变更计划。根据《民法典》合同编第八百零五条的规定,若发包人在勘察和设计方面发生了变更,导致勘察人和设计人的工作量增加,那么应该给增加的工作量支付费用。发包人在勘察和设计方面的变更包括计划变更、提供资料不全、未按期提供必要的勘察和设计条件。勘察人和设计人增加的工作量包括勘察返工、停工或设计返工、停工、修改。

(5) 及时验收与支付价款的义务。根据《民法典》合同编第七百九十九条的规定,建设工程竣工后,发包人会进行组织验收。验收依据包括施工图纸及说明书、国家颁发的施工验收规范、质量验收标准。建设工程一经验收合格,发包人会按照合同约定先支付价款,再接收竣工的建设工程。对于验收不合格的建设工程,发包人不接收使用,而是应当按照合同约定处理。

(6) 因发包人致工程中途停建、缓建,发包人负有采取措施弥补或者减少损失的义务。根据《民法典》合同编第八百零四条的规定,因发包人的原因致使工程中途停建、缓建的,发包人应当采取措施弥补或者减少损失,赔偿承包人因此造成的停工、窝工、倒运、机械设备调迁、材料和构件积压等损失和实际费用。

2. 承包人的权利和义务

1) 承包人的权利

(1) 经发包人同意,总承包人可以将部分工程交由第三人完成。根据《民法典》合同编第七百九十一条的规定,总承包人或者勘察、设计、施工承包人经发包人同意,可以将自己承包的部分工作交由第三人完成。第三人就其完成的工作成果与总承包人或者勘察、设计、施工承包人向发包人承担连带责任。

(2) 依据《民法典》合同编第八百零三条、第八百零四条、第八百零五条的规定,承包人有要求赔偿停工、窝工损失和实际费用的权利。

(3) 承包人有催告发包人在合理期限内支付价款的权利。根据《民法典》合同编第八百零七条的规定,发包人未按照约定支付价款的,承包人可以催告发包人在合理期限内支付价款。发包人逾期不支付的,除按照建设工程的性质不宜折价、拍卖的以外,承包人可以与发包人协议将该工程折价,也可以申请人民法院将该工程依法拍卖。建设工程的价款对该工程折价或者拍卖的价款优先受偿。

2) 承包人的义务

(1) 承包人应当亲自完成工程建设任务。《民法典》合同编第七百九十一条的规定包括建筑工程肢解、转包和分包等方面。对于建设工程主体结构的施工必须由承包人完成，即不能将建设工程主体结构的施工进行分包或转包。首先，对于建设工程肢解问题，承包人不可以将其承包的全部建筑工程肢解，形成若干份，然后再发包给其他承包人。其次，对于转包问题，承包人不可以将其承包的全部建筑工程转包给第三人。此外，承包人也不可以将其承包的全部建设工程肢解以后以分包的名义分别转包给第三人。再者，承包人不可以将工程分包给不具备相应资质条件的单位，以及分包的承包人不可以将其承包的工程再分包。

音频2：承包人的义务

(2) 承包人应当接受发包人的检查。主要根据《民法典》合同编第七百九十七条的规定。

(3) 承包人应当按照约定的期限交付合格的工作成果。根据《民法典》合同编第八百条的规定，勘察、设计的质量不符合要求或者未按照期限交付勘察、设计文件拖延工期，造成发包人损失的，勘察人、设计人应当继续完善勘察、设计，减收或者免收勘察设计费并赔偿损失。根据《民法典》合同编第八百零一条的规定，因施工人的原因致使建设工程质量不符合约定的，发包人有权要求施工人在合理的期限内无偿修理或者返工、改建。经过修理或者返工、改建后，造成逾期交付的，施工人应当承担违约责任。根据《民法典》合同编第八百零二条的规定，因承包人的原因致使建设工程在合理使用期限内造成人身损害和财产损失的，承包人应当承担损害赔偿责任。

8.2　建设工程合同的种类

◉ 思维导图

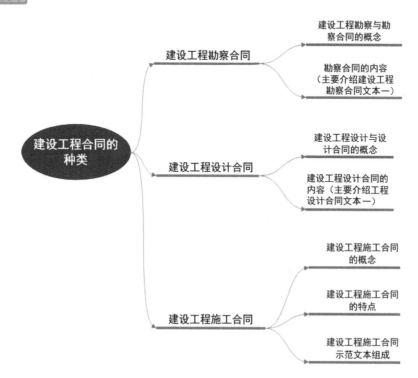

> **带着问题学知识**
>
> 建设工程勘察合同是什么？它主要包括哪些内容？
> 建设工程设计合同是什么？它主要包括哪些内容？
> 建设工程施工合同是什么？它主要包括哪些内容？

8.2.1 建设工程勘察合同

1. 建设工程勘察与勘察合同的概念

1) 工程勘察的概念

根据我国《建设工程勘察设计管理条例》的规定，建设工程勘察是指根据建设工程的要求，查明、分析、评价建设场地的地质地理环境特征和岩土工程条件，编制建设工程勘察文件的活动。

2) 建设工程勘察合同的概念

建设工程勘察合同是指建设工程的发包人或者承包人与勘察人之间订立的，由勘察人完成一定的勘察工作，发包人或者承包人支付相应价款的合同。

2. 勘察合同的内容(主要介绍建设工程勘察合同文本一)

勘察合同的内容包括工程概况(工程名称、工程建设地点、工程规模、特征、工程勘察任务委托文号、日期、工程勘察任务(内容)与技术要求、承接方式、预计勘察工作量)。发包人应按照合同约定的及时给予勘察人勘察条件，例如，文件资料等。同时要保证文件资料的准确性、可靠性。勘察人应当按照合同的约定，提交合格的勘察成果资料并对其负责。例如，勘察费用的支付；发包人、勘察人的责任；违约责任；未尽事宜的约定；其他约定事项；合同争议的解决；合同生效。关于建设勘察合同文本二的内容可参见本书的相关内容。

8.2.2 建设工程设计合同

1. 建设工程设计与设计合同的概念

1) 建设工程设计

根据我国《建设工程勘察设计管理条例》的规定，建设工程设计是指根据建设工程的要求，对建设工程所需的技术、经济、资源、环境等条件进行综合分析、论证，编制建设工程设计文件的活动。

2) 建设工程设计合同的概念

建设工程设计合同是指建设工程的发包人或者承包人与设计人之间订立的，由设计人完成一定的设计工作，发包人或者承包人支付相应价款的合同。我国设计合同文本按照设计任务范围与性质的不同，可分为两个版本。一个是《建设工程设计合同(一)》(GF-2000-0209)，该范本适用于民用建设工程设计的合同。另一个是《建设工程设计合同(二)》

(GF-2000-0210)，该范本适用于委托专业工程的设计合同。

2. 建设工程设计合同的内容(主要介绍工程设计合同文本一)

适用于民用建设工程设计的合同内容主要有：订立合同依据的文件(包括《民法典》合同编、《建筑法》以及《建设工程勘察设计市场管理规定》，还有国家及地方有关建设工程勘察设计管理法规、规章及建设工程批准文件)；合同设计项目的内容(名称、规模、阶段、投资及设计费)和范围；发包人提供的有关资料和文件；设计人应交付的资料和文件；设计费的支付；双方责任；违约责任等。

8.2.3 建设工程施工合同

1. 建设工程施工合同的概念

建设工程施工合同是指发包人和承包人以具体工程项目工作内容来确定双方权利、义务关系的协议。一般具体工程项目工作内容包括建筑施工、设备安装、设备调试、工程保修等。根据施工合同，承包人应该在合同规定的期限内以及合同内的要求完成发包人交给的施工任务。同时，发包人应该按照合同的约定履行合同义务。例如，为施工提供一定的条件、支付工程价款金额，以及时间。施工合同属于建设工程合同，其不仅是双务有偿合同，而且是诺成合同。当事人双方依照《民法典》合同编、《建筑法》及其他有关法律法规，遵循平等、自愿、公平和诚实信用的原则，以建设工程施工事项协商一致来确定双方相互之间的权利义务关系。

2. 建设工程施工合同的特点

(1) 合同标的的特殊性。施工合同的标的是各类建筑产品，建筑产品是不动产，建造过程中受自然条件、地质水文条件、社会条件等影响较大。

音频3：建设工程施工合同的特点

(2) 合同履行期限的长期性。由于建筑产品具有施工结构复杂、体积大、建筑材料类型多、工作量大等特点，需要相对较长的工期才能完成。

(3) 合同风险较大。建筑产品的建设受环境影响较大。例如，不可抗力、法律法规政策变化、市场价格浮动等因素。同时，建筑产品建设周期长，增加了建筑工程施工的难度，提高了合同履行的风险。

(4) 合同内容复杂。建筑工程施工合同条款较多，仅以我国施工合同示范文本为例，文本中关于通用合同的条款共计20条。国际FIDIC施工合同通用条款有25节72款。

(5) 建设工程施工合同涉及面广。施工合同履行过程中涉及较多其他合同，包括采购合同、工程借款合同、劳务合同、运输合同、租赁合同、加工合同、保险合同等。建设工程合同的履行与其他相关合同有密切的关系。因此，建设工程合同涉及面较广。

3. 建设工程施工合同示范文本组成

【例题 8-1】 A 房地产公司在杭州市余杭区拟建 7 栋 10 层小洋楼项目。B 总承包公司中标，

建设工程施工合同示范文本组成.doc

音频4：建设工程施工合同示范文本组成

并于 A 房地产公司签订了建设工程合同。B 总承包公司中标后,将小洋楼项目的主体部分分包给 C 建筑公司。

(1) 建设工程合同是不是要式合同?简述建设工程合同的特点。

(2) 在本次合同中,A 房地产企业权利与义务是什么?

(3) B 总承包公司中标后,将小洋楼项目的主体部分分包给 C 建筑公司。B 公司的做法是否正确?

8.3 实训练习

一、单选题

1. 关于发包人权利与义务,以下说法正确的是( )。
   A. 根据《民法典》第七百九十一条的规定,发包人可以与总承包人订立建设工程合同,不可以分别与勘察人、设计人、施工人订立勘察、设计、施工合同
   B. 《民法典》第七百九十七条规定,发包人在不妨碍承包人正常作业的情况下,也不可以随时对作业进度、质量进行检查
   C. 关于发包人的义务与责任,其不得肢解发包
   D. 发包人不负有及时检查隐蔽工程的义务

2. 关于建设工程合同的特点,以下说法错误的是( )。
   A. 建设工程合同的标的物一般仅限于基本建设工程
   B. 通常,建设工程的特点是投资大、周期长、质量要求高、技术力量要求全面。因此,一般民事主体是很难完成的,建设工程合同的双方当事人资格是具有限制性的
   C. 根据《民法典》第七百八十九条的规定,建设工程合同应当采用书面形式。因此,建设工程合同为要式合同
   D. 建设工程活动具有较弱的国家管理性

3. 关于承包人的权利与义务,以下说法正确的是( )。
   A. 经发包人同意,总承包人也不可以将部分工程交由第三人完成
   B. 《民法典》第七百九十一条的规定包括建筑工程肢解、转包和分包等方面。对于建设工程主体结构的施工必须由承包人自行完成,即不能将建设工程主体结构的施工进行分包或转包
   C. 承包人没有催告发包人在合理期限内支付价款的权利
   D. 承包人可以不接受发包人的检查

4. 关于建设工程合同,以下说法错误的是( )。
   A. 建设工程设计合同是指建设工程的发包人与设计人之间订立的,由设计人完成一定的设计工作,发包人或者承包人支付相应价款的合同
   B. 建设工程施工合同是指发包人和承包人就具体工程项目工作内容确定双方权利、义务关系的协议
   C. 建设工程施工合同的标的是各类建筑产品,建筑产品是不动产,建造过程中受

自然条件、地质水文条件、社会条件等影响较大

D. 专用合同条款指的是，在通用合同条款的基础上，对其原则性的约定内容进行细化、完善、补充、修改、另行约定条款等

二、多选题

1. 建设工程合同的主体应具备相应的条件有( )。
   A. 有正规渠道的投资
   B. 有符合国家规定的注册资本
   C. 有与所从事的建筑活动相适应的具有法定执业资格的专业技术人员
   D. 有法人的公司企业
   E. 有从事相关建筑活动所应有的技术装备

2. 建设工程勘察合同的内容主要包括( )。
   A. 工程名称和工程建设地点
   B. 工程规模和特征
   C. 工程勘察任务委托文号和日期
   D. 工程勘察任务(内容)与技术要求和承接方式
   E. 预计勘察工作量

3. 建设工程施工合同的特点有( )。
   A. 合同标的的特殊性
   B. 合同履行期限的长期性
   C. 合同风险较大
   D. 合同内容复杂
   E. 建设工程施工合同涉及面广

三、简答题

1. 简述建设工程合同的四个特点。
2. 简述建设工程合同的发包人的义务与责任。
3. 简述承包人的权利与义务。

第 8 章习题答案

项 目 实 训

班级		姓名		日期	
教学项目		建设工程合同概述			
任务	掌握建设工程合同的含义、特点等内容；熟悉建设工程合同当事人的权利和义务等相关内容；了解勘察、设计、施工合同等内容		方式	结合各种合同范本学习	
相关知识			建设工程合同的含义、特点等内容；建设工程合同当事人的权利和义务等相关内容；勘察、设计、施工合同等内容		
其他要求			无		
学习总结记录					
评语				指导老师	

第 9 章　实行建设工程合同示范文本制度

🔷 学习目标

(1) 了解建设工程勘察合同示范文本、建设工程设计合同示范文本等内容。

(2) 熟悉施工合同示范文本的基本格式，并能将其运用到具体的施工合同中。

(3) 掌握建设工程施工合同文本内容。

第 9 章教案

第 9 章案例答案

🔷 教学要求

章节知识	掌握程度	相关知识点
建设工程勘察合同示范文本	了解建设工程勘察合同示范文本的格式及内容	建设工程勘察合同示范文本、建设工程勘察合同示范文本的内容及格式
建设工程设计合同示范文本	了解建设工程设计合同示范文本的格式及内容	建设工程设计合同示范文本、建设工程设计合同示范文本的基本内容与格式
建设工程施工合同示范文本	熟悉施工合同示范文本的基本格式，掌握建设工程施工合同文本内容	合同协议书部分的主要内容与格式、通用合同条款内容、专用条款部分的内容与具体格式

🔷 课程思政

合同示范文本是指由规定的国家机关事先拟定的对当事人订立合同起示范作用的合同文本，能够解决当事人签订合同不规范、条款不完备等问题。结合自己所学知识，把示范文本与实际案例结合，学会逻辑的表达，培养独立思考的能力。

案例导入

甲商场购得乙公司的地皮一块，甲商场通过招标投标与建筑公司签订了工程承包合同。之后承包人将材料设备运抵并开始施工。施工中城市规划管理局指出工程不符合城市建设规范，必须停止施工，拆除已建部分，罚款发包人 2 万元，承包人蒙受损失，要求发包人赔偿。

思维导图

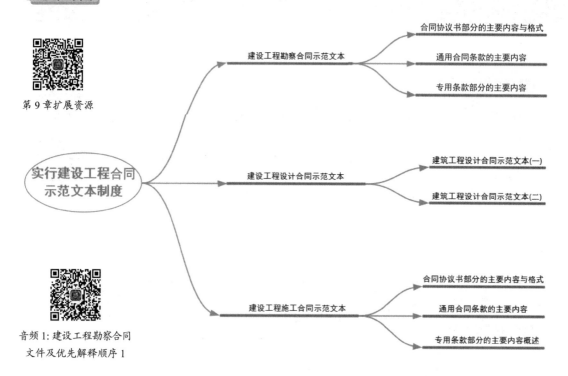

第 9 章扩展资源

音频 1：建设工程勘察合同文件及优先解释顺序 1

9.1 建设工程勘察合同示范文本

思维导图

为了指导建设工程勘察合同当事人的签约行为，维护合同当事人的合法权益，依据《中华人民共和国民法典》合同编、《中华人民共和国建筑法》、《中华人民共和国招标投标法》等相关法律法规的规定，住房和城乡建设部、国家工商行政管理总局对《建设工程勘

察合同(一)〔岩土工程勘察、水文地质勘察(含凿井)、工程测量、工程物探〕》(GF-2000-0203)及《建设工程勘察合同(二)〔岩土工程设计、治理、监测〕》(GF-2000-0204)进行修订，制定了《建设工程勘察合同(示范文本)》(以下简称《示范文本》)。

《示范文本》为非强制性使用文本，合同当事人可结合工程具体情况，根据《示范文本》订立合同，并按照法律法规和合同约定履行相应的权利义务，承担相应的法律责任。

《示范文本》适用于岩土工程勘察、岩土工程设计、岩土工程物探/测试/检测/监测、水文地质勘察及工程测量等工程勘察活动，岩土工程设计也可使用《建设工程设计合同示范文本(专业建设工程)》(GF-2015-0210)。

9.1.1 合同协议书部分的主要内容与格式

1. 主要内容

基本内容包括十二条：工程概况；勘察范围和阶段、技术要求及工作量；合同工期；质量标准；合同价款；合同文件构成；承诺；词语定义；签订时间；签订地点；合同生效；合同份数。

2. 具体格式

合同协议书的格式示例如下。

发包人(全称): _____

勘察人(全称): _____

根据《中华人民共和国民法典》合同编、《中华人民共和国建筑法》、《中华人民共和国招标投标法》等相关法律法规的规定，遵循平等、自愿、公平和诚实信用的原则，双方就_____项目工程勘察有关事项协商一致，达成如下协议。

一、工程概况

1. 工程名称：_____
2. 工程地点：_____
3. 工程规模、特征：_____
_____
_____

二、勘察范围和阶段、技术要求及工作量

1. 勘察范围和阶段：_____
2. 技术要求：_____
3. 工作量：_____

三、合同工期

1. 开工日期：_____
2. 成果提交日期：_____
3. 合同工期(总天数)_____天

四、质量标准

质量标准：_____

五、合同价款

1. 合同价款金额：人民币(大写)_____(¥_____元)

2. 合同价款形式：_____

六、合同文件构成

组成本合同的文件包括：

(1) 合同协议书；

(2) 专用合同条款及其附件；

(3) 通用合同条款；

(4) 中标通知书(如果有)；

(5) 投标文件及其附件(如果有)；

(6) 技术标准和要求；

(7) 图纸；

(8) 其他合同文件。

在合同履行过程中形成的与合同有关的文件构成合同文件组成部分。

七、承诺

1. 发包人承诺按照法律规定履行项目审批手续，按照合同约定提供工程勘察条件和相关资料，并按照合同约定的期限和方式支付合同价款。

2. 勘察人承诺按照法律法规和技术标准规定及合同约定提供勘察技术服务。

八、词语定义

本合同协议书中词语含义与合同第二部分《通用合同条款》中的词语含义相同。

九、签订时间

本合同于____年____月____日签订。

十、签订地点

本合同在_____签订。

十一、合同生效

本合同自_____生效。

十二、合同份数

本合同一式____份，具有同等法律效力，发包人执____份，勘察人执____份。

发包人：(印章)_____   勘察人：(印章)_____
法定代表人或其委托代理人：   法定代表人或其委托代理人：
(签字)   (签字)
统一社会信用代码：_____   统一社会信用代码：_____
地址：_____   地址：_____
邮政编码：_____   邮政编码：_____
电话：_____   电话：_____
传真：_____   传真：_____
电子邮箱：_____   电子邮箱：_____
开户银行：_____   开户银行：_____
账号：_____   账号：_____

9.1.2 通用合同条款的主要内容

通用合同条款是合同当事人根据《中华人民共和国民法典》合同编、《中华人民共和国建筑法》、《中华人民共和国招标投标法》等相关法律法规的规定，就工程勘察的实施及相关事项对合同当事人的权利义务作出的原则性约定。

通用合同条款具体包括一般约定、发包人、勘察人、工期、成果资料、后期服务、合同价款与支付、变更与调整、知识产权、不可抗力、合同生效与终止、合同解除、责任与保险、违约、索赔、争议解决及补充条款共计 17 条。上述条款安排既考虑了现行法律法规对工程建设的有关要求，也考虑了工程勘察管理的特殊需要。

1. 一般约定

1.1 词语定义

下列词语除专用合同条款另有约定外，应具有本条所赋予的含义。

合同：指根据法律规定和合同当事人约定具有约束力的文件，构成合同的文件包括合同协议书、专用合同条款及其附件、通用合同条款、中标通知书(如果有)、投标文件及其附件(如果有)、技术标准和要求、图纸以及其他合同文件。

合同协议书：指构成合同的由发包人和勘察人共同签署的称为"合同协议书"的书面文件。

通用合同条款：是根据法律、行政法规规定及建设工程勘察的需要订立，通用于建设工程勘察的合同条款。

专用合同条款：是发包人与勘察人根据法律、行政法规规定，结合具体工程实际，经协商达成一致意见的合同条款，是对通用合同条款的细化、完善、补充、修改或另行约定。

发包人：指与勘察人签订合同协议书的当事人以及取得该当事人资格的合法继承人。

勘察人：指在合同协议书中约定，被发包人接受的具有工程勘察资质的当事人，以及取得该当事人资格的合法继承人。

工程：指发包人与勘察人在合同协议书中约定的勘察范围内的项目。

勘察任务书：指由发包人就工程勘察范围、内容和技术标准等提出要求的书面文件。勘察任务书构成合同文件组成部分。

合同价款：指合同当事人在合同协议书中约定，发包人用以支付勘察人完成合同约定范围内工程勘察工作的款项。

费用：指为履行合同所发生的或将要发生的必需的支出。

工期：指合同当事人在合同协议书中约定，按总日历天数(包括法定节假日)计算的工作天数。

天：除特别指明外，均指日历天。约定按天计算时间的，开始当天不计入，从次日开始计算。时限的最后一天是休息日或者其他法定节假日的，以节假日次日为时限的最后一天，时限的最后一天的截止时间为当日 24 时。

开工日期：指合同当事人在合同中约定，勘察人开始工作的绝对或相对日期。

成果提交日期：指合同当事人在合同中约定，勘察人完成合同范围内工作并提交成果资料的绝对或相对日期。

图纸：指由发包人提供或由勘察人提供并经发包人认可，满足勘察人开展工作需要的所有图件，包括相关说明和资料。

作业场地：指工程勘察作业的场所，以及发包人具体指定的供工程勘察作业使用的其他场所。

书面形式：指合同书、信件和数据电文(包括电报、电传、传真、电子数据交换和电子邮件)等可以有形地表现所载内容的形式。

索赔：指在合同履行过程中，一方违反合同约定，直接或间接地给另一方造成实际损失，受损方向违约方提出经济赔偿和(或)工期顺延的要求。

不利物质条件：指勘察人在作业场地遇到的不可预见的自然物质条件、非自然的物质障碍和污染物。

后期服务：指勘察人提交成果资料后，为发包人提供的后续技术服务工作和程序性工作，例如报告成果咨询、基槽检验、现场交桩和竣工验收等。

1.2 合同文件及优先解释顺序

合同文件应能相互解释，互为说明。除专用合同条款另有约定外，组成本合同的文件及优先解释顺序是：①合同协议书；②专用合同条款及其附件；③通用合同条款；④中标通知书(如果有)；⑤投标文件及其附件(如果有)；⑥技术标准和要求；⑦图纸；⑧其他合同文件。

上述合同文件包括合同当事人就该项合同文件所作出的补充和修改，属于同一类内容的文件，应以最新签署的为准。

1.3 适用法律法规、技术标准

本合同文件适用中华人民共和国法律、行政法规、部门规章以及工程所在地的地方性法规、自治条例、单行条例和地方政府规章等。其他需要明示的规范性文件，由合同当事人在专用合同条款中约定。

适用于工程的现行有效国家标准、行业标准、工程所在地的地方标准，以及相应的规范、规程为本合同文件适用的技术标准。合同当事人有特别要求的，应在专用合同条款中约定。

发包人要求使用国外技术标准的，应在专用合同条款中约定所使用技术标准的名称及提供方，并约定技术标准原文版、中译本的份数、时间及费用承担等事项。

1.4 语言文字

本合同文件使用汉语语言文字书写、解释和说明。如果专用合同条款约定使用两种以上(含两种)语言时，汉语为优先解释和说明本合同的语言。

1.5 联络

与合同有关的批准文件、通知、证明、证书、指示、指令、要求、请求、意见、确定和决定等，均应采用书面形式或合同双方确认的其他形式，并应在合同约定的期限内送达接收人。发包人和勘察人应在专用合同条款中约定各自的送达接收人、送达形式及联系方式。合同当事人指定的接收人、送达地点或联系方式发生变动的，应提前3天以书面形式通知对方，否则视为未发生变动。发包人、勘察人应及时签收对方送达至约定送达地点和指定接收人的来往信函；如果确有充分证据证明一方无正当理由拒不签收的，视为拒绝签收一方认可往来信函的内容。

1.6 严禁贿赂

合同当事人不得以贿赂或变相贿赂的方式，谋取非法利益或损害对方权益。因一方的贿赂造成对方损失的，应赔偿损失并承担相应的法律责任。

1.7 保密

除法律法规规定或合同另有约定外，未经发包人同意，勘察人不得将发包人提供的图纸、文件以及声明需要保密的资料信息等商业秘密泄露给第三方。

除法律法规规定或合同另有约定外，未经勘察人同意，发包人不得将勘察人提供的技术文件、成果资料、技术秘密及声明需要保密的资料信息等泄露给第三方。

2. 发包人

2.1 发包人权利

发包人对勘察人的勘察工作有权依照合同约定实施监督，并对勘察成果予以验收。发包人对勘察人无法胜任工程勘察工作的人员有权提出更换。发包人拥有勘察人为其项目编制的所有文件资料的使用权，包括投标文件、成果资料和数据等。

2.2 发包人义务

发包人应以书面形式向勘察人明确勘察任务及技术要求。发包人应提供开展工程勘察工作所需要的图纸及技术资料，包括总平面图、地形图、已有水准点和坐标控制点等。若上述资料由勘察人负责搜集时，发包人应承担相关费用。发包人应提供工程勘察作业所需的批准及许可文件，包括立项批复、占用和挖掘道路许可等。发包人应为勘察人提供具备条件的作业场地及进场通道(包括土地征用、障碍物清除、场地平整、提供水电接口和青苗赔偿等)并承担相关费用。发包人应为勘察人提供作业场地内地下埋藏物(包括地下管线、地下构筑物等)的资料、图纸，没有资料、图纸的地区，发包人应委托专业机构查清地下埋藏物。若因发包人未提供上述资料、图纸，或提供的资料、图纸不实，致使勘察人在工程勘察工作过程中发生人身伤害或造成经济损失的，由发包人承担赔偿责任。发包人应按照法律法规规定为勘察人安全生产提供条件并支付安全生产防护费用。发包人不得要求勘察人违反安全生产管理规定进行作业。若勘察现场需要看守，特别是在有毒、有害等危险现场作业时，发包人应派人负责安全保卫工作；按国家有关规定，对从事危险作业的现场人员进行保健防护，并承担费用。发包人对安全文明施工有特殊要求时，应在专用合同条款中另行约定。发包人应对勘察人满足质量标准的已完工作，按照合同约定及时支付相应的工程勘察合同价款及费用。

2.3 发包人代表

发包人应在专用合同条款中明确其负责工程勘察的发包人代表的姓名、职务、联系方式及授权范围等事项。发包人代表在发包人的授权范围内，负责处理合同履行过程中与发包人有关的具体事宜。

3. 勘察人

3.1 勘察人权利

勘察人在工程勘察期间，根据项目条件和技术标准、法律法规规定等方面的变化，有权向发包人提出增减合同工作量或修改技术方案的建议。除建设工程主体部分的勘察外，根据合同约定或经发包人同意，勘

音频2：勘察人的义务

察人可以将建设工程其他部分的勘察分包给其他具有相应资质等级的建设工程勘察单位。发包人对分包的特殊要求应在专用合同条款中另行约定。勘察人对其编制的所有文件资料，包括投标文件、成果资料、数据和专利技术等拥有知识产权。

3.2 勘察人义务

勘察人应按勘察任务书和技术要求并依据有关技术标准进行工程勘察工作。勘察人应建立质量保证体系，按本合同约定的时间提交质量合格的成果资料，并对其质量负责。勘察人在提交成果资料后，应为发包人继续提供后期服务。勘察人在工程勘察期间遇到地下文物时，应及时向发包人和文物主管部门报告并妥善保护。勘察人开展工程勘察活动时应遵守有关职业健康及安全生产方面的各项法律法规的规定，采取安全防护措施，确保人员、设备和设施的安全。勘察人在燃气管道、热力管道、动力设备、输水管道、输电线路、临街交通要道及地下通道(隧道)附近等风险性较大的地点、在易燃易爆地段，以及放射、有毒环境中进行工程勘察作业时，应编制安全防护方案并制定应急预案。勘察人应在勘察方案中列明环境保护的具体措施，并在合同履行期间采取合理的措施保护作业现场环境。

3.3 勘察人代表

勘察人接受任务时，应在专用合同条款中明确其负责工程勘察的勘察人代表的姓名、职务、联系方式及授权范围等事项。勘察人代表在勘察人的授权范围内，负责处理合同履行过程中与勘察人有关的具体事宜。

4. 工期

4.1 开工及延期开工

勘察人应按合同约定的工期进行工程勘察工作，并接受发包人对工程勘察工作进度的监督、检查。因发包人原因不能按照合同约定的日期开工，发包人应以书面形式通知勘察人，并推迟开工日期，顺延工期。

4.2 成果提交日期

勘察人应按照合同约定的日期或双方同意顺延的工期提交成果资料，具体可在专用合同条款中约定。

4.3 发包人造成的工期延误

因以下情形造成工期延误，勘察人有权要求发包人延长工期、增加合同价款和(或)补偿费用：①发包人未能按合同约定提供图纸及开工条件；②发包人未能按合同约定及时支付定金、预付款和(或)进度款；③变更导致合同工作量增加；④发包人增加合同工作内容；⑤发包人改变工程勘察技术要求；⑥发包人导致工期延误的其他情形。

除专用合同条款对期限另有约定外，勘察人在第4.3的第①款第一段所述情形发生后7天内，应就延误的工期以书面形式向发包人提出报告。发包人在收到报告后 7 天内予以确认；逾期不确认也不提出修改意见的，视为同意顺延工期。补偿费用的确认程序参照第7.1款"合同价款与调整"执行。

4.4 勘察人造成的工期延误

勘察人因以下情形不能按合同约定的日期或双方同意顺延的工期提交成果资料的，勘察人承担违约责任：①勘察人未按合同约定开工日期开展工作造成工期延误的；②勘察人管理不善、组织不力造成工期延误的；③因弥补勘察人自身原因导致的质量缺陷而造成工期延误的；④因勘察人成果资料不合格返工造成工期延误的；⑤勘察人导致工期延误的其他情形。

4.5 恶劣气候条件

恶劣气候条件影响现场作业,导致现场作业难以进行,造成工期延误的,勘察人有权要求发包人延长工期,具体可参照第 4.3 款的第二段进行处理。

5. 成果资料

5.1 成果质量

成果质量应符合相关技术标准和深度规定,且满足合同约定的质量要求。双方对工程勘察成果质量有争议时,由双方同意的第三方机构鉴定,所需费用及因此造成的损失,由责任方承担;双方均有责任的,由双方根据其责任分别承担。

5.2 成果份数

勘察人应向发包人提交成果资料 4 份,发包人要求增加的份数,在专用合同条款中另行约定,发包人另行支付相应的费用。

5.3 成果交付

勘察人按照约定时间和地点向发包人交付成果资料,发包人应出具书面签收单,内容包括成果名称、成果组成、成果份数、提交和签收日期、提交人与接收人的亲笔签名等。

5.4 成果验收

勘察人向发包人提交成果资料后,需要对勘察成果组织验收的,发包人应及时组织验收。除专用合同条款对期限另有约定外,发包人 14 天内无正当理由不予组织验收的,视为验收通过。

6. 后期服务

6.1 后续技术服务

勘察人应派专业技术人员为发包人提供后续技术服务,发包人应为其提供必要的工作和生活条件,后续技术服务的内容、费用和时限应由双方在专用合同条款中另行约定。

6.2 竣工验收

工程竣工验收时,勘察人应按发包人要求参加竣工验收工作,并提供竣工验收所需相关资料。

7. 合同价款与支付

7.1 合同价款与调整

依照法定程序进行招标工程的合同价款由发包人和勘察人依据中标价格载明在合同协议书中;非招标工程的合同价款由发包人和勘察人议定,并载明在合同协议书中。合同价款在合同协议书中约定后,除合同条款约定的合同价款调整因素外,任何一方不得擅自改变合同价款。合同当事人可任选下列一种合同价款的形式,双方可在专用合同条款中约定。

(1) 总价合同:双方在专用合同条款中约定合同价款包含的风险范围和风险费用的计算方法,在约定的风险范围内合同价款不再调整。风险范围以外的合同价款调整因素和方法,应在专用合同条款中约定。

(2) 单价合同:合同价款根据工作量的变化而调整,合同单价在风险范围内一般不予调整,双方可在专用合同条款中约定合同单价调整因素和方法。

(3) 其他合同价款形式：合同当事人可在专用合同条款中约定其他合同价格形式。

需调整合同价款时，合同一方应及时将调整原因、调整金额以书面形式通知对方，双方共同确认调整金额后作为追加或减少的合同价款，与进度款同期支付。除专用合同条款对期限另有约定外，一方在收到对方的通知后 7 天内不予确认也不提出修改意见的，视为已经同意该项调整。合同当事人就调整事项不能达成一致的，按照第 16 条"争议解决"中的约定处理。

7.2 定金或预付款

实行定金或预付款的，双方应在专用合同条款中约定发包人向勘察人支付定金或预付款数额，支付时间应不迟于约定的开工日期前 7 天。发包人不按约定支付，勘察人向发包人发出要求支付的通知，发包人收到通知后仍不能按要求支付，勘察人可在发出通知后推迟开工日期，并由发包人承担违约责任。定金或预付款在进度款中抵扣，抵扣办法可在专用合同条款中约定。

7.3 进度款支付

发包人应按照专用合同条款约定的进度款支付方式、支付条件和支付时间进行支付。第 7.1 款"合同价款与调整"和第 8.2 款"变更合同价款确定"确定调整的合同价款及其他条款中约定的追加或减少的合同价款，应与进度款同期调整支付。发包人超过约定的支付时间不支付进度款，勘察人可向发包人发出要求付款的通知。发包人收到勘察人通知后仍不能按要求付款，可与勘察人协商签订延期付款协议，经勘察人同意后可延期支付。发包人不按合同约定支付进度款，双方又未达成延期付款协议，勘察人可停止工程勘察作业和后期服务，由发包人承担违约责任。

7.4 合同价款结算

除专用合同条款另有约定外，发包人应在勘察人提交成果资料后 28 天内，依据第 7.1 款"合同价款与调整"和第 8.2 款"变更合同价款确定"中的约定进行最终合同价款确定，并予以全额支付。

8. 变更与调整

8.1 变更范围与确认

本合同变更是指在合同签订日后发生的以下变更：

①法律法规及技术标准的变化引起的变更；②规划方案或设计条件的变化引起的变更；③不利物质条件引起的变更；④发包人的要求变化引起的变更；⑤因政府临时禁令引起的变更；⑥其他专用合同条款中约定的变更。

当引起变更的情形出现时，除专用合同条款对期限另有约定外，勘察人应在 7 天内就调整后的技术方案以书面形式向发包人提出变更要求。发包人应在收到报告后 7 天内予以确认，逾期不予确认也不提出修改意见的，视为同意变更。

8.2 变更合同价款确定

变更合同价款按下列方法进行：①合同中已有适用于变更工程的价格，按合同已有的价格变更合同价款；②合同中只有类似于变更工程的价格，可以参照类似价格变更合同价款；③合同中没有适用或类似于变更工程的价格，由勘察人提出适当的变更价格，经发包人确认后执行。

除专用合同条款对期限另有约定外，一方应在双方确定变更事项后 14 天内向对方提出变更合同价款报告,否则视为该项变更不涉及合同价款的变更。除专用合同条款对期限另有约定外,一方应在收到对方提交的变更合同价款报告之日起 14 天内予以确认。逾期无正当理由不予确认的,视为该项变更合同价款报告已被确认。一方不同意对方提出的合同价款变更,按第 16 条"争议解决"中的约定处理。因勘察人自身原因导致的变更,勘察人无权要求追加合同价款。

9. 知识产权

9.1 除专用合同条款另有约定外,发包人提供给勘察人的图纸、发包人为实施工程自行编制或委托编制的反映发包人要求或其他类似性质的文件的著作权属于发包人,勘察人可以为实现本合同目的而复制、使用此类文件,但不能用于与本合同无关的其他事项。未经发包人书面同意,勘察人不得为了本合同以外的目的而复制、使用上述文件或将之提供给任何第三方。

9.2 除专用合同条款另有约定外,勘察人为实施工程所编制的成果文件的著作权属于勘察人,发包人可因本工程的需要而复制、使用此类文件,但不能擅自修改或用于与本合同无关的其他事项。未经勘察人书面同意,发包人不得为了本合同以外的目的而复制、使用上述文件或将之提供给任何第三方。

9.3 合同当事人保证在履行本合同过程中不侵犯对方及第三方的知识产权。勘察人在工程勘察时,因侵犯他人的专利权或其他知识产权所引起的责任,由勘察人承担;因发包人提供的基础资料导致侵权的,由发包人承担责任。

9.4 在不损害对方利益情况下,合同当事人双方均有权在申报奖项、制作宣传印刷品及出版物时使用有关项目的文字和图片材料。

9.5 除专用合同条款另有约定外,勘察人在合同签订前和签订时已确定采用的专利、专有技术、技术秘密的使用费已包含在合同价款中。

10. 不可抗力

10.1 不可抗力的确认

不可抗力是在订立合同时不可合理预见,在履行合同中不可避免地发生且不能克服的自然灾害和社会突发事件,例如地震、海啸、瘟疫、洪水、骚乱、暴动、战争以及专用条款约定的其他自然灾害和社会突发事件。不可抗力发生后,发包人和勘察人应收集不可抗力发生及造成损失的证据。合同当事双方对是否属于不可抗力或其损失发生争议时,按第 16 条"争议解决"的约定处理。

10.2 不可抗力的通知

遇有不可抗力发生时,发包人和勘察人应立即通知对方,双方应共同采取措施减少损失。除专用合同条款对期限另有约定外,当不可抗力持续发生时,勘察人应每隔 7 天向发包人报告一次受害损失情况。除专用合同条款对期限另有约定外,不可抗力结束后 2 天内,勘察人应向发包人通报受害损失情况及预计清理和修复的费用;不可抗力结束后 14 天内,勘察人应向发包人提交清理和修复费用的正式报告及有关资料。

10.3 不可抗力后果的承担

因不可抗力发生的费用及延误的工期由双方按以下方法分别承担:①发包人和勘察人人员伤亡由合同当事人双方自行负责,并承担相应费用;②勘察人机械设备损坏及停工损失，由勘察人承担；③停工期间，勘察人应发包人要求留在作业场地的管理人员及保卫人员的费用由发包人承担；④作业场地发生的清理、修复费用由发包人承担；⑤延误的工期应顺延。因合同一方迟延履行合同后发生不可抗力的，不能免除迟延履行方的相应责任。

11. 合同生效与终止

11.1 双方在合同协议书中约定合同生效方式。

11.2 发包人、勘察人履行合同全部义务，合同价款支付完毕，本合同即告终止。

11.3 合同的权利义务终止后，合同当事人应遵循诚实信用原则，履行通知、协助和保密等义务。

12. 合同解除

12.1 有下列情形之一的，发包人、勘察人可以解除合同：①因不可抗力致使合同无法履行；②发生未按第7.2款"定金或预付款"或第7.3款"进度款支付"中的约定按时支付合同价款的情况，且停止作业超过28天，勘察人有权解除合同，由发包人承担违约责任；③勘察人将其承包的全部工程转包给他人或者肢解以后以分包的名义分别转包给他人，发包人有权解除合同，由勘察人承担违约责任；④发包人和勘察人协商一致可以解除合同的其他情形。

12.2 一方依据第12.1款中的约定要求解除合同的，应以书面形式向对方发出解除合同的通知，并在发出通知前不少于14天告知对方，通知到达对方时合同解除。对解除合同有争议的，按第16条"争议解决"中的约定处理。

12.3 因不可抗力致使合同无法履行时，发包人应按合同约定向勘察人支付已完工作量相对应比例的合同价款后解除合同。

12.4 合同解除后，勘察人应按发包人要求将自有设备和人员撤出作业场地，发包人应为勘察人撤出提供必要条件。

13. 责任与保险

13.1 勘察人应运用一切合理的专业技术和经验，按照公认的职业标准尽其全部职责和谨慎、勤勉地履行其在本合同项下的责任和义务。

13.2 合同当事人可按照法律法规的要求在专用合同条款中约定履行本合同所需要的工程勘察责任保险，并使其在合同责任期内保持有效。

13.3 勘察人应依照法律法规的规定为勘察作业人员参加工伤保险、人身意外伤害险和其他保险。

14. 违约

14.1 发包人违约

发包人违约情形：①合同生效后，发包人无故要求终止或解除合同；②发包人未按第7.2款"定金或预付款"中的约定按时支付定金或预付款；③发包人未按第7.3款"进度款支付"中的约定按时支付进度款；④发包人不履行合同义务或不按合同约定履行义务的其他情形。

发包人违约责任：①合同生效后，发包人无故要求终止或解除合同，勘察人未开始勘察工作的，不退还发包人已支付的定金或发包人按照专用合同条款约定向勘察人支付违约金；勘察人已开始勘察工作的，若完成计划工作量不足 50%的，发包人应支付勘察人合同价款的 50%；完成计划工作量超过 50%的，发包人应支付勘察人合同价款的 100%。②发包人发生其他违约情形时，发包人应承担由此增加的费用和工期延误损失，并给予勘察人合理赔偿。双方可在专用合同条款内约定发包人赔偿勘察人损失的计算方法或者发包人应支付违约金的数额或计算方法。

14.2 勘察人违约

勘察人违约情形：①合同生效后，勘察人因自身原因要求终止或解除合同；②因勘察人原因不能按照合同约定的日期或合同当事人同意顺延的工期提交成果资料；③因勘察人原因造成成果资料质量达不到合同约定的质量标准；④勘察人不履行合同义务或未按约定履行合同义务的其他情形。

勘察人违约责任：①合同生效后，勘察人因自身原因要求终止或解除合同，勘察人应双倍返还发包人已支付的定金或勘察人按照专用合同条款约定向发包人支付违约金。②因勘察人原因造成工期延误的，应按专用合同条款约定向发包人支付违约金。③因勘察人原因造成成果资料质量达不到合同约定的质量标准，勘察人应负责无偿给予补充完善使其达到质量合格。因勘察人原因导致工程质量安全事故或其他事故时，勘察人除负责采取补救措施外，应通过所投工程勘察责任保险向发包人承担赔偿责任或根据直接经济损失程度按专用合同条款约定向发包人支付赔偿金。④勘察人发生其他违约情形时，勘察人应承担违约责任并赔偿因其违约给发包人造成的损失，双方可在专用合同条款内约定勘察人赔偿发包人损失的计算方法和赔偿金额。

15. 索赔

15.1 发包人索赔

勘察人未按合同约定履行义务或发生错误以及应由勘察人承担责任的其他情形，造成工期延误及发包人的经济损失，除专用合同条款另有约定外，发包人可按下列程序以书面形式向勘察人索赔：①违约事件发生后 7 天内，向勘察人发出索赔意向通知；②发出索赔意向通知后 14 天内，向勘察人提出经济损失的索赔报告及有关资料；③勘察人在收到发包人送交的索赔报告和有关资料或补充索赔理由、证据后，于 28 天内给予答复；④勘察人在收到发包人送交的索赔报告和有关资料后 28 天内未予答复或未对发包人作进一步要求，视为该项索赔已被认可；⑤当该违约事件持续进行时，发包人应阶段性向勘察人发出索赔意向，在违约事件终了后 21 天内，向勘察人送交索赔的有关资料和最终索赔报告。索赔答复程序与本款第③、④项约定相同。

15.2 勘察人索赔

发包人未按合同约定履行义务或发生错误以及应由发包人承担责任的其他情形，造成工期延误和(或)勘察人不能及时得到合同价款及勘察人的经济损失，除专用合同条款另有约定外，勘察人可按下列程序以书面形式向发包人索赔：

(1) 违约事件发生后 7 天内，勘察人可向发包人发出要求其采取有效措施纠正违约行为的通知。发包人收到通知 14 天内仍不履行合同义务，勘察人有权停止作业，并向发包人发出索赔意向通知。

(2) 发出索赔意向通知后 14 天内，向发包人提出延长工期和(或)补偿经济损失的索赔报告及有关资料。

(3) 发包人在收到勘察人送交的索赔报告和有关资料或补充索赔理由、证据后，于 28 天内给予答复。

(4) 发包人在收到勘察人送交的索赔报告和有关资料后 28 天内未予答复或未对勘察人作进一步要求，视为该项索赔已被认可。

(5) 当该索赔事件持续进行时，勘察人应阶段性向发包人发出索赔意向，在索赔事件终了后 21 天内，向发包人送交索赔的有关资料和最终索赔报告。索赔答复程序与本款第(3)、(4)项约定相同。

16. 争议解决

16.1 和解

因本合同以及与本合同有关事项发生争议的，双方可以就争议自行和解。自行和解达成协议的，经签字并盖章后作为合同补充文件，双方均应遵照执行。

16.2 调解

因本合同以及与本合同有关事项发生争议的，双方可以就争议请求行政主管部门、行业协会或其他第三方进行调解。调解达成协议的，经签字并盖章后作为合同补充文件，双方均应遵照执行。

16.3 仲裁或诉讼

因本合同以及与本合同有关事项发生争议的，当事人不愿和解、调解或者和解、调解不成的，双方可以在专用合同条款内约定以下一种方式解决争议：

(1) 双方达成仲裁协议，向约定的仲裁委员会申请仲裁；

(2) 向有管辖权的人民法院起诉。

17. 补充条款

双方根据有关法律法规规定，结合实际经协商一致，可对通用合同条款内容具体化、补充或修改，并在专用合同条款内约定。

【例题 9-1】 A 公司与 B 勘察设计单位签订一份厂房建设设计合同。A 委托 B 完成厂房建设初步设计，约定设计期限为支付定金后一个月，设计费按国家有关标准计算，另外约定如果 A 要求 B 增加工作内容，那么费用增加 20%，合同中没有对基础资料的提供进行约定。开始履行合同后，B 向 A 索要设计任务书以及选厂报告、水、电协议文件，A 答复除设计任务书外其余都没有。B 自行收集了相关资料，于 38 天交付设计文件。B 认为收集基础资料增加了工作内容，要求 A 按增加后的数额支付设计费。A 认为合同中没有约定自己提供资料，不同意 B 的要求，并要求 B 承担逾期交付设计书的违约责任。B 遂诉至法院。法院认为，合同中未对基础资料的提供和期限予以约定，B 方逾期交付设计书属 B 方过错，构成违约；另按国家规定，勘察设计单位不能任意提高勘察设计费，有关增加费用的条款认定为无效。法院判定：A 按国家规定标准计算给付 B 设计费，B 按合同约定向 A 支付逾期违约金。

问：法院的判定是否合理？

9.1.3 专用条款部分的主要内容

1. 一般约定

1.1 词语定义

_____

1.2 合同文件及优先解释顺序
合同文件组成及优先解释顺序：_____
_____

1.3 适用法律法规、技术标准
适用法律法规：_____
需要明示的规范性文件：_____
适用技术标准：_____
特别要求：_____
使用国外技术标准的名称、提供方、原文版、中译本的份数、时间及费用承担：
_____

1.4 语言文字
本合同除使用汉语外，还使用_____语言文字。

1.5 联络
发包人和勘察人应在_____天内将与合同有关的通知、批准、证明、证书、指示、指令、要求、请求、同意、意见、确定和决定等书面函件送达对方当事人。
发包人接收文件的地点：_____
发包人指定的接收人：_____
发包人指定的联系方式：_____
勘察人接收文件的地点：_____
勘察人指定的接收人：_____
勘察人指定的联系方式：_____

1.7 保密
合同当事人关于保密的约定：_____

2. 发包人

2.2 发包人义务
发包人委托勘察人搜集的资料：_____
_____
发包人对安全文明施工的特别要求：_____
_____

2.3 发包人代表
姓名：_____ 职务：_____ 联系方式：_____
授权范围：_____
_____

3. 勘察人

3.1 勘察人权利

关于分包的约定：＿＿＿＿＿＿＿＿＿＿＿＿

3.3 勘察人代表

姓名：＿＿＿＿ 职务：＿＿＿＿＿ 联系方式：＿＿＿＿＿＿＿

授权范围：＿＿＿＿＿＿＿＿＿＿＿＿＿＿＿＿＿＿＿＿＿＿＿＿＿＿

4. 工期

4.2 成果提交日期

双方约定工期顺延的其他情况：＿＿＿＿＿＿＿＿＿＿＿＿＿＿

4.3 发包人造成的工期延误

双方就工期顺延确定期限的约定：＿＿＿＿＿＿＿＿＿＿＿

5. 成果资料

5.2 成果份数

勘察人应向发包人提交成果资料4份，发包人要求增加的份数为＿＿＿＿＿＿份。

5.4 成果验收

双方就成果验收期限的约定：＿＿＿＿＿＿＿＿＿＿＿＿＿＿

6. 后期服务

6.1 后续技术服务

后续技术服务内容约定：＿＿＿＿＿＿＿＿＿＿＿＿＿＿＿＿

后续技术服务费用约定：＿＿＿＿＿＿＿＿＿＿＿＿＿＿＿＿

后续技术服务时限约定：＿＿＿＿＿＿＿＿＿＿＿＿＿＿＿＿

7. 合同价款与支付

7.1 合同价款与调整

双方约定的合同价款调整因素和方法：＿＿＿＿＿＿＿＿＿＿

＿＿＿＿＿＿＿＿＿＿＿＿＿＿＿＿＿＿＿＿＿＿＿＿＿＿＿＿＿

本合同价款采用＿＿＿＿＿＿＿＿＿＿＿＿方式确定。

(1) 采用总价合同，合同价款中包括的风险范围：＿＿＿＿＿＿

＿＿＿＿＿＿＿＿＿＿＿＿＿＿＿＿＿＿＿＿＿＿＿＿＿＿＿＿＿

风险费用的计算方法：＿＿＿＿＿＿＿＿＿＿＿＿＿＿＿＿＿

风险范围以外合同价款调整因素和方法：＿＿＿＿＿＿＿＿＿

(2) 采用单价合同，合同价款中包括的风险范围：＿＿＿＿＿＿

＿＿＿＿＿＿＿＿＿＿＿＿＿＿＿＿＿＿＿＿＿＿＿＿＿＿＿＿＿

风险范围以外合同单价调整因素和方法：＿＿＿＿＿＿＿＿＿

(3) 采用的其他合同价款形式及调整因素和方法：＿＿＿＿＿＿

＿＿＿＿＿＿＿＿＿＿＿＿＿＿＿＿＿＿＿＿＿＿＿＿＿＿＿＿＿

双方就合同价款调整确认期限的约定：＿＿＿＿＿＿＿＿＿＿

7.2 定金或预付款

发包人向勘察人支付定金金额：_____或预付款的金额：_____

定金或预付款在进度款中的抵扣办法：_____

7.3 进度款支付

双方约定的进度款支付方式、支付条件和支付时间：_____
_____

7.4 合同价款结算

最终合同价款支付的约定：_____

8. 变更与调整

8.1 变更范围与确认

变更范围

变更范围的其他约定：_____

变更确认

变更提出和确认期限的约定：_____

8.2 变更合同价款确定

提出变更合同价款报告期限的约定：_____

确认变更合同价款报告时限的约定：_____

9. 知识产权

9.1 关于发包人提供给勘察人的图纸、发包人为实施工程自行编制或委托编制的反映发包人要求或其他类似性质的文件的著作权的归属：_____

关于发包人提供的上述文件的使用限制的要求：_____
_____

9.2 关于勘察人为实施工程所编制文件的著作权的归属：_____
_____

关于勘察人提供的上述文件的使用限制的要求：_____

9.5 勘察人在工作过程中所采用的专利、专有技术、技术秘密的使用费的承担方式：
_____

10. 不可抗力

10.1 不可抗力的确认

双方关于不可抗力的其他约定(例如政府临时禁令)：_____
_____

10.2 不可抗力的通知

不可抗力持续发生，勘察人报告受害损失期限的约定：_____
_____

勘察人向发包人通报受害损失情况及费用期限的约定：_____
_____

13. 责任与保险

13.2 工程勘察责任保险的约定：_____

14. 违约

14.1 发包人违约

发包人违约责任

(1) 发包人支付勘察人的违约金：_____

(2) 发包人发生其他违约情形应承担的违约责任：_____
_____

14.2 勘察人违约

勘察人违约责任

(1) 勘察人支付发包人的违约金：_____

(2) 勘察人造成工期延误应承担的违约责任：_____
_____

(3) 因勘察人原因导致工程质量安全事故或其他事故时的赔偿金上限：
_____

(4) 勘察人发生其他违约情形应承担的违约责任：_____
_____

15. 索赔

15.1 发包人索赔

索赔程序和期限的约定：_____

15.2 勘察人索赔

索赔程序和期限的约定：_____

16. 争议解决

16.3 仲裁或诉讼

双方约定在履行合同过程中产生争议时，采取下列第____种方式解决：

(1) 向_____仲裁委员会提请仲裁；

(2) 向_____人民法院提起诉讼。

17. 补充条款

双方根据有关法律法规规定，结合实际经协商一致，补充约定如下：
_____
_____

9.2　建设工程设计合同示范文本

思维导图

我国建设工程设计合同示范文本根据示范文本使用范围的不同，分为两种文本。一种是《建设工程设计合同示范文本(一)》，主要应用于房屋建设工程设计合同；另一种是《建设工程设计合同示范文本(二)》，主要应用于专业建设工程设计合同。

9.2.1　建设工程设计合同示范文本(一)

住房和城乡建设部、工商总局对《建设工程设计合同(一)(民用建设工程设计合同)》(GF-2000-0209)进行了修订，制定了《建设工程设计合同示范文本(房屋建筑工程)》(GF-2015-0209)(以下简称《示范文本》)。

1. 基本内容与格式

建设工程设计合同示范文本的基本内容包括：工程概况；工程设计范围、阶段与服务内容；工程设计周期；合同价格形式与签约合同价；发包人代表与设计人项目负责人；合同文件构成；承诺；词语含义；签订地点；补充协议；合同生效；合同份数。建设工程设计合同示范文本的基本格式如下。

发包人(全称):　_____
设计人(全称):　_____

根据《中华人民共和国民法典》合同编、《中华人民共和国建筑法》及有关法律规定，遵循平等、自愿、公平和诚实信用的原则，双方就_____工程设计及有关事项协商一致，共同达成以下协议：

一、工程概况

1. 工程名称：_____。
2. 工程地点：_____。
3. 规划占地面积：_____平方米，总建筑面积：_____平方米(其中地上约____平方米，地下约____平方米)；地上____层，地下____层；建筑高度____米。
4. 建筑功能：_____、_____、_____等。
5. 投资估算：约_____元人民币。

二、工程设计范围、阶段与服务内容

1. 工程设计范围：_____。

2. 工程设计阶段：_____。
3. 工程设计服务内容：_____。
工程设计范围、阶段与服务内容详见专用合同条款附件1。

三、工程设计周期
计划开始设计日期：_____年_____月_____日。
计划完成设计日期：_____年_____月_____日。
具体工程设计周期以专用合同条款及其附件的约定为准。

四、合同价格形式与签约合同价
1. 合同价格形式：_____；
2. 签约合同价为：
人民币(大写)_____(¥_____元)。

五、发包人代表与设计人项目负责人
发包人代表：_____。
设计人项目负责人：_____。

六、合同文件构成
本协议书与下列文件一起构成合同文件：
(1) 专用合同条款及其附件；
(2) 通用合同条款；
(3) 中标通知书(如果有)；
(4) 投标函及其附录(如果有)；
(5) 发包人要求；
(6) 技术标准；
(7) 发包人提供的上一阶段图纸(如果有)；
(8) 其他合同文件。
在合同履行过程中形成的与合同有关的文件均构成合同文件组成部分。
上述各项合同文件包括合同当事人就该项合同文件所作出的补充和修改，属于同一类内容的文件，应以最新签署的为准。

七、承诺
1. 发包人承诺按照法律规定履行项目审批手续，按照合同约定提供设计依据，并按合同约定的期限和方式支付合同价款。
2. 设计人承诺按照法律和技术标准规定及合同约定提供工程设计服务。

八、词语含义
本协议书中词语含义与第二部分通用合同条款中赋予的含义相同。

九、签订地点
本合同在_____签订。

十、补充协议
合同未尽事宜，合同当事人另行签订补充协议，补充协议是合同的组成部分。

十一、合同生效
本合同自_____生效。

十二、合同份数

本合同正本一式____份、副本一式____份,均具有同等法律效力,发包人执正本____份、副本____份,设计人执正本____份、副本____份。

发包人: (盖章)	设计人: (盖章)
法定代表人或其委托代理人:	法定代表人或其委托代理人:
(签字)	(签字)
组织机构代码:_____	组织机构代码:_____
纳税人识别码:_____	纳税人识别码:_____
地址:_____	地址:_____
邮政编码:_____	邮政编码:_____
法定代表人:_____	法定代表人:_____
委托代理人:_____	委托代理人:_____
电话:_____	电话:_____
传真:_____	传真:_____
电子信箱:_____	电子信箱:_____
开户银行:_____	开户银行:_____
账号:_____	账号:_____
时间:_____年___月___日	时间:_____年___月___日

2. 通用合同条款内容与专用合同条款内容

通用合同条款是合同当事人就工程建设的实施及相关事项,对合同当事人的权利义务作出的原则性约定。通用合同条款共计17条,分别为一般约定、发包人、设计人、工程设计资料、工程设计要求、工程设计文件交付、工程设计文件审查、施工现场配合服务、合同价款与支付、工程设计变更与索赔、专业责任与保险、知识产权、违约责任、不可抗力、合同解除、争议解决。专业合同条款是对通用合同条款的补充,共计18条,分别为一般约定、发包人、设计人、工程设计资料、工程设计要求、工程设计文件交付、工程设计文件审查、施工现场配合服务、合同价款与支付、工程设计变更与索赔、专业责任与保险、知识产权、违约责任、不可抗力、合同解除、争议解决、其他。上述的每一条又被划分为若干小条,由于篇幅有限,这里不作具体描述,详细内容见《建设工程设计合同示范文本(房屋建筑工程)》(GF-2015-0209)。

9.2.2 建设工程设计合同示范文本(二)

住房和城乡建设部、原国家工商行政管理总局(现为国家市场监督管理总局)对《建设工程设计合同(二)(专业建设工程设计合同)》(GF-2000-0210)进行了修订,制定了《建设工程设计合同示范文本(专业建设工程)》(GF-2015-0210)(以下简称《示范文本》)。

1. 基本内容与格式

建设工程设计合同示范文本的基本内容包括：工程概况；工程设计范围、阶段与服务内容；工程设计周期；合同价格形式与签约合同价；发包人代表与设计人项目负责人；合同文件构成；承诺；词语含义；签订地点；补充协议；合同生效；合同份数。建设工程设计合同示范文本的基本格式如下。

发包人(全称): _____

设计人(全称): _____

根据《中华人民共和国民法典》合同编、《中华人民共和国建筑法》及有关法律规定，遵循平等、自愿、公平和诚实信用的原则，双方就_____工程设计及有关事项协商一致，共同达成以下协议：

一、工程概况

1. 工程名称：_____。
2. 工程批准、核准或备案文号：_____。
3. 工程内容及规模：_____。
4. 工程所在地详细地址：_____。
5. 工程投资估算：_____。
6. 工程进度安排：_____。
7. 工程主要技术标准：_____。

二、工程设计范围、阶段与服务内容

1. 工程设计范围：_____。
2. 工程设计阶段：_____。
3. 工程设计服务内容：_____。

工程设计范围、阶段与服务内容详见专用合同条款附件1。

三、工程设计周期

计划开始设计日期：_____年_____月_____日。

计划完成设计日期：_____年_____月_____日。

具体工程设计周期以专用合同条款及其附件的约定为准。

四、合同价格形式与签约合同价

1. 合同价格形式：_____;
2. 签约合同价为：

人民币(大写)_____(¥_____元)。

五、发包人代表与设计人项目负责人

发包人代表：_____。

设计人项目负责人：_____。

六、合同文件构成

本协议书与下列文件一起构成合同文件：

(1) 专用合同条款及其附件；

(2) 通用合同条款；

(3) 中标通知书(如果有)；

(4) 投标函及其附录(如果有);

(5) 发包人要求;

(6) 技术标准;

(7) 发包人提供的上一阶段图纸(如果有);

(8) 其他合同文件。

在合同履行过程中形成的与合同有关的文件均构成合同文件组成部分。

上述各项合同文件包括合同当事人就该项合同文件所作出的补充和修改，属于同一类内容的文件，应以最新签署的为准。

七、承诺

1. 发包人承诺按照法律规定履行项目审批手续，按照合同约定提供设计依据，并按合同约定的期限和方式支付合同价款。

2. 设计人承诺按照法律和技术标准规定及合同约定提供工程设计服务。

八、词语含义

本协议书中词语含义与第二部分通用合同条款中赋予的含义相同。

九、签订地点

本合同在＿＿＿＿＿＿＿＿＿＿＿＿＿＿＿＿＿＿＿＿签订。

十、补充协议

合同未尽事宜，合同当事人另行签订补充协议，补充协议是合同的组成部分。

十一、合同生效

本合同自＿＿＿＿＿＿＿＿＿＿＿＿＿＿＿＿＿＿生效。

十二、合同份数

本合同正本一式＿＿＿份、副本一式＿＿＿份，均具有同等法律效力，发包人执正本＿＿＿份、副本＿＿＿份，设计人执正本＿＿＿份、副本＿＿＿份。

发包人：　　　　(盖章)　　　　设计人：　　　　(盖章)

法定代表人或其委托代理人：　　　法定代表人或其委托代理人：
(签字)　　　　　　　　　　　　　(签字)

组织机构代码：＿＿＿＿＿＿＿　　组织机构代码：＿＿＿＿＿＿＿
纳税人识别码：＿＿＿＿＿＿＿　　纳税人识别码：＿＿＿＿＿＿＿
地址：＿＿＿＿＿＿＿＿＿＿　　　地址：＿＿＿＿＿＿＿＿＿＿
邮政编码：＿＿＿＿＿＿＿　　　　邮政编码：＿＿＿＿＿＿＿
法定代表人：＿＿＿＿＿＿＿　　　法定代表人：＿＿＿＿＿＿＿
委托代理人：＿＿＿＿＿＿＿　　　委托代理人：＿＿＿＿＿＿＿
电话：＿＿＿＿＿＿＿＿　　　　　电话：＿＿＿＿＿＿＿＿
传真：＿＿＿＿＿＿＿＿　　　　　传真：＿＿＿＿＿＿＿＿
电子信箱：＿＿＿＿＿＿＿　　　　电子信箱：＿＿＿＿＿＿＿

开户银行：_____　　　开户银行：_____
账号：_____　　　　　账号：_____
时间：_____年___月___日　　　　时间：_____年___月___日

2. 通用合同条款内容与专用合同条款内容

通用合同条款是合同当事人就工程建设的实施及相关事项，对合同当事人的权利义务作出的原则性约定。通用合同条款共计17条，分别为一般约定、发包人、设计人、工程设计资料、工程设计要求、工程设计文件交付、工程设计文件审查、施工现场配合服务、合同价款与支付、工程设计变更与索赔、专业责任与保险、知识产权、违约责任、不可抗力、合同解除、争议解决。专业合同条款是对通用合同条款的补充，共计18条，分别为一般约定、发包人、设计人、工程设计资料、工程设计要求、工程设计文件交付、工程设计文件审查、施工现场配合服务、合同价款与支付、工程设计变更与索赔、专业责任与保险、知识产权、违约责任、不可抗力、合同解除、争议解决、其他。上述的每一条又被划分为若干小条，由于篇幅有限，这里不作具体描述，详细内容见《建设工程设计合同示范文本(专业建设工程)》(GF-2015-0210)。

9.3　建设工程施工合同示范文本

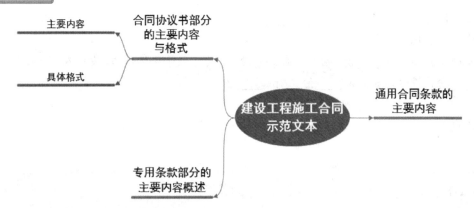

建设工程施工合同(示范文本)由住房城乡建设部、国家工商行政管理总局对《建设工程施工合同(示范文本)》(GF-2013-0201)进行了修订，制定了《建设工程施工合同(示范文本)》(GF-2017-0201)(以下简称《示范文本》)。该示范文本共分三个部分组成：第一部分是合同协议书，第二部分是合同通用条款，第三部分是合同专用条款。

9.3.1　合同协议书部分的主要内容与格式

1. 主要内容

合同协议书共计13条，主要包括工程概况、合同工期、质量标准、签约合同价和合同价格形式、项目经理、合同文件构成、承诺以及合同生效条件等重要内容，集中约定了合同当事人基本的合同权利义务。

2. 具体格式

发包人(全称): _____

承包人(全称): _____

根据《中华人民共和国民法典》合同编、《中华人民共和国建筑法》及有关法律规定,遵循平等、自愿、公平和诚实信用的原则,双方就_____工程施工及有关事项协商一致,共同达成以下协议。

一、工程概况

1. 工程名称:_____。
2. 工程地点:_____。
3. 工程立项批准文号:_____。
4. 资金来源:_____。
5. 工程内容:_____。

群体工程应附《承包人承揽工程项目一览表》(附件1)。

6. 工程承包范围:

_____

_____。

二、合同工期

计划开工日期:_____年_____月_____日。

计划竣工日期:_____年_____月_____日。

工期总日历天数:_____天。工期总日历天数与根据前述计划竣工日期计算的工期天数不一致的,以工期总日历天数为准。

三、质量标准

工程质量符合_____标准。

四、签约合同价与合同价格形式

1. 签约合同价为:

人民币(大写)_____(¥_____元)。

其中:

(1) 安全文明施工费:

人民币(大写)_____ (¥_____元)。

(2) 材料和工程设备暂估价金额:

人民币(大写)_____ (¥_____元)。

(3) 专业工程暂估价金额:

人民币(大写)_____ (¥_____元)。

(4) 暂列金额:

人民币(大写)_____ (¥_____元)。

2. 合同价格形式:_____。

五、项目经理

承包人项目经理：_____。

六、合同文件构成

本协议书与下列文件一起构成合同文件。

(1) 中标通知书(如果有)；

(2) 投标函及其附录(如果有)；

(3) 专用合同条款及其附件；

(4) 通用合同条款；

(5) 技术标准和要求；

(6) 图纸；

(7) 已标价工程量清单或预算书；

(8) 其他合同文件。

在合同订立及履行过程中形成的与合同有关的文件均构成合同文件组成部分。

上述各项合同文件包括合同当事人就该项合同文件所做出的补充和修改，属于同一类内容的文件，应以最新签署的为准。专用合同条款及其附件须经合同当事人签字或盖章。

七、承诺

1. 发包人承诺按照法律规定履行项目审批手续、筹集工程建设资金并按照合同约定的期限和方式支付合同价款。

2. 承包人承诺按照法律规定及合同约定组织完成工程施工，确保工程质量和安全，不进行转包及违法分包，并在缺陷责任期及保修期内承担相应的工程维修责任。

3. 发包人和承包人通过招投标形式签订合同的，双方理解并承诺不再就同一工程另行签订与合同实质性内容相背离的协议。

八、词语含义

本协议书中词语含义与第二部分通用合同条款中赋予的含义相同。

九、签订时间

本合同于_____年____月____日签订。

十、签订地点

本合同在_____签订。

十一、补充协议

合同未尽事宜，合同当事人另行签订补充协议，补充协议是合同的组成部分。

十二、合同生效

本合同自_____生效。

十三、合同份数

本合同一式____份，均具有同等法律效力，发包人执____份，承包人执____份。

发包人：　　　(公章)　　　　　　承包人：　　　(公章)

法定代表人或其委托代理人：　　　法定代表人或其委托代理人：

(签字)　　　　　　　　　　　　　(签字)

组织机构代码：_____　　　　组织机构代码：_____

地址：_____　　　　地址：_____

邮政编码：_____　　　　　　邮政编码：_____
法定代表人：_____　　　　　　法定代表人：_____
委托代理人：_____　　　　　　委托代理人：_____
电话：_____　　　　　　电话：_____
传真：_____　　　　　　传真：_____
电子信箱：_____　　　　　　电子信箱：_____
开户银行：_____　　　　　　开户银行：_____
账号：_____　　　　　　账号：_____

9.3.2　通用合同条款的主要内容

通用合同条款是合同当事人就工程建设的实施及相关事项，对合同当事人的权利义务作出的原则性约定。通用合同条款共计20条，具体条款分别为一般约定、发包人、承包人、监理人、工程质量、安全文明施工与环境保护、工期和进度、材料与设备、试验与检验、变更、价格调整、合同价格、计量与支付、验收和工程试车、竣工结算、缺陷责任与保修、违约、不可抗力、保险、索赔和争议解决。

1. 一般约定

1.1　词语定义与解释

合同协议书、通用合同条款、专用合同条款中的下列词语具有本款所赋予的含义。现作如下说明。

(1) 合同：是指根据法律规定和合同当事人约定具有约束力的文件。构成合同的文件包括合同协议书、中标通知书(如果有)、投标函及其附录(如果有)、专用合同条款及其附件、通用合同条款、技术标准和要求、图纸、已标价工程量清单或预算书以及其他合同文件。

(2) 合同当事人及其他相关方：合同当事人是指发包人和(或)承包人。包括了发包人、承包人、监理人、设计人、分包人、发包人代表、项目经理、总监理工程师。

(3) 工程和设备：工程是指与合同协议书中工程承包范围对应的永久工程和(或)临时工程，包括永久工程、临时工程、单位工程；设备是指构成永久工程的机电设备、金属结构设备、仪器及其他类似的设备和装置。

(4) 日期和期限：开工日期包括计划开工日期和实际开工日期。竣工日期包括计划竣工日期和实际竣工日期。工期是指在合同协议书约定的承包人完成工程所需的期限，包括按照合同约定所做的期限变更。缺陷责任期是指承包人按照合同约定承担缺陷修复义务，且发包人预留质量保证金的期限，自工程实际竣工日期起计算。保修期是指承包人按照合同约定对工程承担保修责任的期限，从工程竣工验收合格之日起计算。基准日期是指招标发包的工程以投标截止日前28天的日期为基准日期，直接发包的工程以合同签订日前28天的日期为基准日期。除特别指明外，天均指日历天。合同中按天计算时间的，开始当天不计入，从次日开始计算，期限最后一天的截止时间为当天24:00。

(5) 合同价格和费用：合同价格是指发包人用于支付承包人按照合同约定完成承包范围内全部工作的金额，包括合同履行过程中按合同约定发生的价格变化。费用是指为履行合同所发生的或将要发生的所有必需的开支，包括管理费和应分摊的其他费用，但不包括利润。

1.2 语言文字

合同以中国的汉语简体文字编写、解释和说明。合同当事人在专用合同条款中约定使用两种以上语言时,汉语为优先解释和说明合同的语言。

1.3 法律

合同所称法律是指中华人民共和国法律、行政法规、部门规章,以及工程所在地的地方性法规、自治条例、单行条例和地方政府规章等。合同当事人可以在专用合同条款中约定合同适用的其他规范性文件。

1.4 标准和规范

适用于工程的国家标准、行业标准、工程所在地的地方性标准,以及相应的规范、规程等,合同当事人有特别要求的,应在专用合同条款中约定。发包人要求使用国外标准、规范的,发包人负责提供原文版本和中文译本,并在专用合同条款中约定提供标准规范的名称、份数和时间。发包人对工程的技术标准、功能要求高于或严于现行国家、行业或地方标准的,应当在专用合同条款中予以明确。除专用合同条款另有约定外,应视为承包人在签订合同前已充分预见前述技术标准和功能要求的复杂程度,签约合同价中已包含由此产生的费用。

1.5 合同文件的优先顺序

组成合同的各项文件应互相解释,互为说明。除专用合同条款另有约定外,解释合同文件的优先顺序如下。

(1) 合同协议书;
(2) 中标通知书(如果有);
(3) 投标函及其附录(如果有);
(4) 专用合同条款及其附件;
(5) 通用合同条款;
(6) 技术标准和要求;
(7) 图纸;
(8) 已标价工程量清单或预算书;
(9) 其他合同文件。

1.6 图纸和承包人文件

图纸主要包括:图纸的提供和交底、图纸的错误和图纸的修改和补充。承包人文件:承包人应按照专用合同条款的约定提供应当由其编制的与工程施工有关的文件,并按照专用合同条款约定的期限、数量和形式提交监理人,并由监理人报送发包人。

除专用合同条款另有约定外,监理人应在收到承包人文件后 7 天内审查完毕。监理人对承包人文件有异议的,承包人应予以修改,并重新报送监理人。监理人的审查并不减轻或免除承包人根据合同约定应当承担的责任。承包人应在施工现场另外保存一套完整的图纸和承包人文件,以供发包人、监理人及有关人员进行工程检查时使用。

1.7 联络

与合同有关的通知、批准、证明等,均应采用书面形式,并应在合同约定的期限内送达接收人和送达地点。发包人和承包人应在专用合同条款中约定各自的送达接收人和送达地点。任何一方合同当事人指定的接收人或送达地点发生变动的,应提前 3 天以书面形式通知对方。发包人和承包人应当及时签收另一方送达至送达地点和指定接收人的来往信函。拒不签收的,由此增加的费用和(或)延误的工期由拒绝接收的一方承担。

1.8 严禁贿赂

合同当事人不得以贿赂或变相贿赂的方式,谋取非法利益或损害对方权益。因一方合同当事人的贿赂造成对方损失的,应赔偿损失,并承担相应的法律责任。承包人不得与监理人或发包人聘请的第三方串通损害发包人利益。

1.9 文物、化石

在施工现场发掘的所有文物、化石属于国家所有。一旦发现,承包人应采取合理有效的保护措施,防止任何人员移动或损坏上述物品,并立即报告有关政府行政管理部门,同时通知监理人。发包人、监理人和承包人应按有关政府行政管理部门要求采取妥善的保护措施,由此增加的费用和(或)延误的工期由发包人承担。承包人发现文物后不及时报告或隐瞒不报,致使文物丢失或损坏的,应赔偿损失,并承担相应的法律责任。

1.10 交通运输

合同中交通运输主要包含以下几个方面:出入现场的权利、场外交通、场内交通、超大件和超重件的运输、道路和桥梁的损坏责任、水路和航空运输等。

1.11 知识产权

除专用合同条款另有约定外,发包人提供给承包人的图纸、发包人为实施工程自行编制或委托编制的技术规范,以及反映发包人要求的或其他类似性质的文件的著作权属于发包人。承包人可以为实现合同目的而复制、使用此类文件,但不能用于与合同无关的其他事项。承包人为实施工程所编制的文件,除署名权以外的著作权属于发包人,承包人可因实施工程的运行、调试、维修、改造等目的而复制、使用此类文件,但不能用于与合同无关的其他事项。未经发包人书面同意,承包人不得为了合同以外的目的而复制、使用上述文件或将之提供给任何第三方。合同当事人保证在履行合同过程中不侵犯对方及第三方的知识产权。承包人在使用材料、施工设备、工程设备或采用施工工艺时,因侵犯他人的专利权或其他知识产权所引起的责任,由承包人承担。因发包人提供的材料、施工设备、工程设备或施工工艺导致侵权的,由发包人承担责任。承包人在合同签订前和签订时已确定采用的专利、专有技术、技术秘密的使用费已包含在签约合同价中。

1.12 保密

除法律规定或合同另有约定外,未经发包人同意,承包人不得将发包人提供的图纸、文件、声明需要保密的资料信息等泄露给第三方。发包人不得将承包人提供的技术秘密及声明需要保密的资料信息等泄露给第三方。

1.13 工程量清单错误的修正

除专用合同条款另有约定外,发包人提供的工程量清单,应被认为是准确的和完整的。出现下列情形之一时,发包人应予以修正,并相应调整合同价格。

(1) 工程量清单存在缺项、漏项的。

(2) 工程量清单偏差超出专用合同条款约定的工程量偏差范围的。

(3) 未按照国家现行计量规范强制性规定计量的。

2. 发包人

2.1 许可或批准

发包人应遵守法律，并办理法律规定由其办理的许可、批准或备案，包括但不限于建设用地规划许可证、建设工程规划许可证、建设工程施工许可证、施工所需临时用水、临时用电、中断道路交通、临时占用土地等许可和批准。发包人应协助承包人办理法律规定的有关施工证件和批件。

因发包人原因未能及时办理完毕前述许可、批准或备案，由发包人承担由此增加的费用和(或)延误的工期，并支付承包人合理的利润。

2.2 发包人代表

发包人应在专用合同条款中明确其派驻施工现场的发包人代表的姓名、职务、联系方式及授权范围等事项。发包人代表在发包人的授权范围内，负责处理合同履行过程中与发包人有关的具体事宜。发包人代表在授权范围内的行为由发包人承担法律责任。发包人更换发包人代表的，应提前7天书面通知承包人。

发包人代表不能按照合同约定履行其职责及义务，并导致合同无法继续正常履行的，承包人可以要求发包人撤换发包人代表。不属于法定必须监理的工程，监理人的职权可以由发包人代表或发包人指定的其他人员行使。

2.3 发包人人员

发包人应要求在施工现场的发包人人员遵守法律及有关安全、质量、环境保护、文明施工等规定，并保障承包人免予承受因发包人人员未遵守上述要求给承包人造成的损失和责任。发包人人员包括发包人代表及其他由发包人派驻施工现场的人员。

2.4 施工现场、施工条件和基础资料的提供

除专用合同条款另有约定外，发包人应最迟于开工日7天前向承包人移交施工现场。同时应负责提供施工所需要的条件，包括：将施工用水、电力、通信线路等施工所必需的条件接至施工现场内；保证向承包人提供正常施工所需要的进入施工现场的交通条件；协调处理施工现场周围地下管线和邻近建筑物、构筑物、古树名木的保护工作，并承担相关费用；按照专用合同条款约定应提供的其他设施和条件。发包人应当在移交施工现场前向承包人提供施工现场及工程施工所必需的毗邻区域内供水、排水、供电、供气、供热、通信、广播、电视等地下管线资料；气象和水文观测资料；地质勘察资料；相邻建筑物、构筑物和地下工程等有关基础资料，并对所提供资料的真实性、准确性和完整性负责。按照法律规定确需在开工后方能提供的基础资料，发包人应尽其努力及时地在相应工程施工前的合理期限内提供，合理期限应以不影响承包人的正常施工为限。因发包人原因未能按合同约定及时向承包人提供施工现场、施工条件、基础资料的，由发包人承担由此增加的费用和(或)延误的工期。

2.5 资金来源证明及支付担保

除专用合同条款另有约定外，发包人应在收到承包人要求提供资金来源证明的书面通知后28天内，向承包人提供能够按照合同约定支付合同价款的相应资金来源证明。发包人要求承包人提供履约担保的，发包人应当向承包人提供支付担保。支付担保可以采用银行保函、担保公司担保等形式，具体由合同当事人在专用合同条款中约定。

2.6 支付合同价款

发包人应按合同约定向承包人及时支付合同价款。

2.7 组织竣工验收

发包人应按合同约定及时组织竣工验收。

2.8 现场统一管理协议

发包人应与承包人、由发包人直接发包的专业工程的承包人签订施工现场统一管理协议，明确各方的权利义务。施工现场统一管理协议作为专用合同条款的附件。

3. 承包人

3.1 承包人的一般义务

承包人在履行合同过程中应遵守法律和工程建设标准规范，并履行以下义务。

(1) 办理法律规定应由承包人办理的许可和批准，并将办理结果书面报送发包人留存。

(2) 按法律规定和合同约定完成工程，并在保修期内承担保修义务。

(3) 按法律规定和合同约定采取施工安全和环境保护措施，办理工伤保险，确保工程及人员、材料、设备和设施的安全。

(4) 按合同约定的工作内容和施工进度要求，编制施工组织设计和施工措施计划，并对所有施工作业和施工方法的完备性和安全可靠性负责。

(5) 在进行合同约定的各项工作时，不得侵害发包人与他人使用公用道路、水源、市政管网等公共设施的权利，避免对邻近的公共设施产生干扰。承包人占用或使用他人的施工场地，影响他人作业或生活的，应承担相应责任。

(6) 按照第 6.3 款"环境保护"约定负责施工场地及其周边环境与生态的保护工作。

(7) 按第 6.1 款"安全文明施工"约定采取施工安全措施，确保工程及其人员、材料、设备和设施的安全，防止因工程施工造成的人身伤害和财产损失。

(8) 将发包人按合同约定支付的各项价款专用于合同工程，且应及时支付其雇用人员工资，并及时向分包人支付合同价款。

(9) 按照法律规定和合同约定编制竣工资料，完成竣工资料立卷及归档，并按专用合同条款约定的竣工资料的套数、内容、时间等要求移交发包人。

(10) 应履行的其他义务。

3.2 项目经理

项目经理应为合同当事人所确认的人选，并在专用合同条款中明确项目经理的姓名、职称、注册执业证书编号、联系方式及授权范围等事项，项目经理经承包人授权后代表承包人负责履行合同。项目经理应是承包人正式聘用的员工，承包人应向发包人提交项目经理与承包人之间的劳动合同，以及承包人为项目经理缴纳社会保险的有效证明。承包人不提交上述文件的，项目经理无权履行职责，发包人有权要求更换项目经理，由此增加的费用和(或)延误的工期由承包人承担。项目经理应常驻施工现场，且每月在施工现场时间不得少于专用合同条款约定的天数。项目经理不得同时担任其他项目的项目经理。承包人需要更换项目经理的，应提前 14 天书面通知发包人和监理人，并征得发包人书面同意。未经发包人书面同意，承包人不得擅自更换项目经理。承包人擅自更换项目经理的，应按照专用合同条款的约定承担违约责任。发包人有权书面通知承包人更换其认为不称职的项目经理，通知中应当载明要求更换的理由。项目经理因特殊情况授权其下属人员履行其某项工作职责的，该下属人员应具备履行相应职责的能力，并应提前 7 天将上述人员的姓名和授权范围书面通知监理人，并征得发包人的书面同意。

3.3 承包人的人员安排

除专用合同条款另有约定外，承包人应在接到开工通知后 7 天内，向监理人提交承包人项目管理机构及施工现场人员安排的报告。其内容应包括合同管理、施工、技术、材料、质量、安全、财务等主要施工管理人员名单及其岗位、注册执业资格，以及各工种技术工人的安排情况，并同时提交主要施工管理人员与承包人之间的劳动关系证明和缴纳社会保险的有效证明。

3.4 承包人现场查勘

承包人应对基于发包人按照发包人提交的基础资料所作出的解释和推断负责，但因基础资料存在错误、遗漏导致承包人解释或推断失实的，由发包人承担责任。

承包人应对施工现场和施工条件进行查勘，并充分了解工程所在地的气象条件、交通条件、风俗习惯以及其他与完成合同工作有关的其他资料。因承包人未能充分查勘、了解前述情况或未能充分估计前述情况所可能产生后果的，承包人承担由此增加的费用和延误的工期。

3.5 分包

合同中关于分包的内容主要包括：分包的一般约定、分包的确定、分包管理、分包合同价款，以及分包合同权益的转让。

3.6 工程照管与成品、半成品保护

(1) 除专用合同条款另有约定外，自发包人向承包人移交施工现场之日起，承包人应负责照管工程及工程相关的材料、工程设备，直到颁发工程接收证书之日止。

(2) 在承包人负责照管期间，因承包人原因造成工程、材料、工程设备损坏的，由承包人负责修复或更换，并承担由此增加的费用和(或)延误的工期。

(3) 对合同内分期完成的成品和半成品，在工程接收证书颁发前，由承包人承担保护责任。因承包人原因造成成品或半成品损坏的，由承包人负责修复或更换，并承担由此增加的费用和(或)延误的工期。

3.7 履约担保

发包人需要承包人提供履约担保的，由合同当事人在专用合同条款中约定履约担保的方式、金额及期限等。履约担保可以采用银行保函、担保公司担保等形式，具体由合同当事人在专用合同条款中约定。

3.8 联合体

联合体各方应共同与发包人签订合同协议书，为履行合同向发包人承担连带责任。联合体协议经发包人确认后作为合同附件。在履行合同过程中，未经发包人同意，不得修改联合体协议。联合体牵头人负责与发包人和监理人联系，并接受指示，负责组织联合体各成员全面履行合同。

4. 监理人

4.1 监理人的一般规定

工程实行监理的，发包人和承包人应在专用合同条款中明确监理人的监理内容及监理权限等事项。监理人应当根据发包人授权及法律规定，代表发包人对工程施工相关事项进

行检查、查验、审核、验收,并签发相关指示,但监理人无权修改合同,且无权减轻或免除合同约定的承包人的任何责任与义务。除专用合同条款另有约定外,监理人在施工现场的办公场所、生活场所由承包人提供,所发生的费用由发包人承担。

4.2 监理人员

发包人授予监理人对工程实施监理的权利由监理人派驻施工现场的监理人员行使,监理人员包括总监理工程师、监理工程师。监理人应将授权的总监理工程师和监理工程师的姓名、授权范围以书面形式提前通知承包人。更换总监理工程师的,监理人应提前7天书面通知承包人;更换其他监理人员,监理人应提前48小时书面通知承包人。

4.3 监理人的指示

监理人应按照发包人的授权发出监理指示。监理人的指示应采用书面形式,并经其授权的监理人员签字。监理人发出的指示应送达承包人项目经理或经项目经理授权接收的人员。承包人对监理人发出的指示有疑问的,应向监理人提出书面异议,监理人应在48小时内对该指示予以确认、更改或撤销,监理人逾期未回复的,承包人有权拒绝执行上述指示。监理人对承包人的任何工作、工程或其采用的材料和工程设备未在约定的、合理期限内提出意见的,视为批准,但不免除或减轻承包人对该工作、工程、材料、工程设备等应承担的责任和义务。

4.4 商定或确定

合同当事人进行商定或确定时,总监理工程师应当会同合同当事人尽量通过协商达成一致。不能达成一致的,由总监理工程师按照合同约定审慎作出公正的确定。

5. 工程质量

5.1 质量要求

工程质量标准必须符合现行国家有关工程施工质量验收规范和标准的要求。有关工程质量的特殊标准或要求由合同当事人在专用合同条款中约定。因发包人原因造成工程质量未达到合同约定标准的,由发包人承担由此增加的费用和(或)延误的工期,并支付承包人合理的利润。因承包人原因造成工程质量未达到合同约定标准的,发包人有权要求承包人返工直至工程质量达到合同约定的标准为止,并由承包人承担由此增加的费用和(或)延误的工期。

5.2 质量保证措施

发包人应按照法律规定及合同约定完成与工程质量有关的各项工作。承包人按照第7.1款"施工组织设计"约定向发包人和监理人提交工程质量保证体系及措施文件,建立完善的质量检查制度,并提交相应的工程质量文件。承包人应对施工人员进行质量教育和技术培训,定期考核施工人员的劳动技能,严格执行施工规范和操作规程。同时应按照法律规定和发包人的要求,对材料、工程设备,以及工程的所有部位及其施工工艺进行全过程的质量检查和检验,并做详细记录,编制工程质量报表,报送监理人审查。此外,承包人还应按照法律规定和发包人的要求,进行施工现场取样试验、工程复核测量和设备性能检测,提供试验样品、提交试验报告和测量成果以及其他工作。

监理人按照法律规定和发包人授权对工程的所有部位及其施工工艺、材料和工程设备进行检查和检验。承包人应为监理人的检查和检验提供方便,包括监理人到施工现场,或制造、加工地点,或合同约定的其他地方进行察看和查阅施工原始记录。

5.3 隐蔽工程检查

承包人自检。承包人应当对工程隐蔽部位进行自检,并经自检确认是否具备覆盖条件。检查程序:承包人应在共同检查前48小时书面通知监理人检查,通知中应载明隐蔽检查的内容、时间和地点,并应附有自检记录和必要的检查资料。监理人应按时到场并对隐蔽工程及其施工工艺、材料和工程设备进行检查。经监理人检查确认质量符合隐蔽要求,并在验收记录上签字后,承包人才能进行覆盖。经监理人检查质量不合格的,承包人应在监理人指示的时间内完成修复,并由监理人重新检查,由此增加的费用和(或)延误的工期由承包人承担。

除专用合同条款另有约定外,监理人不能按时进行检查的,应在检查前24小时向承包人提交书面延期要求,但延期不能超过48小时,由此导致工期延误的,工期应予以顺延。监理人未按时进行检查,也未提出延期要求的,视为隐蔽工程检查合格,承包人可自行完成覆盖工作,并做相应记录报送监理人,监理人应签字确认。监理人事后对检查记录有疑问的,可按"重新检查"的约定重新检查。

5.4 不合格工程的处理

因承包人原因造成工程不合格的,发包人有权随时要求承包人采取补救措施,直至达到合同要求的质量标准,由此增加的费用和(或)延误的工期由承包人承担。无法补救的,按照"拒绝接收全部或部分工程"约定执行。因发包人原因造成工程不合格的,由此增加的费用和(或)延误的工期由发包人承担,并支付承包人合理的利润。

5.5 质量争议检测

合同当事人对工程质量有争议的,由双方协商确定的工程质量检测机构鉴定,由此产生的费用及造成的损失,由责任方承担。合同当事人均有责任的,由双方根据其责任分别承担。合同当事人无法达成一致的,按照"商定或确定"执行。

6. 安全文明施工与环境保护

6.1 安全文明施工

安全文明施工的内容主要包括:保证安全生产要求、提供安全生产保证措施、注意特别安全生产事项、做好治安保卫工作、文明施工、安全文明施工费、紧急情况处理、事故处理、安全生产责任等。

6.2 职业健康

承包人应按照法律规定安排现场施工人员的劳动和休息时间,保障劳动者的休息时间,并支付合理的报酬和费用。依法保障现场施工人员的劳动安全,并提供劳动保护,并应按国家有关劳动保护的规定,采取有效的防止粉尘、降低噪声、控制有害气体和保障高温、高寒、高空作业安全等劳动保护措施。承包人雇用人员在施工中受到伤害的,承包人应立即采取有效措施进行抢救和治疗。承包人应为其履行合同所雇用的人员提供必要的膳宿条件和生活环境;承包人应采取有效措施预防传染病,保证施工人员的健康,并定期对施工现场、施工人员生活基地和工程,进行防疫和卫生的专业检查和处理,在远离城镇的施工场地,还应配备必要的伤病防治和急救的医务人员与医疗设施。承包人应在施工组织设计中列明环境保护的具体措施。在合同履行期间,承包人应采取合理措施保护施工现场环境。对施工作业过程中可能引起的大气、水、噪声,以及固体废物污染采取具体可行的防范措施。

7. 工期和进度

7.1 施工组织设计

施工组织设计应包含以下内容：①施工方案；②施工现场平面布置图；③施工进度计划和保证措施；④劳动力及材料供应计划；⑤施工机械设备的选用；⑥质量保证体系及措施；⑦安全生产、文明施工措施；⑧环境保护、成本控制措施；⑨合同当事人约定的其他内容。

7.2 施工进度计划

施工进度计划的编制和修订。承包人应按照"施工组织设计"约定提交详细的施工进度计划。施工进度计划的编制应当符合国家法律规定和一般工程实践惯例，施工进度计划经发包人批准后实施。施工进度计划不符合合同要求或与工程的实际进度不一致的，承包人应向监理人提交修订的施工进度计划，并附具有关措施和相关资料，由监理人报送发包人。

7.3 开工

开关包括开工准备和开工通知。除专用合同条款另有约定外，承包人应按照"施工组织设计"约定的期限，向监理人提交工程开工报审表，经监理人报发包人批准后执行，合同当事人应按约定完成开工准备工作。发包人应按照法律规定获得工程施工所需的许可。经发包人同意后，监理人发出的开工通知应符合法律规定。监理人应在计划开工日期7天前向承包人发出开工通知，工期自开工通知中载明的开工日期起算。

7.4 测量放线

除专用合同条款另有约定外，发包人应在至迟不得晚于"开工通知"载明的开工日期前7天通过监理人向承包人提供测量基准点、基准线和水准点及其书面资料。承包人发现发包人提供的测量基准点、基准线和水准点及其书面资料存在错误或疏漏的，应及时通知监理人。承包人负责施工过程中的全部施工测量放线工作，并配置具有相应资质的人员、合格的仪器、设备和其他物品。承包人应矫正工程的位置、标高、尺寸或准线中出现的任何差错，并对工程各部分的定位负责。对施工现场内水准点等测量标志物的保护工作由承包人负责。

7.5 工期延误

在合同履行过程中，因下列情况导致工期延误和(或)费用增加的，由发包人承担由此延误的工期和(或)增加的费用，且发包人应支付承包人合理的利润。

(1) 发包人未能按合同约定提供图纸或所提供图纸不符合合同约定的。

(2) 发包人未能按合同约定提供施工现场、施工条件、基础资料、许可、批准等开工条件的。

(3) 发包人提供的测量基准点、基准线和水准点及其书面资料存在错误或疏漏的。

(4) 发包人未能在计划开工日期之日起7天内同意下达开工通知的。

(5) 发包人未能按合同约定日期支付工程预付款、进度款或竣工结算款的。

(6) 监理人未按合同约定发出指示、批准等文件的。

(7) 专用合同条款中约定的其他情形。

因承包人原因造成工期延误的，可以在专用合同条款中约定逾期竣工违约金的计算方法和逾期竣工违约金的上限。承包人支付逾期竣工违约金后，不免除承包人继续完成工程及修补缺陷的义务。

7.6 不利物质条件

不利物质条件是指有经验的承包人在施工现场遇到的不可预见的自然物质条件、非自然的物质障碍和污染物，包括地表以下物质条件和水文条件，以及专用合同条款约定的其他情形，但不包括气候条件。

7.7 异常恶劣的气候条件

异常恶劣的气候条件是指在施工过程中遇到的，有经验的承包人在签订合同时不可预见，对合同履行造成实质性影响的，但尚未构成不可抗力事件的恶劣气候条件。合同当事人可以在专用合同条款中约定异常恶劣的气候条件的具体情形。

承包人应采取克服异常恶劣的气候条件的合理措施继续施工，并及时通知发包人和监理人。监理人经发包人同意后应当及时发出指示，指示构成变更的，按"变更"约定办理。承包人因采取合理措施而增加的费用和(或)延误的工期由发包人承担。

7.8 暂停施工

合同中暂停施工的主要内容包括因发包人原因引起的暂停施工、因承包人原因引起的暂停施工、指示暂停施工、紧急情况下的暂停施工、暂停施工后的复工、暂停施工期间的工程照管、暂停施工的措施。

7.9 提前竣工

发包人要求承包人提前竣工的，发包人应通过监理人向承包人下达提前竣工指示，承包人应向发包人和监理人提交提前竣工建议书，提前竣工建议书应包括实施的方案、缩短的时间、增加的合同价格等内容。发包人接受该提前竣工建议书的，监理人应与发包人和承包人协商采取加快工程进度的措施，并修订施工进度计划，由此增加的费用由发包人承担。承包人认为提前竣工指示无法执行的，应向监理人和发包人提出书面异议，发包人和监理人应在收到异议后7天内予以答复。任何情况下，发包人不得压缩合理工期。

【例题 9-2】 某酒店装修改造工程项目的建设单位与另一施工单位按照《建设工程施工合同(示范文本)》签订了施工合同。合同价款为1000万元，合同工期为200天。在合同中，建设单位与施工单位约定，每提前或延后工期一天，按合同价的0.1%进行奖励和处罚。该工程施工进行到80天时，经材料复试发现，建设单位所提供的地板砖质量不合格，造成施工单位停工待料20天，此后在工程进行到150天时，建设单位临时变更设计方案造成部分工程停工10天，工程最终工期为220天。

(1) 施工单位在第一次停工后10天，向建设单位提出了索赔要求，索赔停工损失人工费和机械闲置费等共10万元；第二次停工后15天施工单位向建设单位提出停工损失索赔8万元。在两次索赔中，施工单位均提交了有关文件作为证据，情况属实。此项索赔是否成立？

(2) 在竣工结算时，施工单位提出工期索赔30天。同时施工单位认为工期实际提前了10天，要求建设单位按约定奖励10万元。建设单位认为，施工单位当时未要求工期索赔，仅进行停工损失索赔，说明施工单位已经默认停工不会引起工期延长。因此，实际工期延长了20天，应罚款施工单位20万元。此项索赔是否成立？

8. 材料与设备

8.1 发包人供应材料与工程设备

发包人自行供应材料、工程设备的，应在签订合同时在专用合同条款的附件《发包人供应材料设备一览表》中明确材料、工程设备的品种、规格、型号、数量、单价、质量等级和送达地点。

承包人应提前30天通过监理人以书面形式通知发包人供应材料与工程设备进场。承包人按照第7.2项"施工进度计划的修订"约定修订施工进度计划时，须同时提交经修订后的发包人供应材料与工程设备的进场计划。

8.2 承包人采购材料与工程设备

承包人负责采购材料、工程设备的，应按照设计和有关标准要求采购，并提供产品合格证明及出厂证明，对材料、工程设备质量负责。合同约定由承包人采购的材料、工程设备，发包人不得指定生产厂家或供应商。发包人违反本款约定指定生产厂家或供应商的，承包人有权拒绝，并由发包人承担相应责任。

8.3 材料与工程设备的接收与拒收

发包人应按《发包人供应材料设备一览表》约定的内容提供材料和工程设备，并向承包人提供产品合格证明及出厂证明，对其质量负责。承包人采购的材料和工程设备，应保证产品质量合格，承包人应在材料和工程设备到货前24小时通知监理人检验。承包人进行永久设备、材料的制造和生产的，应符合相关质量标准，并向监理人提交材料的样本以及有关资料，并应在使用该材料或工程设备之前获得监理人同意。

8.4 材料与工程设备的保管与使用

发包人供应材料与工程设备的保管与使用。发包人供应的材料和工程设备，承包人清点后由承包人妥善保管，保管费用由发包人承担，但已标价工程量清单或预算书已经列支或专用合同条款另有约定除外。承包人采购材料与工程设备的保管与使用。承包人采购的材料和工程设备由承包人妥善保管，保管费用由承包人承担。法律规定材料和工程设备使用前必须进行检验或试验的，承包人应按监理人的要求进行检验或试验。检验或试验费用由承包人承担，不合格的不得使用。

8.5 禁止使用不合格的材料和工程设备

监理人有权拒绝承包人提供的不合格材料或工程设备，并要求承包人立即进行更换。监理人应在更换后再次进行检查和检验，由此增加的费用和(或)延误的工期由承包人承担。监理人发现承包人使用了不合格的材料和工程设备，承包人应按照监理人的指示立即改正，并禁止在工程中继续使用不合格的材料和工程设备。发包人提供的材料或工程设备不符合合同要求的，承包人有权拒绝，并可要求发包人更换，由此增加的费用和(或)延误的工期由发包人承担，并支付承包人合理的利润。

8.6 样品

承包人需要报送样品的材料或工程设备，样品的种类、名称、规格、数量等要求均应在专用合同条款中约定。经批准的样品应由监理人负责封存于现场，承包人应在现场为保存样品提供适当和固定的场所并保持适当和良好的存储环境条件。

8.7 材料与工程设备的替代

出现下列情况需要使用替代材料和工程设备的：①基准日期后生效的法律规定禁止使

用的;②发包人要求使用替代品的;③因其他原因必须使用替代品的。承包人应在使用替代材料和工程设备28天前书面通知监理人,并附相关文件。

监理人应在收到通知后14天内向承包人发出经发包人签认的书面指示。监理人逾期发出书面指示的,视为发包人和监理人同意使用替代品。

8.8 施工设备和临时设施

承包人应按合同进度计划的要求,及时配置施工设备和修建临时设施。进入施工场地的承包人设备需经监理人核查后才能投入使用。承包人更换合同约定的承包人设备的,应报监理人批准。发包人提供的施工设备或临时设施在专用合同条款中约定。承包人使用的施工设备不能满足合同进度计划和(或)质量要求时,监理人有权要求承包人增加或更换施工设备,承包人应及时增加或更换,由此增加的费用和(或)延误的工期由承包人承担。

8.9 材料与设备专用要求

承包人运入施工现场的材料、工程设备、施工设备以及在施工场地建设的临时设施,包括备品备件、安装工具与资料,必须专用于工程。未经发包人批准,承包人不得运出施工现场或挪作他用。经发包人批准,承包人可以根据施工进度计划撤走闲置的施工设备和其他物品。

9. 试验与检验

9.1 试验设备与试验人员

承包人根据合同约定或监理人指示进行的现场材料试验,应由承包人提供试验场所、试验人员、试验设备以及其他必要的试验条件。监理人在必要时可以使用承包人提供的试验场所、试验设备以及其他试验条件,进行以工程质量检查为目的的材料复核试验,承包人应予以协助。承包人应向监理人提交试验人员的名单及其岗位、资格等证明资料,试验人员必须能够熟练进行相应的检测试验,承包人对试验人员的试验程序和试验结果的正确性负责。

9.2 取样

试验属于自检性质的,承包人可以单独取样。试验属于监理人抽检性质的,可由监理人取样,也可由承包人的试验人员在监理人的监督下取样。

9.3 材料、工程设备和工程的试验和检验

承包人应按合同约定进行材料、工程设备和工程的试验和检验,并为监理人对上述材料、工程设备和工程的质量检查提供必要的试验资料和原始记录。按合同约定应由监理人与承包人共同进行试验和检验的,由承包人负责提供必要的试验资料和原始记录。试验属于自检性质的,承包人可以单独进行试验。监理人对承包人的试验和检验结果有异议的,或为查清承包人试验和检验成果的可靠性而要求承包人重新试验和检验的,可由监理人与承包人共同进行。重新试验和检验的结果证明该项材料、工程设备或工程的质量不符合合同要求的,由此增加的费用和(或)延误的工期由承包人承担。重新试验和检验结果证明该项材料、工程设备和工程符合合同要求的,由此增加的费用和(或)延误的工期由发包人承担。

9.4 现场工艺试验

承包人应按合同约定或监理人指示进行现场工艺试验。对大型的现场工艺试验,监理人认为必要时,承包人应根据监理人提出的工艺试验要求,编制工艺试验措施计划,报送

监理人审查。

10. 变更

10.1 变更的范围

除专用合同条款另有约定外，合同履行过程中发生以下情形的，应按照本条约定进行变更。

(1) 增加或减少合同中任何工作，或追加额外的工作。
(2) 取消合同中任何工作，但转由他人实施的工作除外。
(3) 改变合同中任何工作的质量标准或其他特性。
(4) 改变工程的基线、标高、位置和尺寸。
(5) 改变工程的时间安排或实施顺序。

10.2 变更权

发包人和监理人均可以提出变更。变更指示均通过监理人发出，监理人发出变更指示前应征得发包人同意。承包人收到经发包人签认的变更指示后，方可实施变更。未经许可，承包人不得擅自对工程的任何部分进行变更。

涉及设计变更的，应由设计人提供变更后的图纸和说明。例如变更超过原设计标准或批准的建设规模时，发包人应及时办理规划、设计变更等审批手续。

10.3 变更程序

变更程序流程：首先是发包人提出变更，其次监理人提出变更建议，最后变更执行。

10.4 变更估价

除专用合同条款另有约定外，变更估价按照本款约定处理：

(1) 已标价工程量清单或预算书有相同项目的，按照相同项目单价认定。
(2) 已标价工程量清单或预算书中无相同项目，但有类似项目的，参照类似项目的单价认定。
(3) 变更导致实际完成的变更工程量与已标价工程量清单或预算书中列明的该项目工程量的变化幅度超过 15%的，或已标价工程量清单或预算书中无相同项目及类似项目单价的，按照合理的成本与利润构成的原则，由合同当事人按照第 4.4 款"商定或确定"确定变更工作的单价。

承包人应在收到变更指示后 14 天内，向监理人提交变更估价申请。监理人应在收到承包人提交的变更估价申请后 7 天内审查完毕并报送发包人，监理人对变更估价申请有异议，通知承包人修改后重新提交。发包人应在承包人提交变更估价申请后 14 天内审批完毕。发包人逾期未完成审批或未提出异议的，视为认可承包人提交的变更估价申请。

10.5 承包人的合理化建议

承包人提出合理化建议的，应向监理人提交合理化建议说明，说明建议的内容和理由，以及实施该建议对合同价格和工期的影响。

10.6 变更引起的工期调整

因变更引起工期变化的，合同当事人均可要求调整合同工期，由合同当事人按照第 4.4 款"商定或确定"并参考工程所在地的工期定额标准确定增减工期天数。

10.7 暂估价

暂估价专业分包工程、服务、材料和工程设备的明细由合同当事人在专用合同条款中约定。对于依法必须招标的暂估价项目，第一种方式是由承包人招标，对该暂估价项目的确认和批准按照相关约定执行。第二种方式是由发包人和承包人共同招标确定暂估价供应商或分包人的，承包人应按照施工进度计划，在招标工作启动前14天通知发包人，并提交暂估价招标方案和工作分工。发包人应在收到后 7 天内确认。确定中标人后，由发包人、承包人与中标人共同签订暂估价合同。除专用合同条款另有约定外，对于不属于依法必须招标的暂估价项目，可采取三种方式。第一种方式：对于不属于依法必须招标的暂估价项目，按相关约定确认和批准。第二种方式：承包人按照"依法必须招标的暂估价项目"约定的第一种方式确定暂估价项目。第三种方式：承包人直接实施的暂估价项目。按专用条款第 11 条第三种方式执行，承包人具备实施暂估价项目的资格和条件的，经发包人和承包人协商一致后，可由承包人自行实施暂估价项目，合同当事人可以在专用合同条款约定具体事项。

10.8 暂列金额

暂列金额应按照发包人的要求使用，发包人的要求应通过监理人发出。合同当事人可以在专用合同条款中协商确定有关事项。

10.9 计日工

需要采用计日工方式的，经发包人同意后，由监理人通知承包人以计日工计价方式实施相应的工作，其价款按列入已标价工程量清单或预算书中的计日工计价项目及其单价进行计算；已标价工程量清单或预算书中无相应的计日工单价的，按照合理的成本与利润构成的原则，由合同当事人按照"商定或确定"确定变更工作的单价。计日工由承包人汇总后，列入最近一期进度付款申请单，由监理人审查并经发包人批准后列入进度付款。

11. 价格调整

11.1 市场价格波动引起的调整

除专用合同条款另有约定外，市场价格波动超过合同当事人约定的范围，合同价格应当调整。合同当事人可以在专用合同条款中约定以下三种方式中的一种对合同价格进行调整。第一种方式：采用价格指数进行价格调整。第二种方式：采用造价信息进行价格调整。第三种方式：专用合同条款约定的其他方式。

11.2 法律变化引起的调整

基准日期后，法律变化导致承包人在合同履行过程中所需的费用发生除"市场价格波动引起的调整"约定以外的增加时，由发包人承担由此增加的费用；减少时，应从合同价格中予以扣减。基准日期后，因法律变化造成工期延误时，工期应予以顺延。

因法律变化引起的合同价格和工期调整，合同当事人无法达成一致的，由总监理工程师按"商定或确定"的约定处理。因承包人原因造成工期延误，在工期延误期间出现法律变化的，由此增加的费用和(或)延误的工期由承包人承担。

12. 合同价格、计量与支付

12.1 合同价格形式

(1) 单价合同。单价合同是指合同当事人约定以工程量清单及其综合单价进行合同价格计算、调整和确认的建设工程施工合同，在约定的范围内合同单价不做调整。

(2) 总价合同。总价合同是指合同当事人约定以施工图、已标价工程量清单或预算书及有关条件进行合同价格计算、调整和确认的建设工程施工合同，在约定的范围内合同总价不做调整。

(3) 其他价格形式。合同当事人可在专用合同条款中约定其他合同价格形式。

12.2 预付款

预付款的支付按照专用合同条款约定执行，但至迟应在开工通知载明的开工日期 7 天前支付。预付款应当用于材料、工程设备、施工设备的采购及修建临时工程、组织施工队伍进场等。除专用合同条款另有约定外，预付款在进度付款中同比例扣回。在颁发工程接收证书前，提前解除合同的，尚未扣完的预付款应与合同价款一并结算。发包人逾期支付预付款超过 7 天的，承包人有权向发包人发出要求预付的催告通知。发包人收到通知后 7 天内仍未支付的，承包人有权暂停施工，并按"发包人违约的情形"执行。

发包人要求承包人提供预付款担保的，承包人应在发包人支付预付款 7 天前提供预付款担保，专用合同条款另有约定除外。预付款担保可采用银行保函、担保公司担保等形式，具体由合同当事人在专用合同条款中约定。在预付款完全扣回之前，承包人应保证预付款担保持续有效。发包人在工程款中逐期扣回预付款后，预付款担保额度应相应减少，但剩余的预付款担保金额不得低于未被扣回的预付款金额。

12.3 计量

工程量计量按照合同约定的工程量计算规则、图纸及变更指示等进行计量。工程量计算规则应以相关的国家标准、行业标准等为依据，由合同当事人在专用合同条款中约定。除专用合同条款另有约定外，工程量的计量按月进行，单价合同的计量和按月支付的总价合同按照相关约定执行。总价合同采用支付分解表计量支付的，可以按照"总价合同的计量"约定进行计量，但合同价款按照支付分解表进行支付。合同当事人可在专用合同条款中约定其他价格形式合同的计量方式和程序。

12.4 工程进度款支付

工程进度款支付的主要内容包括：①进度付款申请单；②进度付款申请单的提交；③进度款审核和支付；④进度付款的修正；⑤支付分解表。

12.5 支付账户

发包人应将合同价款支付至合同协议书中约定的承包人账户。

13. 验收和工程试车

13.1 分部分项工程验收

分部分项工程质量应符合国家有关工程施工验收规范、标准及合同约定，承包人应按照施工组织设计的要求完成分部分项工程施工。除专用合同条款另有约定外，分部分项工程经承包人自检合格并具备验收条件的，承包人应提前 48 小时通知监理人进行验收。监理人不能按时进行验收的，应在验收前 24 小时内向承包人提交书面延期要求，但延期不能超过 48 小时。监理人未按时进行验收，也未提出延期要求的，承包人有权自行验收，监理人应认可验收结果。分部分项工程未经验收的，不得进入下一道工序施工。

13.2 竣工验收

竣工验收的主要内容有：竣工验收的条件；竣工验收程序；竣工日期；拒绝接收全部或部分工程；移交、接收全部与部分工程。

13.3 工程试车

工程需要试车的,除专用合同条款另有约定外,试车内容应与承包人承包范围相一致,试车费用由承包人承担,并按有关程序进行。因设计原因导致试车达不到验收要求,发包人应要求设计人修改设计,承包人按修改后的设计重新安装。发包人承担修改设计、拆除及重新安装的全部费用,工期相应顺延。因承包人原因导致试车达不到验收要求,承包人应按监理人要求重新安装和试车,并承担重新安装和试车的费用,工期不予顺延。对于需要进行投料试车的,发包人应在工程竣工验收后组织投料试车。发包人要求在工程竣工验收前进行或需要承包人配合时,应征得承包人的同意,并在专用合同条款中约定有关事项。

13.4 提前交付单位工程的验收

发包人需要在工程竣工前使用单位工程的,或承包人提出提前交付已经竣工的单位工程且经发包人同意的,可进行单位工程验收。验收的程序按照"竣工验收"的约定进行。

验收合格后,由监理人向承包人出具经发包人签认的单位工程接收证书。已签发单位工程接收证书的单位工程由发包人负责照管。单位工程的验收成果和结论作为整体工程竣工验收申请报告的附件。

13.5 施工期运行

施工期运行是指合同工程尚未全部竣工,其中某项或某几项单位工程或工程设备安装已竣工,根据专用合同条款约定,需要投入施工期运行的,经发包人按"提前交付单位工程的验收"的约定验收合格,证明能确保安全后,才能在施工期投入运行。在施工运行中发现工程或工程设备损坏或存在缺陷的,由承包人按"缺陷责任期"约定进行修复。

13.6 竣工退场与地表还原

颁发工程接收证书后,承包人应按相关要求对施工现场进行清理。施工现场的竣工退场费用由承包人承担。承包人应在专用合同条款约定的期限内完成竣工退场,逾期未完成的,发包人有权出售或另行处理承包人遗留的物品,由此支出的费用由承包人承担。发包人出售承包人遗留物品所得款项在扣除必要费用后应返还承包人。承包人应按发包人要求恢复临时占地及清理场地。承包人未按发包人的要求恢复临时占地,或者场地清理未达到合同约定要求的,发包人有权委托其他人恢复或清理,所发生的费用由承包人承担。

14. 竣工结算

14.1 竣工结算申请

除专用合同条款另有约定外,承包人应在工程竣工验收合格后28天内向发包人和监理人提交竣工结算申请单,并提交完整的结算资料,有关竣工结算申请单的资料清单和份数等要求由合同当事人在专用合同条款中约定。除专用合同条款另有约定外,竣工结算申请单应包括以下内容:①竣工结算合同价格;②发包人已支付承包人的款项;③应扣留的质量保证金;④发包人应支付承包人的合同价款。

14.2 竣工结算审核

(1) 除专用合同条款另有约定外,监理人应在收到竣工结算申请单后14天内完成核查并报送发包人。发包人应在收到监理人提交的经审核的竣工结算申请单后14天内完成审批,并由监理人向承包人签发经发包人签认的竣工付款证书。监理人或发包人对竣工结算申请单有异议的,有权要求承包人进行修正和提供补充资料,承包人应提交修正后的竣工结算申请单。

发包人在收到承包人提交竣工结算申请书后28天内未完成审批且未提出异议的，视为发包人认可承包人提交的竣工结算申请单，并自发包人收到承包人提交的竣工结算申请单后第29天起视为已签发竣工付款证书。

(2) 除专用合同条款另有约定外，发包人应在签发竣工付款证书后的14天内，完成对承包人的竣工付款。发包人逾期支付的，按照中国人民银行发布的同期同类贷款基准利率支付违约金；逾期支付超过56天的，按照中国人民银行发布的同期同类贷款基准利率的两倍支付违约金。

(3) 承包人对发包人签认的竣工付款证书有异议的，对于有异议部分应在收到发包人签认的竣工付款证书后7天内提出异议，并由合同当事人按照专用合同条款约定的方式和程序进行复核，或按照第20条"争议解决"约定处理。对于无异议部分，发包人应签发临时竣工付款证书，并按本款第(2)项完成付款。承包人逾期未提出异议的，视为认可发包人的审批结果。

14.3 甩项竣工协议

发包人要求甩项竣工的，合同当事人应签订甩项竣工协议。在甩项竣工协议中应明确，合同当事人按照"竣工结算申请"及"竣工结算审核"的约定，对已完合格工程进行结算，并支付相应合同价款。

14.4 最终结清

最终结清主要包括"最终结清申请单"和"最终结清证书和支付时间"。

15. 缺陷责任与保修

15.1 工程保修的原则

在工程移交发包人后，因承包人原因产生的质量缺陷，承包人应承担质量缺陷责任和保修义务。缺陷责任期届满，承包人仍应按合同约定的工程各部位保修年限承担保修义务。

15.2 缺陷责任期

缺陷责任期自实际竣工日起计算，合同当事人应在专用合同条款约定缺陷责任期的具体期限，但该期限最长不超过24个月。

单位工程先于全部工程进行验收，经验收合格并交付使用的，该单位工程缺陷责任期自单位工程验收合格之日起算。因发包人原因导致工程无法按合同约定期限进行竣工验收的，缺陷责任期自承包人提交竣工验收申请报告之日起开始计算。发包人未经竣工验收擅自使用工程的，缺陷责任期自工程转移占有之日起开始计算。

工程竣工验收合格后，因承包人原因导致的缺陷或损坏致使工程、单位工程或某项主要设备不能按原定目的使用的，发包人有权要求承包人延长缺陷责任期，并应在原缺陷责任期届满前发出延长通知，但缺陷责任期最长不能超过24个月。

任何一项缺陷或损坏修复后，经检查证明其影响了工程或工程设备的使用性能，承包人应重新进行合同约定的试验和试运行，试验和试运行的全部费用应由责任方承担。

除专用合同条款另有约定外，承包人应于缺陷责任期届满后7天内向发包人发出缺陷责任期届满通知，发包人应在收到缺陷责任期届满通知后14天内核实承包人是否履行缺陷修复义务，承包人未能履行缺陷修复义务的，发包人有权扣除相应金额的维修费用。发包人应在收到缺陷责任期届满通知后14天内，向承包人颁发缺陷责任期终止证书。

15.3 质量保证金

经合同当事人协商一致扣留质量保证金的，应在专用合同条款中予以明确。承包人提供质量保证金有以下三种方式：①质量保证金保函；②相应比例的工程款；③双方约定的其他方式。除专用合同条款另有约定外，质量保证金原则上采用上述第①种方式。

质量保证金的扣留有以下三种方式：①在支付工程进度款时逐次扣留，在此情形下，质量保证金的计算基数不包括预付款的支付、回扣以及价格调整的金额；②工程竣工结算时一次性扣留质量保证金；③双方约定的其他扣留方式。除专用合同条款另有约定外，质量保证金的扣留原则上采用上述第①种方式。发包人应按"最终结清"的约定退还质量保证金。

15.4 保修

工程保修期从工程竣工验收合格之日起算，具体分部分项工程的保修期由合同当事人在专用合同条款中约定，但不得低于法定最低保修年限。在工程保修期内，承包人应当根据有关法律规定以及合同约定承担保修责任。发包人未经竣工验收擅自使用工程的，保修期自转移占有之日起算。保修期内，修复的费用按照有关约定处理。在保修期内，发包人在使用过程中，发现已接收的工程存在缺陷或损坏的，应书面通知承包人予以修复，但情况紧急必须立即修复缺陷或损坏的，发包人可以口头通知承包人并在口头通知后48小时内书面确认，承包人应在专用合同条款约定的合理期限内到达工程现场并修复缺陷或损坏。因承包人原因造成工程的缺陷或损坏，承包人拒绝维修或未能在合理期限内修复缺陷或损坏，且经发包人书面催告后仍未修复的，发包人有权自行修复或委托第三方修复，所需费用由承包人承担。但修复范围超出缺陷或损坏范围的，超出范围部分的修复费用由发包人承担。在保修期内，为了修复缺陷或损坏，承包人有权出入工程现场，除情况紧急必须立即修复缺陷或损坏外，承包人应提前24小时通知发包人进场修复的时间。承包人进入工程现场前应获得发包人同意，且不应影响发包人正常的生产经营，并应遵守发包人有关保安和保密等规定。

16. 违约

16.1 发包人违约

在合同履行过程中发生的下列情形，属于发包人违约。

(1) 因发包人原因未能在计划开工日期前7天内下达开工通知的。

(2) 因发包人原因未能按合同约定支付合同价款的。

(3) 发包人违反第10.1款"变更的范围"第(2)项约定，自行实施被取消的工作或转由他人实施的。

(4) 发包人提供的材料、工程设备的规格、数量或质量不符合合同约定，或因发包人原因导致交货日期延误或交货地点变更等情况的。

(5) 因发包人违反合同约定造成暂停施工的。

(6) 发包人无正当理由没有在约定期限内发出复工指示，导致承包人无法复工的。

(7) 发包人明确表示或者以其行为表明不履行合同主要义务的。

(8) 发包人未能按照合同约定履行其他义务的。

发包人发生除第(7)项以外的违约情况时，承包人可向发包人发出通知，要求发包人采取有效措施纠正违约行为。发包人收到承包人通知后28天内仍不纠正违约行为的，承包人有权暂停相应部位工程施工，并通知监理人。发包人应承担因其违约给承包人增加的费用和延误的工期，并支付承包人合理的利润。此外，合同当事人可在专用合同条款中另行约定发包人违约责任的承担方式和计算方法。

16.2 承包人违约

在合同履行过程中发生的下列情形，属于承包人违约。

(1) 承包人违反合同约定进行转包或违法分包的。
(2) 承包人违反合同约定采购和使用不合格的材料和工程设备的。
(3) 因承包人原因导致工程质量不符合合同要求的。
(4) 承包人违反第8.9款"材料与设备专用要求"中的约定，未经批准，私自将已按照合同约定进入施工现场的材料或设备撤离施工现场的。
(5) 承包人未能按施工进度计划及时完成合同约定的工作，造成工期延误的。
(6) 承包人在缺陷责任期及保修期内，未能在合理期限对工程缺陷进行修复，或拒绝按发包人要求进行修复的。
(7) 承包人明确表示或者以其行为表明不履行合同主要义务的。
(8) 承包人未能按照合同约定履行其他义务的。

承包人发生除第(7)项约定以外的其他违约情况时，监理人可向承包人发出整改通知，要求其在指定的期限内改正。

16.3 第三人造成的违约

在履行合同过程中，一方当事人因第三人的原因造成违约的，应当向对方当事人承担违约责任。一方当事人和第三人之间的纠纷，依照法律规定或者按照约定解决。

17. 不可抗力

17.1 不可抗力的确认

不可抗力是指合同当事人在签订合同时不可预见，在合同履行过程中不可避免且不能克服的自然灾害和社会性突发事件，例如地震、海啸、瘟疫、骚乱、戒严、暴动、战争和专用合同条款中约定的其他情形。

不可抗力事件发生后，发包人和承包人应收集证明不可抗力发生及不可抗力造成损失的证据，并及时认真统计所造成的损失。合同当事人对是否属于不可抗力或其损失的意见不一致的，由监理人按第4.4款"商定或确定"中的约定处理。发生争议时，按第20条"争议解决"的约定处理。

17.2 不可抗力事件的通知

合同一方当事人遇到不可抗力事件，使其履行合同义务受到阻碍时，应立即通知合同另一方当事人和监理人，书面说明不可抗力和受阻碍的详细情况，并提供必要的证明。

不可抗力持续发生的，合同一方当事人应及时向合同另一方当事人和监理人提交中间报告，说明不可抗力和履行合同受阻的情况，并于不可抗力事件结束后28天内提交最终报告及有关资料。

17.3 不可抗力后果的承担

不可抗力引起的后果及造成的损失由合同当事人按照法律规定及合同约定各自承担。不可抗力发生前已完成的工程应当按照合同约定进行计量支付。不可抗力导致的人员伤亡、财产损失、费用增加和工期延误等后果，由合同当事人按相关原则承担。因合同一方迟延履行合同义务，在迟延履行期间遭遇不可抗力的，不免除其违约责任。

17.4 因不可抗力解除合同

因不可抗力导致合同无法履行连续超过84天或累计超过140天的，发包人和承包人均有权解除合同。合同解除后，由双方当事人按照"商定或确定"商定或确定发包人应支付的款项。

18. 保险

18.1 工程保险

除专用合同条款另有约定外，发包人应投保建筑工程一切险或安装工程一切险。发包人委托承包人投保的，因投保产生的保险费和其他相关费用由发包人承担。

18.2 工伤保险

发包人应依照法律规定参加工伤保险，并为在施工现场的全部员工办理工伤保险，缴纳工伤保险费，并要求监理人及由发包人为履行合同聘请的第三方依法参加工伤保险。承包人应依照法律规定参加工伤保险，并为其履行合同的全部员工办理工伤保险，缴纳工伤保险费，并要求分包人及由承包人为履行合同聘请的第三方依法参加工伤保险。

18.3 其他保险

发包人和承包人可以为其施工现场的全部人员办理意外伤害保险并支付保险费，包括其员工及为履行合同聘请的第三方的人员，具体事项由合同当事人在专用合同条款约定。除专用合同条款另有约定外，承包人应为其施工设备等办理财产保险。

18.4 持续保险

合同当事人应与保险人保持联系，使保险人能够随时了解工程实施中的变动，并确保按保险合同条款要求持续保险。

18.5 保险凭证

合同当事人应及时向另一方当事人提交其已投保的各项保险的凭证和保险单复印件。

18.6 未按约定投保的补救

发包人未按合同约定办理保险，或未能使保险持续有效的，承包人可代为办理，所需费用由发包人承担。发包人未按合同约定办理保险，导致未能得到足额赔偿的，由发包人负责补足。承包人未按合同约定办理保险，或未能使保险持续有效的，发包人可代为办理，所需费用由承包人承担。承包人未按合同约定办理保险，导致未能得到足额赔偿的，由承包人负责补足。

18.7 通知义务

除专用合同条款另有约定外，发包人变更除工伤保险之外的保险合同时，应事先征得承包人同意，并通知监理人。承包人变更除工伤保险之外的保险合同时，应事先征得发包人同意，并通知监理人。保险事故发生时，投保人应按照保险合同规定的条件和期限及时向保险人报告。发包人和承包人应当在知道保险事故发生后及时通知对方。

19. 索赔

19.1 承包人的索赔

根据合同约定，承包人认为有权得到追加付款和延长工期的，应按相关程序向发包人提出索赔。

19.2 对承包人索赔的处理

(1) 监理人应在收到索赔报告后 14 天内完成审查并报送发包人。监理人对索赔报告存在异议的，有权要求承包人提交全部原始记录副本。

(2) 发包人应在监理人收到索赔报告或有关索赔的进一步证明材料后的 28 天内，由监理人向承包人出具经发包人签认的索赔处理结果。发包人逾期答复的，视为认可承包人的索赔要求。

(3) 承包人接受索赔处理结果的，索赔款项在当期进度款中进行支付；承包人不接受索赔处理结果的，按照第 20 条"争议解决"中的约定处理。

19.3 发包人的索赔

根据合同约定，发包人认为有权得到赔付金额和延长缺陷责任期的，监理人应向承包人发出通知并附有详细的证明。

发包人应在知道或应当知道索赔事件发生后 28 天内通过监理人向承包人提出索赔意向通知书，发包人未在前述 28 天内发出索赔意向通知书的，丧失要求赔付金额和延长缺陷责任期的权利。发包人应在发出索赔意向通知书后 28 天内，通过监理人向承包人正式递交索赔报告。

19.4 对发包人索赔的处理

(1) 承包人收到发包人提交的索赔报告后，应及时审查索赔报告的内容、查验发包人证明材料。

(2) 承包人应在收到索赔报告或有关索赔的进一步证明材料后 28 天内，将索赔处理结果答复发包人。如果承包人未在上述期限内做出答复的，就视为对发包人索赔要求的认可。

(3) 承包人接受索赔处理结果的，发包人可从应支付给承包人的合同价款中扣除赔付的金额或延长缺陷责任期。发包人不接受索赔处理结果的，按"争议解决"约定处理。

19.5 提出索赔的期限

(1) 承包人按"竣工结算审核"约定接收竣工付款证书后，应被视为已无权再提出在工程接收证书颁发前所发生的任何索赔。

(2) 承包人按"最终结清"提交的最终结清申请单中，只限于提出工程接收证书颁发后发生的索赔。提出索赔的期限自接受最终结清证书时终止。

20. 争议解决

20.1 和解

合同当事人可以就争议自行和解，自行和解达成协议的经双方签字并盖章后作为合同补充文件，双方均应遵照执行。

20.2 调解

合同当事人可以就争议请求建设行政主管部门、行业协会或其他第三方进行调解。调解达成协议的，经双方签字并盖章后作为合同补充文件，双方均应遵照执行。

20.3 争议评审

合同当事人在专用合同条款中约定采取争议评审方式解决争议以及评审规则，并按相应的约定执行。任何一方当事人不接受争议评审小组决定或不履行争议评审小组决定的，双方可选择采用其他争议解决方式。

20.4　仲裁或诉讼

因合同及合同有关事项产生的争议，合同当事人可以在专用合同条款中约定以下一种方式解决争议：①向约定的仲裁委员会申请仲裁；②向有管辖权的人民法院起诉。

20.5　争议解决条款效力

合同有关争议解决的条款独立存在，合同的变更、解除、终止、无效或者被撤销均不影响其效力。

上述所述为通用条款部分的主要内容，有关合同的一些补充内容，违约责任和其他特殊条款等详见《建设工程施工合同(示范文本)》(GF-2013-0201)。

【例题 9-3】　某房地产公司甲某建筑公司与乙签订一施工合同，修建某一住宅小区。小区建成后，经验收合格。验收一个月后，甲公司发现楼房屋顶漏水，遂要求乙负责无偿维修，并赔偿损失，建筑公司则以施工合同中并未规定质量保证期限，以工程验收合格为由，拒绝无偿修理的请求。甲公司于是诉讼至法院。法院判决施工合同有效，认为合同中虽没有约定工程质量保证期限，但依建设部发布的建设工程管理办法的规定，屋面防水工程保修期限为 3 年，因此本案工程交工后两个月内出现质量问题，应当由施工单位承担无偿修理并赔偿损失责任。故判令乙公司应当承担无偿修理的责任。

问：法院的判决是否正确？

9.3.3　专用条款部分的主要内容概述

在具体实施工程项目中每个项目的工作内容都不尽相同，施工现场的环境也各有差异，因此除了通用合同条款外，还必须有反映招标工程具体特点和要求的专用条款约定。合同示范文本中的"专用条款"为当事人提供了编制具体合同时应包括内容的指南，但在具体内容应根据发包工程的实际要求进行进一步细化。根据项目特点，对通用条款的内容进行补充和修正，使相同序号的通用条款与专业条款共同组成针对某方面问题内容完备的约定。可以说，专业条款是在通用条款的基础上对约定部分的进一步补充，专用条款的条款号与通用条款保持一致，区别在于空格，由当事人根据工程的具体情况予以明确或对通用条款进行修改。

专用条款部分的主要内容包括以下方面。

1. 一般约定。对于条款中一般约定的内容主要包括①词语定义；②法律；③标准和规范；④合同文件的优先顺序；⑤图纸和承包人文件；⑥联络；⑦交通运输；⑧知识产权；⑨工程量清单错误的修正。

2. 发包人：①发包人代表；②施工现场、施工条件和基础资料的提供；③资金来源证明及支付担保。

3. 承包人：①承包人的一般义务；②项目经理；③承包人；④分包；⑤工程照管与成品、半成品保护；⑥履约担保。

4. 监理人：①监理人的一般规定；②监理人员；③商定或确定。

5. 工程质量：①质量要求；②隐蔽工程检查。

6. 安全文明施工与环境保护：安全文明施工。

7. 工期和进度：①施工组织设计；②施工进度计划；③开工；④测量放线；⑤工期延误；⑥不利物质条件；⑦异常恶劣的气候条件；⑧提前竣工的奖励。
8. 材料与设备：①材料与工程设备的保管与使用；②样品；③施工设备和临时设施。
9. 试验与检验：①试验设备与试验人员；②现场工艺试验。
10. 变更：①变更的范围；②变更估价；③承包人的合理化建议；④暂估价；⑤暂列金额。
11. 价格调整：市场价格波动引起的调整。
12. 合同价格、计量与支付：①合同价格形式；②预付款；③计量；④工程进度款支付。

音频 3：建设工程施工合同——严禁贿赂

13. 验收和工程试车：①分部分项工程验收；②竣工验收；③工程试车；④竣工退场。
14. 竣工结算：①竣工结算申请；②竣工结算审核；③最终结清。
15. 缺陷责任期与保修：①缺陷责任期；②质量保证金；③保修。
16. 违约：①发包人违约；②承包人违约。
17. 不可抗力：①不可抗力的确认；②因不可抗力解除合同。

音频 4：建设工程施工合同——不合格工程的处理

18. 保险：①工程保险；②其他保险；③通知义务。
19. 争议解决：①争议评审；②仲裁或诉讼。

上述专用条款部分的补充内容详见《建设工程施工合同(示范文本)》(GF-2013-0201)，因篇幅有限，这里不做一一叙述。

9.4 实训练习

一、单选题

1. 以下关于合同示范文本的说法，正确的是( )。
   A. 示范文本能够使合同的签订规范和条款完备
   B. 示范文本为强制使用的合同文本
   C. 采用示范文本是合同成立的前提
   D. 采用示范文本是合同生效的前提

2. 除专用合同条款另有约定外，发包人应在至迟不得晚于"开工通知"载明的开工日期前( )天通过监理人向承包人提供测量基准点、基准线和水准点及其书面资料。
   A. 2　　　　B. 4　　　　C. 7　　　　D. 14

3. 下列( )不属于违约责任承担的种类。
   A. 继续履行　B. 罚款　　C. 采取补救措施　D. 停止违约行为

4. 建筑工程施工合同约定，施工企业未按节点工期完成约定进度的工程单位可解除合同，此约定属于合同的( )。
   A. 附条件终止　B. 附期限终止　C. 附条件解除　D. 附期限解除

5. 施工合同中约定，如果承包人需要更换项目经理的，应提前( )天书面通知发包人和监理人，并征得发包人书面同意。

  A. 2   B. 4   C. 7   D. 14

二、多选题

1. 合同协议书部分的主要内容包括( )。
   - A. 工程概况
   - B. 勘察范围和阶段、技术要求及工作量
   - C. 合同工期和质量标准
   - D. 签订时间和签订地点
   - E. 合同生效和合同份数
2. 专用条款部分的主要内容包括以下方面( )。
   - A. 一般约定
   - B. 发包人和承包人
   - C. 监理人
   - D. 工程质量
   - E. 安全文明施工与环境保护

三、简答题

1. 施工合同文本的主要内容有哪些？
2. 施工合同文件及解释顺序是如何规定的？
3. 施工合同中交通运输主要包括哪几个方面？
4. 发包人有哪些工作？
5. 承包人有哪些工作？
6. 合同中暂停施工的内容有哪些？
7. 竣工验收的主要内容是什么？
8. 关于安全施工有哪些规定？
9. 承包人违约的情形有哪些？
10. 对承包人的索赔处理如何进行？

第9章习题答案

项 目 实 训

班级		姓名		日期	
教学项目		实行建设工程合同示范文本制度			
任务	了解建设工程勘察合同示范文本、建设工程设计合同示范文本等内容；熟悉施工合同示范文本的基本格式，并且会运用到具体的施工合同中；掌握建设工程施工合同文本内容		方式	查找书籍，资料，通过具体案例来编制建筑工程合同	
相关知识		建设工程勘察合同示范文本 建设工程设计合同示范文本 建设工程施工合同示范文本			
其他要求		无			
学习总结记录					
评语				指导老师	

第 10 章 与建设工程相关的合同

学习目标

(1) 掌握建设工程委托监理合同、工程建设项目货物采购合同、借款合同等内容。
(2) 熟悉租赁、融资租金、承揽合同、运输合同等相关内容。

教学要求

章节知识	掌握程度	相关知识点
建设工程委托监理合同	掌握建设工程委托监理合同的相关知识点	合同的概念和特点、示范文本内容、当事人的责权利等
工程建设项目货物采购合同	掌握工程建设项目货物采购合同的相关知识点	工程建设项目材料、设备采购合同等
借款合同	掌握借款合同的相关知识点	借款合同的概念和特点、种类等
租赁合同	熟悉租赁合同的相关知识点	租赁合同的概念和特点、当事人的责权利等
融资租赁合同	熟悉融资租赁合同的相关知识点	融资租赁合同的概念和特点、当事人的责权利等
承揽合同	熟悉承揽合同的相关知识点	承揽合同的概念和特点、当事人的责权利等
运输合同	熟悉运输合同的相关知识点	运输合同的概念和特点、货物运输合同等

第 10 章教案

第 10 章案例答案

视频 1：与建设工程相关的合同

第 10 章扩展资源

第10章 与建设工程相关的合同

课程思政

在市场经济条件下，随着社会法治建设的不断完善和社会法治意识的不断加强，"按合同办事"已成为工程建设领域公认的一种规律和要求。施工合同依据法律的约束，遵循公平交易的原则确定各方的权利和义务，对进一步规范各方建设主体的行为，维护当事人的合法权益，培养和完善建设市场将起着重要的作用。

案例导入

根据《民法典》合同编第四百六十四条规定："合同是民事主体之间设立、变更、终止民事法律关系的协议。依法成立的合同，受法律保护。"无论是哪种情况的违约，权利受到侵害的一方，就要以施工合同为依据，根据有关法律追究对方的法律责任；施工合同一经订立，就成为调解、仲裁和审理纠纷的依据。因此，施工合同是保护建设工程实施阶段发包人和承包人权益的依据。

思维导图

10.1 建设工程委托监理合同

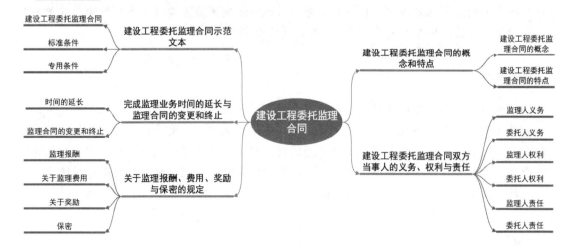

带着问题学知识

建设工程委托监理合同具有怎样的概念和特点？
建设工程委托监理合同示范文本包括了哪些内容？
建设工程委托监理合同双方当事人的责权利分别是什么？
建设工程委托监理合同的延长、变更和终止需要注意哪些事项？
监理的酬劳、费用、保密等具体是怎样规定的？

10.1.1 建设工程委托监理合同的概念和特点

1. 建设工程委托监理合同的概念

建设工程委托监理合同简称监理合同，是指委托人与监理人就委托的工程项目管理内容签订的明确双方权利、义务关系的协议。"委托人"是指承担直接投资责任和委托监理业务的一方及其合法继承人。"监理人"是指承担监理业务和监理责任的一方及其合法继承人。"监理机构"是指监理人派驻本工程现场实施监理业务的组织。"总监理工程师"是指经委托人同意，监理人派到监理机构全面履行合同的全权负责人。

2. 建设工程委托监理合同的特点

监理合同是委托合同的一种，除具有委托合同的共同特点外，还具有以下特点。
(1) 监理合同的主体是委托人与监理人。
(2) 监理合同的标的是监理服务，与其他建设工程合同，例如施工合同、勘察合同、设计合同等都不相同。监理合同的标的是服务，这种服务表现为监理工程师凭借自己的知识、经验、技能受业主委托为业主所签订的其他合同的履行实施监督和管理。监理服务的"工程"是指委托人委托实施监理的工程。

(3) 工程监理的工作。工程监理的工作包括工程监理的正常工作、工程监理的附加工作、工程监理的额外工作。"工程监理的正常工作"是指双方在专用条件中约定、委托人委托的监理工作范围和内容。"工程监理的附加工作"是指：①委托人委托监理范围以外，通过双方书面协议另外增加的工作内容；②由于委托人或承包人原因，使监理工作受到阻碍或延误，因增加工作量或持续时间而增加的工作。"工程监理的额外工作"是指正常工作和附加工作以外或非监理人自己的原因而暂停或终止监理业务，其善后工作及恢复监理业务的工作。

(4) 监理合同适用的法律。建设工程委托监理合同适用的法律是指国家的法律、行政法规，以及专用条件中议定的部门规章或工程所在地的地方性法规、地方性规章。

10.1.2　建设工程委托监理合同示范文本

《建设工程委托监理合同(示范文本)》是由中华人民共和国建设部、国家工商行政管理局于2000年2月制定的，于2012年进行了修订。该文本由三部分组成，第一部分是建设工程委托监理合同，第二部分是标准条件，第三部分是专用条件。

1. 建设工程委托监理合同

建设工程委托监理合同包括五个方面的内容：一是委托人委托监理人监理的工程(工程名称、工程地点、工程规模、总投资)；二是关于合同中的有关词语含义与合同"标准条件"中赋予它们的定义相同；三是合同文件的组成；四是监理人向委托人承诺，按照合同的规定，承担合同专用条件中议定范围内的监理业务；五是委托人向监理人承诺按照合同注明的期限、方式、币种，向监理人支付报酬。

监理合同文件的组成包括：监理投标书或中标通知书；合同标准条件；合同专用条件；在实施过程中双方共同签署的补充与修正文件。

2. 标准条件

标准条件包括的内容有词语定义、适用范围和法规；监理人义务；委托人义务；监理人权利；委托人权利；监理人责任；委托人责任；合同生效；监理报酬；其他；争议解决。

3. 专用条件

专用条件是对标准条件的具体化，是对标准条件规定的修改和补充。

10.1.3　建设工程委托监理合同双方当事人的义务、权利与责任

1. 监理人义务

(1) 监理人应按合同约定派出监理工作需要的监理机构及监理人员，向委托人报送委派的总监理工程师及其监理机构主要成员名单、监理规划，完成监理合同专用条件中约定的监理工程范围内的监理业务。在履行合同义务期间，应按合同约定定期向委托人报告监理

工作。

(2) 监理人在履行合同义务期间，应认真、勤奋地工作，为委托人提供与其水平相适应的咨询意见，公正维护各方面的合法权益。

(3) 监理人使用委托人提供的设施和物品属委托人的财产。在监理工作完成或中止时，应将其设施和剩余的物品按合同约定的时间和方式移交给委托人。

(4) 在合同期内或合同终止后，未征得有关方同意，不得泄露与工程、合同业务有关的保密资料。

2. 委托人义务

(1) 委托人在监理人开展监理业务之前应向监理人支付预付款。

(2) 委托人应当负责工程建设的所有外部关系的协调，为监理工作提供外部条件。根据需要，如果将部分或全部协调工作委托监理人承担，就应在专用条款中明确委托的工作内容和相应的报酬。

(3) 委托人应当在双方约定的时间内免费向监理人提供与工程有关的开展监理工作所需要的工程资料。

(4) 委托人应当在专用条款约定的时间内就监理人书面提交并要求作出决定的一切事宜进行书面答复。

(5) 委托人应当授权一名熟悉工程情况、能在规定时间内作出决定的常驻代表(在专用条款中约定)，负责与监理人联系。更换常驻代表，要提前通知监理人。

(6) 委托人应当将授予监理人的监理权利，以及监理人主要成员的职能分工、监理权限及时书面通知已选定的承包合同的承包人，并在与第三人签订的合同中予以明确。

(7) 委托人应在不影响监理人开展监理工作的时间内提供以下资料：与本工程合作的原材料、构配件、设备等生产厂家的名录；与本工程有关的协作单位、配合单位的名录。

(8) 委托人应免费向监理人提供办公用房、通信设施、监理人员工地住房及合同专用条件约定的设施，对监理人自备的设施给予合理的经济补偿(补偿金额=设施在工程使用时间占折旧年限的比例×设施原值+管理费)。

(9) 根据情况需要，如果双方约定由委托人免费向监理人提供其他人员，应在监理合同专用条件中予以明确。

3. 监理人权利

1) 监理人在委托人委托的工程范围内享有的权利

(1) 选择工程总承包人的建议权。

(2) 选择工程分包人的认可权。

(3) 对工程建设有关事项包括工程规模、设计标准、规划设计、生产工艺设计和使用功能要求，向委托人的建议权。

(4) 对工程设计中的技术问题，按照安全和优化的原则，向设计人提出建议。如果拟提出的建议可能会提高工程造价，或延长工期，应当事先征得委托人的同意。当发现工程设计不符合国家颁布的建设工程质量标准或设计合同约定的质量标准时，监理人应当书面报告委托人并要求设计人更正。

(5) 审批工程施工组织设计和技术方案，按照保质量、保工期和降低成本的原则，向承包人提出建议，并向委托人提出书面报告。

(6) 主持工程建设有关协作单位的组织协调，重要协调事项应当事先向委托人报告。

(7) 征得委托人同意，监理人有权发布开工令、停工令、复工令，但应当事先向委托人报告。例如在紧急情况下未能事先报告时，应在 24 小时内向委托人作出书面报告。

(8) 工程上使用的材料和施工质量的检验权。对于不符合设计要求和合同约定及国家质量标准的材料、配件、设备，有权通知承包人停止使用。对于不符合规范和质量标准的工序、分部分项工程和不安全施工作业，有权通知承包人停工整改、返工。承包人得到监理机构的复工令后才能复工。

(9) 工程施工进度的检查、监督权，以及工程实际竣工日期提前或超过工程施工合同规定的竣工期限的签认权。

(10) 在工程施工合同约定的工程价格范围内，工程款支付的审核和签认权，以及工程结算的复核确认权与否决权。未经总监理工程师签字确认，委托人不支付工程款。

2) 提出变更权

监理人在委托人授权下，可对任何承包人合同规定的义务提出变更。如果由此严重影响了工程费用、质量或进度，那么这种变更须经委托人事先批准。在紧急情况下未能事先报委托人批准时，监理人所作的变更也应尽快通知委托人。在监理过程中如果发现工程承包人的人员工作不力，监理机构可要求承包人调换有关人员。

3) 委托人、承包人对对方的意见和要求必须首先向监理机构提出

在委托的工程范围内，委托人或承包人对对方的任何意见和要求(包括索赔要求)必须首先向监理机构提出，由监理机构研究处置意见，再同双方协商确定。当委托人和承包人发生争议时，监理机构应根据自己的职能，以独立的身份判断，公正地进行调解。当双方的争议由政府建设行政主管部门调解或仲裁机构仲裁时，应当提供作证的事实材料。

4. 委托人权利

(1) 委托人有选定工程总承包人以及与其订立合同的权利。

(2) 委托人有对工程规模、设计标准、规划设计、生产工艺设计和设计使用功能要求的认定权，以及对工程设计变更的审批权。

(3) 监理人调换总监理工程师须事先经委托人同意。

(4) 委托人有权要求监理人提交监理工作月报及监理业务范围内的专项报告。

(5) 当委托人发现监理人员不按监理合同履行监理职责，或与承包人串通给委托人或工程造成损失的，委托人有权要求监理人更换监理人员，直到终止合同并要求监理人承担相应的赔偿责任或连带赔偿责任。

5. 监理人责任

(1) 监理人的责任期即委托监理合同有效期。在监理过程中，如果因工程建设进度的推迟或延误而超过书面约定的日期，双方应进一步约定相应延长的合同期。

(2) 监理人在责任期内，应当履行约定的义务。如果因监理人过失而造成委托人的经济损失，应当向委托人赔偿。累计赔偿总额(除合同第二十四条的规定以外)不应超过监理报酬总额(除去税金)。

(3) 监理人对承包人违反合同规定的质量要求和完工(交图、交货)时限不承担责任。因

不可抗力导致委托监理合同不能全部或部分履行的，监理人不承担责任。但对违反第五条的规定引起的与之有关的事宜，应向委托人承担赔偿责任。

（4）监理人向委托人提出赔偿要求不能成立时，监理人应当补偿由于该索赔所导致委托人的各种费用支出。

6. 委托人责任

（1）委托人应当履行委托监理合同约定的义务，如果有违反，应当承担违约责任，并赔偿对监理人造成的经济损失。监理人处理委托业务时，因非监理人原因的事由受到损失的，可以向委托人要求补偿损失。

（2）如果委托人向监理人提出赔偿的要求不能成立，那么应当补偿由该索赔所引起的监理人的各种费用支出。

10.1.4 完成监理业务时间的延长与监理合同的变更和终止

1. 时间的延长

由于委托人或承包人的原因使监理工作受到阻碍或延误，以致发生了附加工作或延长了持续时间，则监理人应当将此情况与可能产生的影响及时通知委托人。完成监理业务的时间相应延长，并得到附加工作的报酬。

在委托监理合同签订后，实际情况发生变化，使监理人不能全部或部分执行监理业务时，监理人应当立即通知委托人。该监理业务的完成时间应予延长。当恢复执行监理业务时，应当增加不超过 42 日的时间用于恢复执行监理业务，并按双方约定的数量支付监理报酬。

2. 监理合同的变更和终止

根据《建设工程委托监理合同〈示范文本〉》第三十四条的规定，当事人一方要求变更或解除合同时，应当在 42 日前通知对方，因解除合同使一方遭受损失的，除依法可以免除责任的外，应由责任方负责赔偿。变更或解除合同的通知或协议必须采取书面形式，协议未达成之前，原合同仍然有效。

监理人向委托人办理完竣工验收或工程移交手续，承包人和委托人应签订工程保修责任书，监理人收到监理报酬尾款后，监理合同即终止。关于保修期间的责任，双方要在专用条款中约定。监理人在应当获得监理报酬之日起 30 日内仍未收到支付单据，而委托人又未对监理人提出任何书面解释时，或根据规定对已暂停执行监理业务时限超过 6 个月的，监理人可向委托人发出终止合同的通知。发出通知后 14 日内仍未得到委托人答复，可进一步发出终止合同的通知，如果第二份通知发出后 42 日内仍未得到委托人答复，可终止合同或自行暂停或继续暂停执行全部或部分监理业务，由委托人承担违约责任。监理人由于非自己的原因而暂停或终止执行监理业务，其善后工作以及恢复执行监理业务的工作应当视为额外工作，有权得到额外的报酬。

当委托人认为监理人无正当理由而又未履行监理义务时，可向监理人发出指明其未履行义务的通知。若委托人发出通知后 21 日内没有收到答复，可在第一个通知发出后 35 日内发出终止委托监理合同的通知，合同即行终止，监理人承担违约责任。合同协议的终止并不影响各方应有的权利和应当承担的责任。

10.1.5 关于监理报酬、费用、奖励与保密的规定

1. 监理报酬

取得监理报酬的监理工作包括：正常的监理工作、附加工作和额外工作的报酬。监理工作的报酬应按照监理合同专用条件中约定的方法计算，并按约定的时间和数额进行支付。如果委托人在规定的支付期限内未支付监理报酬，自规定之日起，还应向监理人支付滞纳金。滞纳金从规定支付期限的最后一日起计算。支付监理报酬所采取的货币币种、汇率由合同专用条件约定。

如果委托人对监理人提交的支付通知中报酬或部分报酬项目提出异议，那么委托人应当在收到支付通知书24小时内向监理人发出表示异议的通知，但委托人不得拖延其他无异议报酬项目的支付。

2. 关于监理费用

委托的建设工程监理所必要的监理人员出外考察、材料、设备复试，其费用支出经委托人同意的，在预算范围内向委托人实报实销。在监理业务范围内，如需聘用专家咨询或协助，由监理人聘用的，其费用由监理人承担；由委托人聘用的，其费用由委托人承担。

3. 关于奖励

监理人在监理工作过程中提出的合理化建议，使委托人得到了经济效益，委托人应按专用条件中的约定给予经济奖励。监理人驻地监理机构及其职员不得接受监理工程项目施工承包人的任何报酬。监理人不得参与可能与合同规定的与委托人的利益相冲突的任何活动。

4. 保密

监理人在监理过程中，不得泄露委托人申明的秘密，监理人亦不得泄露设计人、承包人等提供并申明的秘密。监理人对于由其编制的所有文件拥有版权，委托人仅有权为本工程使用或复制此类文件。

【例题10-1】 2011年8月，A公司为装修办公楼，委托B装饰装修公司为其加工安装每间办公室的门窗。8月20日，双方签订了一份合同，合同约定了设计式样、材料规格、质量标准、验收和付款方式及违约责任等。合同签订后，B装饰装修公司按合同规定进场施工。在施工过程中，A公司管理人员在例行检查时，发现已装好的纱窗不符合合同中规定的质量要求，所有材料是劣质产品。经A公司进一步调查得知，B装饰装修公司由于人力不足，将加工安装纱窗的工作交给C装潢公司完成。A公司便向B装饰装修公司提出解除合同，要求B装饰装修公司赔偿其相应损失，并承担由此产生的违约责任。

B装饰装修公司辩称自己将该部分工作交给C装潢公司完成并没有违约，自己对纱窗的质量问题不应承担责任，应该由C装潢公司对此负责，A公司应直接向C装潢公司索赔。双方争执未果，A公司遂将B装饰装修公司告上法庭。法院判决B装饰装修公司应对再承

揽人C装潢公司完成的工作向定做人A公司承担瑕疵责任，赔偿A公司所受的损失。

问题： 法院的判决合理吗？为什么？

10.2 工程建设项目货物采购合同

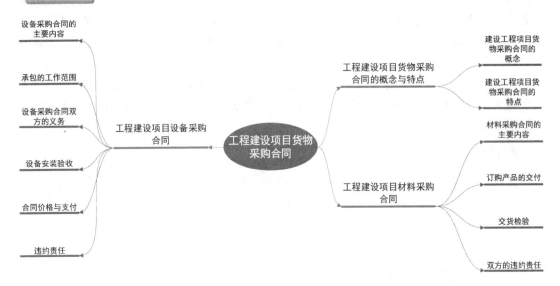

带着问题学知识

工程建设项目采购合同具有哪些特点？

工程建设项目材料、设备采购合同的内容有哪些？

10.2.1 工程建设项目货物采购合同的概念与特点

1. 建设工程项目货物采购合同的概念

建设工程项目货物采购合同，是指平等主体的自然人、法人、其他组织之间为实现工程项目的材料与设备的买卖，设立、变更、终止相互权利义务关系的协议。建设工程项目货物采购合同包括材料采购合同与设备采购合同，两者都属于买卖合同。具有买卖合同的一般特点，主要表现在以下几个方面。

(1) 出卖人与买受人订立买卖合同，是以转移财产所有权为目的。买卖合同的买受人取得财产所有权，必须支付相应的价款。出卖人转移财产所有权，必须以买受人支付价款为对价。

(2) 买卖合同是双务、有偿合同。所谓双务、有偿是指合同双方互负一定义务，出卖人应当保质、保量、按期交付合同订购的物资、设备，买受人应当按合同约定的条件接收货物并及时支付货款。

(3) 买卖合同是诺成合同。除了法律有特殊规定的情况外,当事人之间意思表示一致,买卖合同即可成立,并不以实物的交付为合同成立的条件。

音频1:诺成合同

2. 建设工程项目货物采购合同的特点

建设工程项目货物采购合同与项目的建设密切相关,其特点主要表现在以下几个方面。

(1) 建设工程项目货物采购合同的当事人。建设工程项目货物采购合同的买受人即采购人,他可以是发包人,也可以是承包人,依据施工合同的承包方式来确定。永久工程的大型设备一般由发包人采购。施工中使用的建筑材料采购责任按照施工合同专用条款的约定执行。通常由发包人负责采购供应,当然也有承包人负责采购的,属于包工包料承包方式。采购合同的出卖人即供货人,可以是生产厂家,也可以是从事物资流转业务的供应商。

(2) 物资采购合同的标的。建设工程项目货物采购合同的标的品种繁多,供货条件差异较大。

(3) 建设工程项目货物采购合同的内容。建设工程项目货物采购合同涉及的条款繁简程度差异较大。除具备买卖合同的一般条款外,还涉及交接程序、检验方式和质量要求等。大型设备采购除了交货阶段的工作外,往往还包括设备生产阶段、设备安装调试阶段、设备试运行阶段、设备性能达标检验和保修等方面的条款约定。

(4) 货物供应的时间。建设项目货物采购合同与施工进度密切相关。因此要求出卖人必须严格按照合同约定的时间交付订购的货物。延误交货将导致工程施工的停工待料,不能使建设项目及时发挥效益。买受人通常也不同意接受提前交货,因为一方面货物将占用施工现场有限的场地,影响施工;另一方面会增加买受人的仓储保管费用,增加买受人的成本支出。例如,出卖人提前将 500 吨水泥发运到施工现场,而买受人仓库已满,只好露天存放,为了防潮就需要投入很多物资进行维护保管。

10.2.2 工程建设项目材料采购合同

1. 材料采购合同的主要内容

按照《民法典》合同编关于合同的分类,材料采购合同属于买卖合同。我国国内工矿产品购销合同、工矿产品订货合同的示范文本规定,合同条款应包括以下内容。

(1) 产品名称、商标、型号、生产厂家、订购数量、合同金额、供货时间及每次供应数量。

(2) 质量要求的技术标准、供货方对质量负责的条件和期限。

(3) 交(提)货地点、方式。

(4) 运输方式及到站、港和费用的负担责任。

(5) 合理损耗及计算方法。

(6) 包装标准、包装物的供应与回收。

(7) 验收标准、方法及提出异议的期限。

(8) 随机备品、配件工具数量及供应办法。

(9) 结算方式及期限。

(10) 如需提供担保,应另立合同担保书作为合同附件。

(11) 违约责任。

(12) 解决合同争议的方法。

(13) 其他约定事项。

2. 订购产品的交付

(1) 产品的交付方式。订购物资或产品的供应方式,可以分为采购方到合同约定地点自提货物和供货方负责将货物送达指定地点两大类。供货方送货又细分为将货物负责运抵现场或委托运输部门代运两种形式。为了明确货物的运输责任,应在相应条款内写明所采用的交(提)货方式、交(接)货物的地点、接货单位(或接货人)的名称。

(2) 交货期限。货物的交(提)货期限,是指货物交接的具体时间要求。它不仅关系到合同是否按期履行,还可能会出现货物意外灭失或损坏时的责任承担问题。合同内应对交(提)货期限写明月份或更具体的时间。如果合同内规定分批交货时,还需注明各批次交货的时间,以便明确责任。在合同履行过程中,判定是否按期交货或提货,依照约定的交(提)货方式的不同,可能有以下几种情况。①供货方送货到现场的交货日期,以采购方接收货物时在货单上签收的日期为准。②供货方负责代运货物,以发货时承运部门签发货单上的戳记日期为准。合同约定采用代运方式时,供货方必须根据合同规定的交货期、数量、到站、接货人等,按期编制运输作业计划,办理托运、装车(船)、查验等发货手续,并将货运单、合格证等交给或者寄给对方,以便采购方在指定车站或码头接货。如果因单证不齐导致采购方无法接货,由此造成的额外支出费用应由供货方承担。③采购方自提产品,以供货方通知提货的日期为准。但供货方的提货通知中,应给对方合理预留必要的途中时间。如果采购方不能按时提货,应承担逾期提货的违约责任。当供货方早于合同约定日期发出提货通知时,采购方可根据施工的实际需要和仓储保管能力,决定是否按通知的时间提前提货。采购方有权拒绝提前提货,也可以按通知时间提货后仍按合同规定的交货时间付款。实际交(提)货日期早于或迟于合同规定的期限,都应视为提前或逾期交(提)货,由有关方承担相应责任。

3. 交货检验

(1) 交货检验的依据。交货检验的依据主要包括:双方签订的采购合同;供货方提供的发货单、计量单、装箱单及其他有关凭证;合同内约定的质量标准,应写明执行的标准代号、标准名称;产品合格证、检验单;图纸、样品或其他技术证明文件;双方当事人共同封存的样品。

(2) 交货数量检验。供货方代运货物的到货检验。由供货方代运的货物,采购方在站场提货地点应与运输部门共同验货,以便发现灭失、短少、损坏等情况时,能及时分清责任。采购方接收后,运输部门不再负责。属于交运前出现的问题,由供货方负责;运输过程中发生的问题,由运输部门负责。

(3) 交货质量检验。不论采用何种交接方式,采购方均应按合同的规定,对交付产品进行验收和试验。某些必须安装运转后才能发现内在质量缺陷的设备,应在合同规定的缺陷责任期或保修期内进行检验、检测。在此期限内,凡检测不合格的物资或设备均由供货方负责。如果采购方在规定时间内未提出质量异议,或因其使用、保管、保养不善而造成质量下降,那么供货方不再负责。产品质量应满足规定用途的特性指标,因此合同内必须约定产品应达到的质量标准。例如按国家标准执行,或按部颁标准执行等。合同内应具体写明采购方对不合格产品提出异议的时间和拒付货款的条件。采购方提出的书面异议中,应说明检验情况,对不符合规定产品提出具体处理意见。凡因采购方使用、保管、保养不善原因导致的质量下降,供货方不承担责任。在接到采购方的书面异议通知后,供货方应在10天内(或合同商定的时间内)负责处理,否则即视为默认采购方提出的异议和处理意见。如果当事人双方对产品的质量检测、试验结果发生争议,应按《中华人民共和国标准化法》(以下简称《标准化法》)的规定,请标准化管理部门的质量监督检验机构进行仲裁检验。

4. 双方的违约责任

10.2.3 工程建设项目设备采购合同

1. 设备采购合同的主要内容

双方的违约责任.doc

大型设备采购合同指采购方与供货方为提供建设工程项目所需的大型复杂设备而签订的合同。大型设备采购合同的标的物可能是非标准产品,需要专门加工制作,也可能虽为标准产品,但技术复杂而市场需求量较小,一般没有现货供应,待双方签订合同后由供货方专门进行加工制作,因此属于承揽合同的范畴。一个较为完备的大型设备采购合同,通常由合同条款和附件组成。

(1) 合同条款的主要内容。当事人双方在合同内根据具体订购设备的特点和要求,约定以下几方面的内容:合同的词语定义;合同标的;供货范围;合同价格;付款;交货和运输;包装与标记;技术服务;质量监造与检验;安装、调试、验收;保证与索赔;保险;税费;分包与外购;合同的变更、修改、中止和终止;不可抗力;合同争议的解决;其他。

(2) 主要附件。为了对合同中某些约定条款涉及内容较多的部分作出更为详细的说明,还需要编制一些附件作为合同的一个组成部分。附件通常包括:技术规范;供货范围;技术资料的内容和交付安排;交货进度;监造、检验和性能验收试验;价格表;技术服务的内容;分包和外购计划;大部件说明表等。

2. 承包的工作范围

大型复杂设备供货方的承包范围包括以下几个方面。

(1) 按照采购方的要求对生产厂家定型设计图纸的局部修改。
(2) 设备制造。
(3) 提供配套的辅助设备。
(4) 设备运输。
(5) 设备安装(或指导安装)。
(6) 设备调试和检验。
(7) 提供备品、备件。
(8) 对采购方运行的管理和操作人员的技术培训等。

3. 设备采购合同双方的义务

1) 设备制造期内双方的义务

(1) 供货方的义务。①在合同约定的时间内向采购方提交设备的设计、制造和检验的标准，包括与设备监造有关的标准、图纸、资料、工艺要求。②合同设备开始投料制造时，向监造代表提供整套设备的生产计划。③每个月末均应提供月报表，说明本月包括工艺过程和检验记录在内的实际生产进度，以及下一个月的生产、检验计划。④监造代表在监造中对发现的设备和材料存在质量问题或不符合标准而提出意见并暂不予以签字时，供货方需采取相应改进措施，以保证交货质量。供货方有义务主动及时地向其报告合同设备制造过程中出现的质量缺陷，不得隐瞒，不得擅自处理。⑤监造代表发现重大问题要求停工检验时，供货方应当遵照执行。⑥供货方为监造代表提供工作、生活必要的方便条件。⑦不论监造代表是否参与监造、出厂检验，或者监造代表参加了监造与检验并签署了监造与检验报告，均不能被视为免除供货方对设备质量应负的责任。

(2) 采购方的义务。①进行现场的监造检验和见证，结合供货厂实际生产过程，不得影响正常的生产进度。②监造代表应按时参加合同规定的检查和试验。否则，供货方的试验工作可以正常进行，试验结果有效。

2) 货物交付期间双方当事人的义务与责任

(1) 供货方的义务。①供货方应在发运前、合同约定的时间内向采购方发出通知，以便对方做好接货准备工作。②向承运部门办理申请发运设备所需的运输工具计划，负责合同设备从供货方到现场交货地点的运输。③每批合同设备交货日期以到货车站(码头)的到货通知单时间戳记为准，以此判定是否按期交货。④每批货物备妥及装运车辆(船)发出 24 小时内，应以电报或传真将该批货物的内容通知采购方。通知的内容包括：合同号；货物备妥发运日期；货物名称、编号和价格；货物总毛重；货物总体积；总包装件数；交运车站(码头)的名称、车号(船号)和运单号；重量超过 20 吨或尺寸超过 9m×3m×3m 的每件特大型货物的名称、重量、体积和件数，以及对每件该类设备(部件)必须标明重心和吊点位置，并附有草图。

(2) 采购方的义务。①应在接到发运通知后做好现场接货的准备工作。②按时到运输部门提货。③如果由于采购方的原因要求供货方推迟设备发货，应及时通知对方，并承担推迟期间的仓储费和必要的保管费。

(3) 损害、缺陷、短少的合同责任。①现场检验时，如果发现设备由于供货方的原因(包括运输)有任何损坏、缺陷、短少或不符合合同中规定的质量标准时，应做好记录，并由双方代表签字，各执一份，作为采购方向供货方提出修理、更换、索赔的依据。如果供货方要求采购方修理损坏的设备，所有修理设备的费用由供货方承担。②由于采购方的原因，例如发现损坏或短缺，供货方在接到采购方通知后，应尽快提供或替换相应的部件，但费用由采购方自负。③供货方如果对采购方提出修理、更换、索赔的要求有异议，应在接到采购方书面通知后合同约定的时间内提出，否则上述要求即告成立。如有异议，供货方应在接到通知后派代表赴现场同采购方代表共同复验。④双方代表在共同检验中对检验记录不能取得一致意见时，可由双方委托的权威第三方检验机构进行裁定检验。检验结果对双方都有约束力，检验费用由责任方负担。⑤供货方在接到采购方提出的索赔通知后，应按合同约定的时间尽快修理、更换，由此产生的费用应由责任方负担。

(4) 到货检验的程序。①货物到达目的地后，采购方向供货方发出到货检验通知进行检验。②货物清点。双方代表共同根据运单和装箱单对货物的包装、外观和件数进行清点。如果发现任何不符之处，经过双方代表确认属于供货方的责任后，由供货方处理解决。③开箱检验。货物运到现场后，采购方应尽快与供货方共同开箱检验，如果采购方未通知供货方而自行开箱或每一批设备到达现场后在合同规定的时间内不开箱，产生的后果由采购方承担。双方共同检验货物的数量、规格和质量，检验结果和记录对双方均有效，并可作为采购方向供货方提出索赔的证据。

4. 设备安装验收

1) 供货方的现场服务

按照合同约定的不同，设备安装工作可以由供货方负责，也可以在供货方提供必要的技术服务条件下由采购方承担。如果由采购方负责设备安装，那么供货方应提供的现场服务内容包括以下几个方面。

(1) 要派出必要的现场服务人员。供货方现场服务人员的职责包括指导安装和调试；处理设备的质量问题；参加试车和验收试验等。

(2) 要进行技术交底。在安装和调试前，供货方的技术服务人员应向安装施工人员进行技术交底，讲解和示范将要进行工作的程序和方法。对合同约定的重要工序，供货方的技术服务人员要对施工情况进行确认和签证，否则采购方不能进行下一道工序。经过确认和签证的工序，如果因技术服务人员指导错误而发生问题，那么由供货方负责。

(3) 安装、调试的工序。整个安装、调试过程应在供货方现场技术服务人员的指导下进行，重要工序须经供货方现场技术服务人员签字确认。在安装、调试过程中，若采购方未按供货方的技术资料规定和现场技术服务人员的指导、未经供货方现场技术服务人员签字确认而出现问题，那么采购方应自行负责(设备质量问题除外)；若采购方按供货方的技术资料规定和现场技术服务人员的指导、供货方现场技术服务人员签字确认而出现问题，那么由供货方承担责任。设备安装完毕后的调试工作由供货方的技术人员负责，或采购方的人员在其指导下进行。供货方应尽快解决调试中出现的设备问题，其所需时间应不超过合同约定的时间，否则将被视为延误工期。

2) 设备验收

(1) 启动试车。安装调试完毕后，双方共同参加启动试车的检验工作。试车可分成无负荷空运和带负荷试运行两个步骤进行，且每一阶段均应按技术规范要求的程序维持一定的持续时间，以检验设备的质量。试验合格后，监理及合同双方应在验收文件上签字，正式移交采购方进行生产运行。若检验不合格属于设备质量原因，由供货方负责修理、更换并承担全部费用。如果是由于工程施工质量问题引起的，由采购方负责拆除后纠正缺陷。不论是何种原因导致试车不合格，都要经过修理或更换设备后再进行试车试验，直到满足合同规定的试车质量要求为止。

(2) 性能验收。性能验收又称性能指标达标考核。启动试车只是检验设备安装完毕后是否能够顺利安全运行，但各项具体的技术性能指标是否达到供货方在合同内承诺的保证值还无法判定，因此合同中均要约定设备移交试生产稳定运行多少个月后进行性能测试。由于在合同规定的性能验收时间到来时，采购方已正式投产运行，这项验收试验由采购方负责,供货方参加。

试验大纲由采购方准备,与供货方讨论后确定。试验现场和所需的人力、物力由供货方提供。供货方应提供试验所需的测点、一次性元件和装设的试验仪表,以及做好技术配合和人员配合工作。

性能验收试验完毕,每套合同设备都达到合同规定的各项性能保证值指标后,采购方与供货方应共同会签合同设备初步验收证书。

如果合同设备经过性能测试检验,表明未能达到合同约定的一项或多项保证指标时,可以根据缺陷或技术指标试验值与供货方在合同内的承诺值偏差程度,按下列原则区别对待。

① 在不影响合同设备安全、可靠运行的条件下,如有个别微小缺陷,供货方应在双方商定的时间内免费修理,采购方可同意签署初步验收证书。

② 如果第一次性能验收试验达不到合同规定的一项或多项性能保证值,那么双方应共同分析原因,划清责任,由责任一方采取措施,并在第一次验收试验结束后、合同约定的时间内进行第二次验收试验。如能顺利通过,就签署初步验收证书。

③ 在第二次性能验收试验后,如仍有一项或多项指标未能达到合同规定的性能保证值,应按责任的原因分别对待。如果属于采购方原因,那么合同设备应被认为初步验收通过,共同签署初步验收证书。此后供货方仍有义务与采购方一起采取措施,使合同设备性能达到保证值。如果属于供货方原因,就应按照合同约定的违约金计算方法赔偿采购方的损失。

④ 在合同设备稳定运行规定的时间后,如果由于采购方原因造成性能验收试验的延误超过约定的期限,那么采购方也应签署设备初步验收证书,可视为初步验收合格。

初步验收证书只是证明供货方所提供的合同设备性能和参数截至出具初步验收证明时可以按合同要求予以接受,但不能视为供货方对合同设备中存在的可能引起合同设备损坏的潜在缺陷所应负责任解除的证据。所谓潜在缺陷是指在制造过程中很难发现的设备隐患。对于潜在缺陷,供货方应承担纠正缺陷责任。供货方的质量缺陷责任期限应保证到合同规定的保证期终止后或到第一次大修时。当发现这类潜在缺陷时,供货方应按照合同的规定进行修理或调换。

(3) 最终验收。合同应约定具体的设备保证期限,保证期从签发初步验收证书之日起开始计算;在保证期内的任何时候,当供货方提出由于其责任原因性能未达标而需要进行检查、试验、再试验、修理、调换时,采购方应做好安排和组织配合,以便进行上述工作。供货方应负担修理或调换的费用,并按实际修理或更换使设备停运所延误的时间将质量保证期限作相应延长。合同保证期满后,采购方在合同规定的时间内应向供货方出具合同设备最终验收证书。条件是此前供货方已完成采购方保证期满前提出的各项合理索赔要求,设备的运行质量符合合同的约定。每套合同设备最后一批交货到达现场之日起,如果因采购方原因在合同约定的时间内未能进行试运行和性能验收试验,期满后即可视为通过最终验收。采购方应与供货方共同协商后签发合同设备的最终验收证书。

5. 合同价格与支付

1) 合同价格

设备采购合同通常采用固定总价合同,在合同交货期内为不变价格。合同价包括合同设备、技术资料、技术服务等费用,还包括合同设备的税费、运杂费、保险费等与合同有关的其他费用。

2) 付款

支付的条件、支付的时间和费用等内容应在合同内具体约定。目前大型设备采购合同较多采用以下程序。

(1) 支付条件。合同生效后，供货方应提交不可撤销的履约保函，作为采购方支付合同款的先决条件。

(2) 支付程序。

① 合同设备款的支付。订购的合同设备价格可分 3 次支付：设备制造前供货方提交履约保函和金额为合同设备价格 10%的商业发票后，采购方支付合同设备价格的 10%作为预付款；供货方按交货顺序在规定的时间内将每批设备(部组件)运到交货地点，并将该批设备的商业发票、清单、质量检验合格证明、货运提单提供给采购方，支付该批设备价格的 80%；剩余合同设备价格的 10%作为设备保证金，待每套设备保证期满没有问题，采购方签发设备最终验收证书后支付。

② 技术服务费的支付。合同约定的技术服务费分两次支付：第一批设备交货后，采购方支付给供货方该套合同设备技术服务费的 30%；每套合同设备通过该套机组性能验收试验，初步验收证书签署后，采购方支付该套合同设备技术服务费的 70%。

③ 运杂费的支付。运杂费在设备交货时由供货方分批向采购方结算，结算总额为合同规定的运杂费。

(3) 采购方的支付责任。

付款时间以采购方银行承付日期为实际支付日期，若此日期晚于规定的付款日期，即从规定的日期开始，按合同约定计算迟付款违约金。

6．违约责任

为了保证合同双方的合法权益，虽然在前面内容中已说明责任的划分，例如修理、置换、补足短少部件等规定，但还应在合同中约定承担违约责任的条件、违约金的计算办法和违约金的最高赔偿限额。违约金通常包括以下几方面。

1) 供货方的违约责任

(1) 延误责任的违约金。此项违约金的计算方法可分为设备延误到货的违约金的计算办法；未能按合同规定的时间交付严重影响施工的关键技术资料的违约金的计算办法；因技术服务的延误、疏忽或错误导致工程延误的违约金的计算办法。

(2) 质量责任的违约金。经过两次性能试验后，一项或多项性能指标仍达不到保证指标时，各项具体性能指标违约金的计算办法。

(3) 不能供货的违约金。合同履行过程中，如果因供货方的原因不能交货，按不能交货部分设备约定价格的某一百分比计算违约金。

2) 采购方的违约责任

(1) 延期付款违约金的计算办法。

(2) 延期付款利息的计算办法。

(3) 如果采购方中途要求退货，按退货部分设备约定价格的一百分比计算违约金。

在违约责任条款内还应分别列明任何一方严重违约时，对方可以单方面终止合同的条件、终止程序和后果责任。

【例题 10-2】某施工单位依据领取的某 200m² 两层厂房工程项目招标文件和全套施工图纸,采纳低报价策略编制了招标文件,并获取中标。该施工单位(乙方)于某年某月某日与建设单位(甲方)签订了该工程项目的固定价钱施工合同。合同工期为 8 个月。甲方在乙方进入施工现场后,因资金紧缺,没法按期支付工程款,口头要求乙方暂停施工一个月。乙方也口头答应。工程,按合同规定时限查收时,甲方发现工程质量有问题,要求返工。2 个月后,返工完成。结算时甲方以为乙方延误交托工程,应按合同商定偿付逾期违约金。乙方以为暂时歇工是甲方要求的。乙方为抢工期,加速施工进度才出现了质量问题,所以延误交托的责任不在乙方。甲方以暂时歇工和不顺延工期是当时乙方答应的,认为乙方应执行许诺,担当违约责任。

问题:
1. 该工程采纳固定价钱合同是否合适?
2. 该施工合同的更改形式是否妥当?此合同争议依照《民法典》合同编应如何处理?

10.3 借款合同

◆ 思维导图

带着问题学知识

借款合同与其他合同相比,有哪些特点需要注意?
借款合同分为哪几种?具体是怎样划分的?

10.3.1 借款合同的概念和特点

1. 借款合同的概念

根据《民法典》合同编第六百六十七条的规定,"借款合同是借款人向贷款人借款,到期返还借款并支付利息的合同"。在借款合同中,提供钱款的一方称为贷款人,向对方借款、接受钱款的一方称为借款人。借款合同是确认借款和贷款关系的法律形式。有利于加速货币的周转,解决商品生产者、经营者的资金不足,缓解个人生活急需,充分发挥资金的作用,促进市场经济的健康发展,保护借款合同当事人的合法权益。

2. 借款合同的特点

借款合同与其他合同相比,有自己的特点。借款合同的标的是金钱。借款合同是转移标的钱款所有权的合同。借款合同的标的只限于金钱,即货币。金钱是可消耗物,即消费物,同时金钱又是特殊的种类物,当事人之间不必有特别约定就能发生金钱占有的转移。

借款合同的目的在于使借款人获得对该借款的消费。在借款合同中，合同约定的或者法律规定的还款期限届至时，借款人无须返还原物，仅需返还同样数量的金钱即可。

10.3.2 借款合同的种类

1. 金融机构借款合同

(1) 金融机构借款合同的概念。金融机构借款合同是指办理贷款业务的金融机构作为贷款人一方，向借款人提供贷款，借款人到期返还借款并支付利息的合同。金融机构借款合同具有有偿性、要式性、诺成性特点。借款人不但要按期还本，还要支付利息。签订借款合同必须采用书面形式，根据《民法典》合同编第六百六十八条的规定，"借款合同采用书面形式，但自然人之间借款另有约定的除外"。借款合同属于诺成性的合同，一经当事人双方依法达成借款合意，借款合同就成立生效，无须以实际交付为合同成立生效的要件。

音频2：要式性

(2) 借款合同的内容。借款合同的内容包括借款种类、币种、用途、数额、利率、期限和还款方式等。

(3) 借款人与贷款人的权利、义务和责任。订立借款合同，贷款人可以要求借款人依照《担保法》的规定提供担保。订立借款合同，借款人应当按照贷款人的要求提供与借款有关的业务活动和财务状况的真实情况。借款的利息不得预先在本金中扣除。利息预先在本金中扣除的，应当按照实际借款数额返还借款并计算利息。贷款人未按照约定的日期、数额提供借款，造成借款人损失的，应当赔偿损失。借款人未按照约定的日期、数额收取借款的，应当按照约定的日期、数额支付利息。

贷款人按照约定可以检查、监督借款的使用情况。借款人应当按照约定向贷款人定期提供有关财务会计报表等资料。借款人未按照约定的借款用途使用借款的，贷款人可以停止发放借款、提前收回借款或者解除合同。办理贷款业务的金融机构贷款的利率，应当按照中国人民银行规定的贷款利率的上下限确定。借款人未按照约定的期限返还借款的，应当按照约定或者国家的有关规定支付逾期利息。借款人提前偿还借款的，除当事人另有约定的以外，应当按照实际借款的期间计算利息。借款人可以在还款期限届满之前向贷款人申请展期。贷款人同意的，可以展期。

(4) 关于借款合同条款约定不明的规定。根据《民法典》合同编第六百七十四条规定"借款人应当按照约定的期限支付利息。对支付利息的期限没有约定或者约定不明确，依据本法第五百一十条的规定仍不能确定，借款期间不满一年的，应当在返还借款时一并支付；借款期间一年以上的，应当在每届满一年时支付，剩余期间不满一年的，应当在返还借款时一并支付"。根据《民法典》合同编第六百七十五条规定"借款人应当按照约定的期限返还借款。对借款期限没有约定或者约定不明确，依据本法第五百一十条的规定仍不能确定的，借款人可以随时返还；贷款人可以催告借款人在合理期限内返还"。

2. 自然人之间的借款合同

自然人之间的借款合同的主体限于自然人。这种借款合同与一方为金融机构的借款合同是有区别的。它是一种不要式的合同，采用何种形式由合同当事人约定。自然人之间的借款合同生效是以贷款人提供借款为前提的。《民法典》合同编第六百七十九条规定，"自然人之间的借款合同,自贷款人提供借款时生效"。自然人之间的借款合同可以是有偿的,也可以是无偿的,由当事人之间约定。根据《民法典》合同编第六百八十条规定"禁止高利放贷,借款的利率不得违反国家有关规定。借款合同对支付利息没有约定的,视为没有利息。借款合同对支付利息约定不明确,当事人不能达成补充协议的,按照当地或者当事人的交易方式、交易习惯、市场利率等因素确定利息;自然人之间借款的,视为没有利息"。

建设工程借款合同(参考文本)

合同编号:＿＿＿＿＿＿＿＿＿

贷款方:＿＿＿＿＿＿＿＿＿＿＿＿＿＿＿＿＿

借款方:＿＿＿＿＿＿＿＿＿＿＿＿＿＿＿＿＿

根据国家规定,借款方为进行基本建设所需贷款,经贷款方审查发放。为明确双方责任,恪守信用,特签订本合同,共同遵守。

第一条 借款用途＿＿＿＿＿＿＿＿＿＿＿＿＿＿＿＿＿＿＿＿＿＿＿＿＿＿＿＿＿＿。

第二条 借款金额 借款方向贷款方借款人民币(大写)＿＿＿＿＿元。预计用款为＿＿年＿＿元;＿＿年＿＿元;＿＿年＿＿元;＿＿年＿＿元;＿＿年＿＿元。

第三条 借款利率。自支用贷款之日起,按实际支用数计算利息,并计算复利。在合同规定的借款期内,年息为＿＿＿%。借款方如果不按期归还贷款,逾期部分加收利率20%。

第四条 借款期限。借款方保证从＿＿＿年＿＿月起至＿＿＿年＿＿月止,用国家规定的还款资金偿还全部贷款。预定为＿＿＿年＿＿元;＿＿＿年＿＿元;＿＿＿年＿＿元;＿＿＿年＿＿元;＿＿＿年＿＿元;＿＿＿年＿＿元。贷款逾期不还的部分,贷款方有权限期追回贷款,或者商请借款单位的其他开户银行代为扣款清偿。

第五条 因国家调整计划、产品价格、税率,以及修正概算等原因,需要变更合同条款时,由双方签订变更合同的文件,作为本合同的组成部分。

第六条 贷款方保证按照本合同的规定供应资金。因贷款方责任未按期提供贷款,应按违约数额和延期天数,付给借款方违约金。违约金的计算与银行规定的加收借款方的罚息计算相同。

第七条 贷款方有权检查、监督贷款的使用情况,了解借款方的经营管理、计划执行、财务活动、物资库存等情况。借款方应提供有关的统计、会计报表及资料。

借款方如果不按合同规定使用贷款,贷款方有权收回部分贷款,并对违约使用部分按照银行规定加收罚息。借款方提前还款的,应按规定减收利息。

第八条 本合同条款以外的其他事项,双方遵照《中华人民共和国合同法》的有关规定办理。

第九条 本合同经过签章后生效,贷款本息全部清偿后失效。本合同一式五份,签章各方各执一份,报送主管部门、总行、分行各一份。

借款方:＿＿＿＿＿＿(盖章)　　　　　贷款方:＿＿＿＿＿＿(盖章)

负责人:＿＿＿＿＿＿(签章)　　　　　负责人:＿＿＿＿＿＿(签章)

地　址:＿＿＿＿＿＿　　　　　　　　 地　址:＿＿＿＿＿＿

　　　　　　　　　　　　　　　　　　　签约日期:＿＿＿＿＿＿

　　　　　　　　　　　　　　　　　　　签约地点:＿＿＿＿＿＿

10.4 租赁合同

思维导图

带着问题学知识

租赁合同的特征分为哪几部分？
租赁合同的当事人具有怎样的责、权、利？

10.4.1 租赁合同的概念和特征

1. 租赁合同的概念及其内容

依据《民法典》合同编第七百零三条的规定，"租赁合同是出租人将租赁物交付承租人使用、收益，承租人支付租金的合同"。租赁合同的内容包括租赁物的名称、数量、用途、租赁期限、租金及其支付期限和方式、租赁物维修等。租赁期限 6 个月以上的，应当采用书面形式。当事人未采用书面形式的，视为不定期租赁。

2. 租赁合同的特征

(1) 租赁合同为双务有偿合同。出租人要将租赁标的物交付给承租人使用、收益，承租人要向出租人支付租金，使双方互负义务，是有偿的合同。它与借用合同在这一点上是有区别的。

(2) 租赁合同是转让财产使用权的合同。租赁合同的目的是承租人对租赁物的使用与收益。因此租赁合同转移的是租赁物的使用与收益权，而不转移所有权，出租人不享有对租赁物的处分权。这一点与买卖合同是不同的。买卖合同转让的是标的物的所有权。

(3) 租赁合同是诺成合同。双方依法意思表示一致，合同即成立。

(4) 租赁合同具有临时性的特点。租赁合同不适用财产的永久性使用。根据《民法典》合同编第七百零五条的规定，租赁期限不得超过 20 年。超过 20 年的，超过部分无效。租赁期间届满，当事人可以续订租赁合同，但约定的租赁期限自续订之日起不得超过 20 年。

10.4.2 租赁合同当事人的权利、义务与责任

1. 出租人的权利、义务与责任

(1) 有依据合同要求对方支付租金的权利。根据《民法典》合同编第七百二十二条的规

定,"承租人无正当理由未支付或者迟延支付租金的,出租人可以要求承租人在合理期限内支付。承租人逾期不支付的,出租人可以解除合同"。

(2) 交付合同标的物的义务。出租人应当按照约定将租赁物交付承租人,并在租赁期间保持租赁物符合约定的用途。《民法典》合同编第七百一十一条规定,"承租人未按照约定的方法或者租赁物的性质使用租赁物,致使租赁物受到损失的,出租人可以解除合同并要求赔偿损失"。

(3) 出租人负有对租赁物进行维修的义务。《民法典》合同编第七百一十二条规定,"出租人应当履行租赁物的维修义务,但当事人另有约定的除外"。《民法典》合同编第七百一十三条规定,"承租人在租赁物需要维修时可以要求出租人在合理期限内维修。出租人未履行维修义务的,承租人可以自行维修,维修费用由出租人负担。因维修租赁物影响承租人使用的,应当相应减少租金或者延长租期"。

(4) 出租人出卖租赁房屋,负有在合理期限内通知的义务。根据《民法典》合同编第七百二十六条的规定,"出租人出卖租赁房屋的,应当在出卖之前的合理期限内通知承租人,承租人享有以同等条件优先购买的权利"。

2. 承租人的权利、义务与责任

(1) 承租人合理使用租赁物时,不负赔偿的责任。依据《民法典》合同编第七百一十条的规定,"承租人按照约定的方法或者租赁物的性质使用租赁物,致使租赁物受到损耗的,不承担损害赔偿责任。承租人有义务妥善保管租赁物,因保管不善造成租赁物毁损、灭失的,应当承担损害赔偿责任"。

(2) 经出租人同意可对租赁物进行改善或者增设他物。《民法典》合同编第七百一十五条规定,"承租人经出租人同意,可以对租赁物进行改善或者增设他物。承租人未经出租人同意,对租赁物进行改善或者增设他物的,出租人可以要求承租人恢复原状或者赔偿损失"。

(3) 经出租人同意,可以将租赁物转租给第三人。《民法典》合同编第七百一十六条规定,"承租人经出租人同意,可以将租赁物转租给第三人。承租人转租的,承租人与出租人之间的租赁合同继续有效,第三人对租赁物造成损失的,承租人应当赔偿损失。承租人未经出租人同意转租的,出租人可以解除合同"。

(4) 租赁期间因占有、使用而获得收益权。《民法典》合同编第七百二十条规定,"在租赁期间因占有、使用租赁物获得的收益,归承租人所有,但当事人另有约定的除外"。因第三人主张权利,致使承租人不能对租赁物使用、收益的,承租人可以要求减少租金或者不支付租金。第三人主张权利的,承租人应当及时通知出租人。

(5) 按约定期限支付租金的义务。《民法典》合同编第七百二十一条规定,"承租人应当按照约定的期限支付租金。对支付期限没有约定或者约定不明确,依照《民法典》中第五百一十条的规定仍不能确定,租赁期间不满一年的,应当在租赁期间届满时支付;租赁期间一年以上的,应当在每届满一年时支付,剩余期间不满一年的,应当在租赁期间届满时支付"。

(6) 承租人负有返还租赁物的义务。《民法典》合同编第七百三十三条规定,"租赁期间届满,承租人应当返还租赁物。返还的租赁物应当符合按照约定或者租赁物的性质使用后的状态"。租赁物在租赁期间发生所有权变动的,不影响租赁合同的效力。

(7) 不可归责原因的解除权。根据《民法典》合同编第七百二十九条的规定,"因不可归责于承租人的事由,致使租赁物部分或者全部毁损、灭失的,承租人可以要求减少租金或者不支付租金;因租赁物部分或者全部毁损、灭失,致使不能实现合同目的的,承租人可以解除合同"。

租赁物危及承租人的安全或者健康的,即使承租人订立合同时明知该租赁物质量不合格,承租人仍然可以随时解除合同。承租人在房屋租赁期间死亡的,与其生前共同居住的人可以按照原租赁合同租赁该房屋。租赁期间届满,承租人继续使用租赁物,出租人没有提出异议的,原租赁合同继续有效,但租赁期限为不定期。

【例题10-3】 2011年4月,某省设备租赁公司与某县对外贸易公司、某县发电厂三方签订了一份汽车租赁合同。合同规定如下:

(1) 外贸公司租赁设备租赁公司的平头东风卡车3辆,租金总额为41.5万元。

(2) 租期为14个月,租金分5次不等额支付,每3个月为一个付租期。

(3) 汽车在租赁期间内归外贸公司使用,所有权属于租赁公司,外贸公司不得进行任何形式的转让、出租和抵押。

(4) 在租赁期间,汽车的一切事故均由外贸公司负责处理并承担费用;如汽车发生毁损或灭失时,外贸公司仍需按期支付租金;如不按期支付租金或违反本合同条款时,除按延付时间继续计算利息外,每日加收延付金额5‰的滞纳金,并由外贸公司赔偿甲方由此产生的一切损失。

(5) 租赁期满后,租赁公司将汽车按其残值每台300元转让给外贸公司。

(6) 某县发电厂为本合同承租人的担保人,不论发生何种情况,承租人未按合同规定支付租金的,发电厂负责支付所欠租金。

合同签订后,租赁公司分两次汇给外贸公司30.6万元,注明此款为3辆平头东风车的车价。随后,外贸公司将购车发票提供给租赁公司。合同履行过程中,外贸公司未按规定支付租金,双方发生纠纷,租赁公司遂诉至法院。

问题: 本案中有几种法律关系?法院应如何认定本案中的各种法律关系?

租赁合同(示范文本)

合同编号: _____

出租人: _____ 签订地点: _____

承租人: _____ 签订时间: _____

第一条 租赁物

1. 名称: _____

2. 数量及相关配套设施: _____

3. 质量状况: _____

第二条 租赁期限_____年_____个月_____日,自____年____月____日至_____年_____月_____日。

(提示: 租赁期限不得超过二十年。超过二十年的,超过部分无效)

第三条 租赁物的用途或性质：_____。

租赁物的使用方法：_____。

第四条 租金、租金支付期限及方式

1. 租金(大写)：_____

2. 租金支付期限：_____

3. 租金支付方式：_____

第五条 租赁物交付的时间、地点、方式及验收：_____。

第六条 租赁物的维修

1. 出租人维修范围、时间及费用承担：_____。

2. 承租人维修范围及费用承担：_____。

第七条 因租赁物维修影响承租人使用_____天的，出租人应相应减少租金或延长租期。其计算方式是：_____。

第八条 租赁物的改善或增设他物

出租人(是/否)允许承租人对租赁物进行改善或增设他物。改善或增设他物不得因此损坏租赁物。

租赁合同期满时，对租赁物的改善或增设的他物的处理办法是_____。

第九条 出租人(是/否)允许承租人转租租赁物。

第十条 违约责任：_____。

第十一条 合同争议的解决方式：本合同在履行过程中发生的争议，由双方当事人协商解决；也可由当地工商行政管理部门调解；协商或调解不成的，按下列第_____种方式解决：

1. 提交_____仲裁委员会仲裁。

2. 依法向人民法院起诉。

第十二条 租赁期届满，双方有意续订的，可在租赁期满前_____日续订租赁合同。

第十三条 租赁期满租赁物的返还时间为：_____。

第十四条 其他约定事项：_____。

第十五条 本合同未规定的，按照《中华人民共和国合同法》的规定执行。

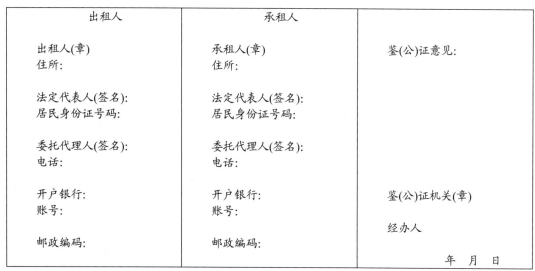

10.5 融资租赁合同

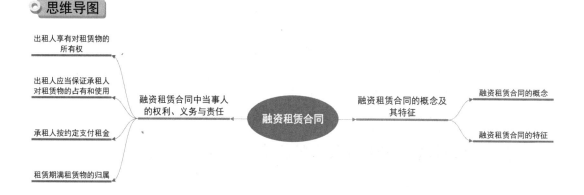

带着问题学知识

与租赁合同相比，融资租赁合同有哪些异同？
融资租赁合同当事人的责、权、利各有什么特征？

10.5.1 融资租赁合同的概念及其特征

1. 融资租赁合同的概念

根据《民法典》合同编第七百三十五条的规定，"融资租赁合同是出租人根据承租人对出卖人、租赁物的选择，向出卖人购买租赁物，提供给承租人使用，承租人支付租金的合同"。《民法典》合同编第七百三十六条规定，融资租赁合同的内容包括租赁物名称、数量、规格、技术性能、检验方法、租赁期限、租金构成及其支付期限和方式、币种、租赁期间届满租赁物的归属等条款。融资租赁合同应当采用书面形式。

融资租赁合同是融资交易的产物，融资租赁交易是第二次世界大战后发展起来的集金融、贸易和租赁于一体的新型信贷方式。我国融资租赁业发展起步较晚，1981年成立的中日合资企业即中国东方租赁公司是我国第一家从事融资租赁的企业。此后融资租赁业在我国快速发展，目前已成为利用和吸引外资的一条重要途径。

2. 融资租赁合同的特征

(1) 融资租赁合同是由两个合同即买卖合同和融资性租赁合同，三方当事人即出卖人、出租人、承租人结合在一起有机构成的新型独立合同。出卖人与买受人之间存在买卖合同关系；买受人与承租人之间存在融资性租赁合同关系；买受人在融资性租赁合同中，又是出租人。根据《民法典》合同编第七百三十九条的规定，"出租人根据承租人对出卖人、租赁物的选择订立的买卖合同，出卖人应当按照约定向承租人交付标的物，承租人享有与受领标的物有关的买受人的权利"。《民法典》合同编第七百四十一条规定，"出租人、出卖人、承租人可以约定，出卖人不履行买卖合同义务的，由承租人行使索赔的权利。承租人行使索赔权利的，出租人应当协助"。出租人根据承租人对出卖人、租赁物的选择订立的买卖合同，未经承租人同意，出租人不得变更与承租人有关的合同内容。

(2) 融资租赁合同是以融资为目的的。这是融资合同与租赁合同、买卖合同、借款合同的不同点。

(3) 融资租赁合同中的出租人是从事融资租赁业务的租赁公司。从事融资租赁业务的公司不是一般意义上的自然人、法人、其他组织，只有经金融管理部门批准许可经营的公司才有从事融资租赁交易、订立融资租赁合同的资格。

(4) 融资租赁合同是诺成合同、要式合同、多务合同、有偿合同。

10.5.2 融资租赁合同中当事人的权利、义务与责任

1. 出租人享有对租赁物的所有权

《民法典》合同编第七百四十五条规定"出租人对租赁物享有的所有权，未经登记，不得对抗善意第三人"。关于融资租赁合同的租金，除当事人另有约定的以外，应当根据购买租赁物的大部分或者全部成本，以及出租人的合理利润确定。租赁物不符合约定或者不符合使用目的的，出租人不承担责任，但承租人依赖出租人的技能确定租赁物或者出租人干预选择租赁物的除外。

2. 出租人应当保证承租人对租赁物的占有和使用

承租人应当妥善保管、使用租赁物。承租人应当履行占有租赁物期间的维修义务。承租人占有租赁物期间，租赁物造成第三人的人身伤害或者财产损害的，出租人不承担责任。

3. 承租人按约定支付租金

《民法典》合同编第七百五十二条规定，"承租人应当按照约定支付租金。承租人经

催告后在合理期限内仍不支付租金的,出租人可以要求支付全部租金;也可以解除合同,收回租赁物"。

4. 租赁期满租赁物的归属

根据我国《民法典》合同编第七百五十八条的规定,"当事人约定租赁期间届满租赁物归承租人所有,承租人已经支付大部分租金,但无力支付剩余租金,出租人因此解除合同收回租赁物的,收回的租赁物的价值超过承租人欠付的租金以及其他费用的,承租人可以请求相应返还"。出租人和承租人可以约定租赁期间届满租赁物的归属。对租赁物的归属没有约定或者约定不明确,依照《民法典》合同编第五百一十条的规定仍不能确定的,租赁物的所有权归出租人。

融资租赁合同(示范文本)

融资租赁合同.doc

10.6 承 揽 合 同

10.6.1 承揽合同的概念和特征

1. 承揽合同的概念

根据我国《民法典》合同编第七百七十条的规定,"承揽合同是承揽人按照定作人的要求完成工作,交付工作成果,定作人给付报酬的合同。承揽包括加工、定作、修理、复制、测试、检验等工作"。承揽合同的内容包括承揽的标的、数量、质量、报酬、承揽方式、材料的提供、履行期限、验收标准和方法等条款。

2. 承揽合同的特征

(1) 承揽合同的目的。承揽合同以完成一定工作为目的。在承揽合同中,承揽人按照定作人的要求完成工作，交付工作成果，定作人就承揽人完成的成果支付价款。

(2) 承揽人应当独立完成工作。承揽合同一般是建立在对承揽人信任的基础上，只有承揽人自己完成工作才符合定作人的要求。如果承揽人将其承揽的主要工作由第三人完成，属于债务的不履行，要承担违约责任。

(3) 定作物的特殊性。承揽合同的定作物的最终成果，无论以何种形式体现，都必须符合定作人的要求，否则交付的成果就不合格。

(4) 承揽合同是诺成、有偿合同。

10.6.2 承揽合同中当事人的义务与责任

1. 承揽人的义务与责任

(1) 完成主要工作的义务。根据《民法典》合同编第七百七十二条的规定，"承揽人应当以自己的设备、技术和劳力，完成主要工作，但当事人另有约定的除外。承揽人将其承揽的主要工作交由第三人完成的，应当就该第三人完成的工作成果向定作人负责；未经定作人同意的，定作人也可以解除合同"。《民法典》合同编第七百七十三条规定，"承揽人可以将其承揽的辅助工作交由第三人完成。承揽人将其承揽的辅助工作交由第三人完成的，应当就该第三人完成的工作成果向定作人负责"。

(2) 对提供的材料进行检查和接受检查的义务。《民法典》合同编第七百七十五条规定，"定作人提供材料的，定作人应当按照约定提供材料。承揽人对定作人提供的材料，应当及时检验，发现不符合约定时，应当及时通知定作人更换、补齐或者采取其他补救措施。承揽人不得擅自更换定作人提供的材料，不得更换不需要修理的零部件"。《民法典》合同编第七百七十四条规定，"承揽人提供材料的，承揽人应当按照约定选用材料，并接受定作人检验"。承揽人发现定作人提供的图纸或者提出的技术要求不合理的，应当及时通知定作人。因定作人怠于答复等原因造成承揽人损失的，定作人应当赔偿损失。

(3) 交付成果的义务。《民法典》合同编第七百八十条规定，"承揽人完成工作的，应当向定作人交付工作成果，并提交必要的技术资料和有关质量证明。定作人应当验收该工作成果"。《民法典》合同编第七百八十一规定，"承揽人交付的工作成果不符合质量要求的，定作人可以要求承揽人承担修理、重做、减少报酬、赔偿损失等违约责任"。

(4) 负有妥善保管承揽物的义务。根据《民法典》合同编第七百八十四条规定，"承揽人应当妥善保管定作人提供的材料以及完成的工作成果，因保管不善造成毁损、灭失的，承揽人应当承担损害赔偿责任"。

(5) 负有保密的义务。承揽人应当按照定作人的要求保守秘密，未经定作人许可，不得留存复制品或者技术资料。

(6) 共同承揽人的责任。共同承揽人对定作人承担连带责任，但当事人另有约定的除外。

2. 定作人的义务与责任

(1) 中途变更的损失赔偿。根据《民法典》合同编第七百七十七条的规定，"定作人中途变更承揽工作的要求，造成承揽人损失的，应当赔偿损失"。

(2) 定作人的协作义务。根据《民法典》合同编第七百七十八条的规定，"承揽工作需要定作人协助的,定作人有协助的义务。定作人不履行协助义务致使承揽工作不能完成的,承揽人可以催告定作人在合理期限内履行义务,并可以顺延履行期限;定作人逾期不履行的,承揽人可以解除合同"。承揽人在工作期间,应当接受定作人必要的监督检验。定作人不得因监督检验妨碍承揽人的正常工作。

(3) 支付价款的义务。《民法典》合同编第七百八十二条规定,"定作人应当按照约定的期限支付报酬。对支付报酬的期限没有约定或者约定不明确,依照本法第五百一十条的规定仍不能确定的,定作人应当在承揽人交付工作成果时支付;工作成果部分交付的,定作人应当相应支付"。定作人未向承揽人支付报酬或者材料费等价款的,承揽人对完成的工作成果享有留置权,但当事人另有约定的除外。

(4) 定作人可以随时解除合同的赔偿。根据《民法典》合同编第七百八十七条规定"定作人在承揽人完成工作前可以随时解除合同,造成承揽人损失的,应当赔偿损失"。

【例题10-4】 某厂新建一车间,分别与市设计院和市建某公司签订设计合同和施工合同。工程竣工后厂房北侧墙壁发生较大裂缝,属工程质量问题。为此,某厂向法院起诉市建某公司。经过工程质量鉴定单位勘查后,查明裂缝是由于地基不均匀沉降引起。进一步分析的结论是结构设计图纸所依据的地质资料不准,于是某厂又诉讼市设计院。市设计院答辩,设计院是根据某厂提供的地质资料设计的,不应承担事故责任。经法院查证:某厂提供的地质资料不是新建车间的地质资料,而是与该车间相邻的某厂的地质资料,事故前设计院也不知该情况。

问题:

1. 在此次事故中,市建某公司有没有责任?
2. 在此次事故中,哪方为直接责任者、主要责任者?哪方为间接责任者、次要责任者?

承揽合同(示范文本)

合同编号:_____

定作人:_____　　签订地点:_____

承揽人:_____　　签订时间:_____年___月___日

第一条 承揽项目、数量、报酬及交付期限

项目及名称	计量单位	数量	工作量(工时)	报酬		交付期限
				单价	金额	

合计人民币金额(大写):_____

(注:空格如不够用,可以另接)

第二条 技术标准、质量要求:_____。
第三条 承揽人对质量负责的期限及条件_____。
第四条 定作人提供技术资料、图纸的时间、办法及保密要求:_____。
第五条 承揽人使用的材料由____提供。材料的检验方法:_____。

第六条　定作人(是/否)允许承揽项目的主要工作由第三人来完成。可以交由第三人完成的工作是：＿＿＿＿＿＿＿＿＿＿＿＿＿＿＿＿＿＿＿＿＿＿＿。

第七条　工作成果检验标准、方法和期限：＿＿＿＿＿＿＿＿＿＿＿。

第八条　结算方式及期限：＿＿＿＿＿＿＿＿＿＿＿＿＿。

第九条　定作人在＿＿年＿＿月＿＿日前交付定金(大写)＿＿＿＿＿元。

第十条　定作人解除承揽合同应及时书面通知承揽人。

第十一条　定作人未向承揽人支付报酬或材料费的，承揽人(是/否)可以留置工作成果。

第十二条　违约责任：＿＿＿＿＿＿＿＿＿＿＿＿＿＿＿＿＿＿＿＿。

第十三条　合同争议的解决方式：本合同在履行过程中发生的争议，由双方当事人协商解决，也可由当地工商行政管理部门调解。协商或调解不成的，按下列第＿＿＿＿＿种方式解决：

1. 提交＿＿＿＿＿＿＿＿＿＿仲裁委员会仲裁。
2. 依法向人民法院起诉。

第十四条　其他约定事项：＿＿＿＿＿＿＿＿＿＿＿＿＿＿＿＿＿＿。

定作人	承揽人	鉴(公)证意见：
定作人(章):	承揽人(章):	
住所:	住所:	
法定代表人:	法定代表人:	
居民身份证号码:	居民身份证号码:	
委托代理人:	委托代理人:	
电话:	电话:	鉴(公)证机关(章)
开户银行:	开户银行:	
账号:	账号:	经办人:
邮政编码:	邮政编码:	
		年　月　日

10.7　运 输 合 同

🔘 思维导图

第10章 与建设工程相关的合同

> **带着问题学知识**
>
> 运输合同的概念和特点是什么?
> 什么是货物运输合同、多式联运合同?

货物运输合同的概念与特点请扫描下方二维码。

货物运输合同的概念与特点.doc

音频3：格式合同

10.8 实训练习

一、单选题

1. 关于建设工程价款优先受偿权的说法，正确的是(　　)。
   A. 建设工程价款优先受偿权与抵押权效力相同
   B. 未竣工的建设工程质量合格，承包人对其承建工程的价款就其承建工程部分折价或者拍卖的价款优先受偿
   C. 装饰装修工程的承包人不享有建设工程价款优先受偿权
   D. 建设工程价款优先受偿的范围包括工程款、利息、违约金、损害赔偿金等

2. 关于建设工程见证取样的说法，正确的是(　　)。
   A. 试样由取样人员作出标识、封志，由见证人员签字并对其代表性和真实性负责
   B. 涉及结构安全的试块、试件和材料见证取样和送检的比例不得低于有关技术标准中规定应取样数量的50%
   C. 见证人员应当由施工企业中具备施工试验知识的专业技术人员担任
   D. 见证人员的基本信息应当书面通知检测单位

3. 关于租赁合同期限的说法，正确的是(　　)。
   A. 租赁期限约定不明确的，推定为6个月
   B. 租赁合同未约定租赁期限的，视为不定期租赁
   C. 租赁期限超过20年的，租赁合同无效
   D. 定期租赁期限届满，承租人继续使用租赁物的，延续原租赁合同期限

二、多选题

1. 《建设工程施工合同(示范文本)》由(　　)组成。
   A. 《专用条件》　　　B. 《专用条款》　　　C. 《协议条款》
   D. 《通用条款》　　　E. 《协议书》

2. 支付担保的形式包括(　　)。
   A. 银行保函　　　　B. 履约保证金　　　　C. 抵押或者质押

D. 担保公司担保　　　E. 保留金

三、简答题

1. 什么是建设工程监理合同？建设工程监理合同有什么特点？
2. 建设工程监理合同示范文本由哪几部分构成？
3. 监理人有哪些义务和权利？
4. 委托人有哪些义务和权利？
5. 如何理解建设工程项目货物采购合同？
6. 建设工程项目货物采购合同有什么特点？
7. 建设工程项目货物采购合同的主要内容有哪些？
8. 什么是借款合同？借款合同有什么特征？
9. 什么是租赁合同？租赁合同有什么特征？
10. 什么是融资租赁合同？融资租赁合同有什么特征？
11. 如何理解承揽合同？
12. 承揽合同当事人的权利与义务有哪些？
13. 如何理解运输合同的特点？
14. 如何理解保管合同及其特点？
15. 仓储合同有什么特点？
16. 仓储合同当事人有哪些义务？

第 10 章习题答案

项 目 实 训

班级		姓名		日期	
教学项目		与建设工程相关的合同			
任务	掌握建设工程委托监理合同、工程建设项目货物采购合同、借款合同等内容；熟悉租赁、融资租金、承揽合同、运输合同等相关内容		方式		文献、资料、实际施工组织设计，参考、学习总结
相关知识		建设工程委托监理合同 工程建设项目货物采购合同 借款合同 租赁合同 融资租赁合同 承揽合同 运输合同			
其他要求		无			
学习总结记录					
评语				指导老师	

第 11 章 建设工程合同管理

🔵 **学习目标**

(1) 掌握我国建设工程合同管理的特点与模式。
(2) 了解勘察设计合同管理。

第 11 章教案

🔵 **教学要求**

第 11 章案例答案

章节知识	掌握程度	相关知识点
我国建设工程合同管理的特点与模式	掌握我国建设工程合同管理的特点与模式	建设工程项目主要特点、建设工程合同管理的模式
勘察设计合同的管理	了解勘察设计合同管理	建筑产品特点及其施工特点

🔵 **课程思政**

建筑行业作为国家的重要支柱产业之一,对国民经济有很大的影响。对于建筑工程项目,往往需要签订建筑工程合同。建筑工程合同不仅是为了指导建设工程合同当事人的签约行为,也是为了维护合同当事人的合法权益。它是工程项目管理的核心,是实现工程建设各项控制目标的重要保障。

🔵 **案例导入**

某办公楼工程,建筑面积为 2400m²,地下一层,地上十二层,筏板基础,钢筋混凝土框架结构,砌筑工程采用蒸压灰砂砖砌体。建设单位依据招投标程序选定了监理单位及施工总承包单位,并约定部分工作允许施工总承包单位自行发包。请问承包和发包有哪些要求?

第11章 建设工程合同管理

> 思维导图

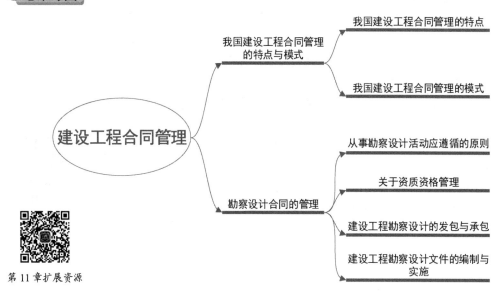

第11章扩展资源

11.1 我国建设工程合同管理的特点与模式

> 思维导图

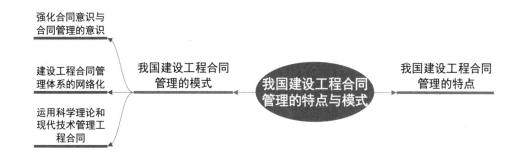

> 带着问题学知识

我国建设工程项目有哪些特点？
我国建设工程管理的模式有哪些？

11.1.1 我国建设工程合同管理的特点

我国建设工程合同管理的特点主要是由工程合同的特点所决定的。建设工程项目的特点决定了建设工程合同的特点，同时决定了建设工程合同管理与其他合同的管理是不同的。

建设工程项目主要有以下特点：

(1) 建设工程项目是一个循序渐进的过程，完成工程项目持续时间长。特别是建设工程承包合同的有效期最长，一般的建设项目要一两年的时间，还有的工程长达5年甚至更长。

(2) 由于工程价值量大，合同价格高，合同管理对经济效益的影响较大。对于承包人来说，合同管理得好，不但可以避免承包人亏本，还可以使承包人赢得利润。反之，则会使承包人蒙受较大的经济损失。

(3) 工程合同变动较为频繁。这主要是由于工程在完成过程中受内部与外部干扰的因素多造成的。

(4) 现代工程体积庞大，结构复杂，技术标准和质量标准都很高，合同管理工作极为复杂。

(5) 合同风险大。除合同自身具有的实施时间长、合同实施变动大、合同涉及面广外，合同受外界环境(例如经济条件、社会条件、法律和自然条件等)的影响大。

音频1：建设工程项目特点

11.1.2 我国建设工程合同管理的模式

1. 强化合同意识与合同管理的意识

分析过去建筑企业经营中出现的问题，我们不难发现，建筑企业的经营运作还不规范，从业者的法律意识、合同意识、合同管理意识不强，尤其缺乏对新法律法规的认识与了解。有些人认为签合同就是走过场，不认真对待合同，结果给合同履行带来不便，引起过多的纠纷。

2. 建设工程合同管理体系的网络化

针对我国建筑企业目前存在的几种企业运行模式，建筑企业的合同管理要从企业经营运作模式的实际出发，进行有针对性的合同管理。第一种情况是：建筑企业尤其是施工企业，为了更好地适应现代市场竞争，组成施工企业集团，下设众多具备独立法人资格的施工企业和其他专业公司。第二种情况是：施工企业是一家独立法人，下属多家施工队伍，以内部承包或外部挂靠性质承接工程，对外由施工企业统一签署合同，经营利润依承包或挂靠合同分享。第三种情况是：施工企业下放权力，授权下属施工队或项目部对外签订合同，施工企业定期收取管理费和利润。这种模式多见于中小型施工企业，有针对性地建立统一的合同管理体系，将合同的签订、履行和监控等权利统一加以管理。

3. 运用科学理论和现代技术管理工程合同

(1) 运用信息论、控制论、系统论管理合同。现代社会，建筑企业离开信息是没有办法生存的。信息的方法是以信息运动作为分析和处理问题的基础，完全抛开对象的具体运动形态，将管理的过程抽象为信息变换的过程，通过对信息的接收和使用过程来研究对象的特性，得出比较可靠的数据和结论，从而对合同管理整体上有个系统的认识。建筑企业对合同的管理很大程度上取决于合同全过程各环节的信息管理。

(2) 有效控制是对建筑企业进行合同管理的重要环节。合同管理可作为一个控制系统，而任何控制系统的一个基本要求就是信息反馈。信息反馈是合同管理中一种非常重要的手段，没有良好的信息反馈系统，管理者就无法对自己的各项管理活动有效地进行控制。

(3) 用系统的方法管理工程合同。建设工程合同管理是一个规模庞大、结构复杂、受外界影响特别大的系统。参与合同管理的组织、人员又不同。用系统的方法管理合同，可以更好地解决合同管理中存在的普遍问题，有效地调整合同管理的规划和设计。

(4) 用计算机辅助合同的管理。计算机以其计算速度快、精确度高、记忆能力强、能自动进行运算的特点，在现代管理中所起的巨大作用越来越多地被人们所认识。运用计算机辅助合同的管理，其优越性也很明显，可以使管理信息得到有效集中，还可以提高管理水平，减少管理滞后的现象。

11.2 勘察设计合同的管理

思维导图

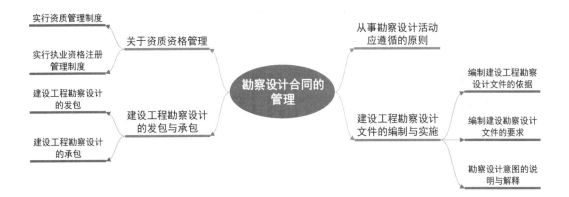

带着问题学知识

从事勘察设计活动应遵循哪些原则？
编制建设工程勘察设计文件的依据是什么？

11.2.1 从事勘察设计活动应遵循的原则

(1) 建设工程的勘察、设计应当与社会、经济的发展水平相适应，做到经济效益、社会效益和环境效益相统一。

(2) 从事建设工程勘察、设计活动，应当坚持先勘察，后设计，再施工的原则。

(3) 建设工程勘察、设计单位必须依法进行建设工程勘察、设计，严格执行工程建设强制性标准，并对建设工程勘察、设计的质量负责。

(4) 在建设工程勘察、设计活动中采用先进技术、先进工艺、先进设备、新型材料和现代管理方法。

音频 2：从事勘察设计
活动应遵循的原则

11.2.2 关于资质资格管理

1. 实行资质管理制度

建设工程勘察、设计单位应当在其资质等级许可的范围内承揽建设工程勘察、设计业务。禁止建设工程勘察、设计单位超越其资质等级许可的范围，或者以其他建设工程勘察、设计单位的名义承揽建设工程勘察、设计业务。禁止建设工程勘察、设计单位允许其他单位或者个人以本单位的名义承揽建设工程勘察、设计业务。

2. 实行执业资格注册管理制度

未经注册的建设工程勘察、设计人员，不得以注册执业人员的名义从事建设工程勘察、设计活动。

建设工程勘察、设计注册执业人员和其他专业技术人员只能受聘于一个建设工程勘察、设计单位；未受聘于建设工程勘察、设计单位的，不得从事建设工程的勘察、设计活动。

建设工程勘察、设计单位资质证书和执业人员注册证书由国务院建设行政主管部门统一制作。

11.2.3 建设工程勘察设计的发包与承包

1. 建设工程勘察设计的发包

建设工程勘察、设计发包依法实行招标发包或者直接发包。

建设工程勘察、设计应当依照《招标投标法》的规定，进行招标发包。建设工程勘察、设计方案评标，应当以投标人的业绩、信誉和勘察、设计人员的能力，以及勘察、设计方案的优劣为依据，进行综合评定。

建设工程勘察、设计的招标人应当在评标委员会推荐的候选方案中确定中标方案。但是，建设工程勘察、设计的招标人认为评标委员会推荐的候选方案不能最大限度满足招标文件规定要求的，应当依法重新招标。

依据《建设工程勘察设计管理条例》的规定，建设工程的勘察、设计，经有关主管部门批准，可以直接发包。直接发包的情况有：采用特定的专利或者专有技术的；建筑艺术造型有特殊要求的；国务院规定的其他建设工程的勘察、设计。

发包方不得将建设工程勘察、设计业务发包给不具有相应勘察、设计资质等级的建设工程勘察、设计单位。

发包方可以将整个建设工程的勘察、设计发包给同一个勘察、设计单位，也可以将建设工程的勘察、设计分别发包给多个勘察、设计单位。

2. 建设工程勘察设计的承包

除建设工程主体部分的勘察、设计外，经发包方书面同意，承包方可以将建设工程其他部分的勘察、设计再分包给其他具有相应资质等级的建设工程勘察、设计单位。

建设工程勘察、设计单位不得将所承揽的建设工程勘察、设计转包。

承包方必须在建设工程勘察、设计资质证书规定的资质等级和业务范围内承揽建设工程的勘察、设计业务。

建设工程勘察、设计的发包方与承包方应当执行国家规定的建设工程勘察、设计程序。

建设工程勘察、设计的发包方与承包方应当签订建设工程勘察、设计合同。

建设工程勘察、设计发包方与承包方应当执行国家有关建设工程勘察费、设计费的管理规定。

【例题 11-1】 某年 4 月 A 公司拟建办公楼一栋，工程地址位于 B 小区附近，A 公司委托 C 公司对工程地址进行勘察，并签订了工程合同。经过勘察、设计等阶段，该工程准备半个月后开始施工。在签订该工程的勘察合同几天后，A 公司通过其他 D 公司获得了 B 小区的勘察报告，A 公司认为可以解用该勘察报告，便通知 C 公司不在履行合同。

问题：对于上述行为，哪些公司做法错误？为什么？

11.2.4　建设工程勘察设计文件的编制与实施

1. 编制建设工程勘察设计文件的依据

编制建设工程勘察设计依据是：项目批准文件；城市规划；工程建设强制性标准；国家规定的建设工程勘察、设计深度要求。对于铁路、交通、水利等专业建设工程，还应当以专业规划的要求为依据。

2. 编制建设勘察设计文件的要求

编制建设工程勘察文件，应当真实、准确，满足建设工程规划、选址、设计、岩土治理和施工的需要。

编制方案设计文件，应当满足编制初步设计文件和控制概算的需要。

编制初步设计文件，应当满足编制施工招标文件、主要设备材料订货和编制施工图设计文件的需要。

编制施工图设计文件，应当满足设备材料采购、非标准设备制作和施工的需要，并注明建设工程合理使用年限。

设计文件中选用的材料、构配件、设备，应当注明其规格、型号、性能等技术指标，其质量要求必须符合国家规定的标准。除有特殊要求的建筑材料、专用设备和工艺生产线外，设计单位不得指定生产厂、供应商。

建设单位、施工单位、监理单位不得修改建设工程勘察、设计文件。确需修改建设工程勘察、设计文件的，应当由原建设工程勘察、设计单位修改。经原建设工程勘察、设计单位书面同意，建设单位也可以委托其他具有相应资质的建设工程勘察、设计单位修改。修改单位对修改的勘察、设计文件承担相应责任。

建设工程勘察、设计文件中规定采用的新技术、新材料，可能会影响建设工程质量和安全，在没有相关国家技术标准的情况下，应当由国家认可的检测机构进行试验、论证，出具检测报告，并经国务院有关部门或者省、自治区、直辖市人民政府有关部门组织的建设工程技术专家委员会审定后，方可使用。

3. 勘察设计意图的说明与解释

建设工程勘察、设计单位应当在建设工程施工前，应向施工单位和监理单位说明建设工程勘察、设计意图，解释建设工程勘察、设计文件。建设工程勘察、设计单位应当及时解决施工中出现的勘察、设计问题。

【例题 11-2】 甲方为建设水泥厂，委托乙勘察设计公司进行地质勘查，双方签署了《建设工程勘察合同》。合同约定甲公司于合同订立之日起支付乙公司勘察定金为合同勘察费的 30%，于乙方交付勘察文件后的 3 日内结清全部勘察费；甲方于合同订立之日提交完整的勘察基础资料，乙方按照甲方的要求进行测量和工程地质、水文地质等勘察任务，于 2012 年 10 月 8 日提交所完成的勘察文件。双方还约定了违约责任。同时，甲方还与 A 公司签订了设计合同，合同约定甲方向 A 公司提交勘察资料的时间是 10 月 9 日。

《建设工程勘察合同》签订后，甲方向乙方提交了勘察的基础资料和技术要求。乙方开始进场勘察，但是在进入现场后，乙方人员遭到当地农民的围攻，原因是征用该建设用地的青苗补偿费还没有落实，农民拒绝乙方人员进入现场。经乙方请求，甲方与当地农民达成了暂时补偿协议，对于迟延的工期，甲方与乙方签署了工期补偿的书面协议。乙方提出的条件是工期无须顺延，但甲方须补偿乙方勘察补偿费 2 万元整。但是此后，由于甲方迟迟没有将青苗补偿费落实到位，当地农民还是不断地进行干扰。乙方认为，当时甲方询问自己是否需要顺延工期的时候，自己没有同意而是拿了人家的钱，所以在情况极为艰难的情况下按照合同工期在 10 月 8 日提交了勘察文件。10 月 9 日，甲方将勘察文件提交设计单位 A 公司，经 A 公司审查发现，甲方提供的勘察资料不完全，特别是缺乏地下水资源评价、水文地质参数计算等文件。

甲方就设计公司提出的问题向乙方提出质问。但是乙方说，由于甲方没有解决好当地农民的补偿问题造成乙方勘察工作进行的困难，甲方应当承担责任，在这么短的时间内乙方能够完成到这种程度已经很不错了。甲方承认对农民的补偿没有落实，可是当时乙方不同意顺延工期，在合同约定的时间内没有全部完成合同约定的义务，乙方应当承担责任。双方协商不成，甲方将乙方告上法庭。

问题： 法院应如何处理此纠纷？请谈谈自己的看法。

11.3 实训练习

一、单选题

我国建设工程合同管理的特点主要是由(　　)的特点所决定。
　　A. 项目投资　　B. 工程合同　　C. 建设任务　　D. 合同类型

二、多选题

1. 建设工程项目的特点是(　　)。
　　A. 时间长　　　　　　B. 结构复杂　　　　　C. 风险大
　　D. 合同变化频繁　　　E. 合同管理影响大
2. 勘察设计合同对资质资格的管理实行的制度是(　　)。
　　A. 执业资格注册管理制度　　　B. 技术管理制度
　　C. 责任制度　　　　　　　　　D. 资质管理制度
　　E. 审批制度

三、简答题

1. 我国建设工程合同管理有哪些特征？
2. 如何建立建设工程合同管理模式？
3. 从事勘察设计活动应当遵循的原则有哪些？
4. 如何对勘察设计单位资质进行管理？
5. 建设工程勘察设计文件编制的依据是什么？

第11章习题答案

项 目 实 训

班级		姓名		日期	
教学项目	建设工程合同管理				
任务	了解建设工程合同管理及勘察设计合同管理		方式	查阅文献、资料，完成学习总结	
相关知识	我国建设工程合同管理的特点与模式 勘察设计合同的管理				
其他要求	无				
学习总结记录					
评语				指导老师	

第 12 章　建设工程合同的谈判、签订与审查

学习目标

(1) 熟悉建设工程合同的谈判。
(2) 掌握建设工程合同的签订与审查。

教学要求

章节知识	掌握程度	相关知识点
建设工程合同的谈判	熟悉建设工程合同的谈判	合同谈判的准备工作、策略和技巧
建设工程合同的签订与审查	掌握建设工程合同的签订与审查	建设工程合同签订的方式与形式、审查合同的效力和主要内容

课程思政

在经济飞速发展的今天,建筑工程在国民经济中占有很大的比重。在建筑工程中,建筑工程合同往往关乎到当事人的合法权益,对于在工程中产生的一些纠纷,建筑合同可起到保障当事人的合法权益的作用。在签订建筑合同时,也要审查合同是否有违反法律、行政法规,是否违背公序良俗。

第 12 章教案

第 12 章案例答案

视频 1:合同谈判

第 12 章扩展资源

案例导入

某钢筋混凝土结构住宅，业主与施工单位、监理单位分别签订了施工合同、监理合同。施工单位又将土方开挖、外墙涂料与防水工程分别发包给专业性公司，并签订了分包合同。合同可以对当事人的权益起到重要保障，在签订建筑工程合同时，需要对合同的哪些内容进行审查？

思维导图

12.1 建设工程合同的谈判

思维导图

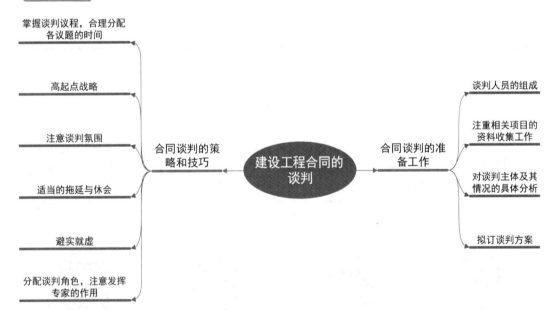

带着问题学知识

合同谈判需要做哪些准备？
合同谈判的策略有哪些？

12.1.1 合同谈判的准备工作

合同谈判要有必要的准备工作。谈判活动的成功与否，通常取决于谈判准备工作的充分程度和在谈判过程中策略与技巧的运用。合同谈判可以从以下几个方面入手。

1. 谈判人员的组成

根据所要谈判的项目，确定己方谈判人员的组成。工程合同谈判一般由三部分人员组成：①懂建筑法律、法规与政策的人员；②懂工程技术的人员；③懂建筑经济的人员。

2. 注重相关项目的资料收集工作

谈判准备工作中最不可少的工作就是收集、整理合同方及项目的各种资料。这些资料的内容包括对方的资信状况、履约能力、发展阶段、已有成绩等，还包括工程项目的由来、土地获得情况、项目目前的进展、资金来源等。这些资料的体现形式可以是己方通过合法调查手段获得的信息，也可以是前期接触过程中已经达成的意向书、会议纪要、备忘录、合同等，还可以是对方的前期评估印象和意见等。

音频1：谈判资料收集工作

3. 对谈判主体及其情况的具体分析

谈判准备工作的重要一环就是对己方和对方的情况进行充分分析。

(1) 发包方的自我分析。①签订工程施工合同之前，首先要确定工程施工合同的标的物，即拟建工程项目。②要进行招标投标工作的准备。③要对承包方进行考察。④发包方不要单纯考虑承包方的报价，而是要全面考察承包方的资质和能力，否则会导致合同无法顺利履行，受损害的还是发包方自己。

(2) 承包方的自我分析。①在获得发包方发出招标公告或通知的消息后，不应一味盲目地投标。②要注意在一些原则性问题上不能让步。③要注意到该项目本身是否有效益，以及己方是否有能力投入或承接。权衡利弊，做深入仔细的分析，得出客观可行的结论，供企业决策层参考、决策。

(3) 对对方的基本情况的分析。①对对方谈判人员的分析。②对对方实力的分析。主要指的是对对方资信、技术、物力、财力等状况的分析。信息时代，很容易通过各种渠道和信息传递手段取得有关资料。无资质证书承揽工程、越级承揽工程、以欺骗手段获取资质证书、允许其他单位或个人使用本企业的资质证书、营业执照取得该工程的施工企业，很难保证工程质量，会给国家和人民带来无可挽回的损失。因此，对对方进行实力分析是关系到项目成败的关键所在。

(4) 对谈判目标进行可行性及双方优势与劣势分析。分析自身设置的谈判目标是否正确合理、是否切合实际、是否能为对方接受，以及接受的程度。同时要注意对方设置的谈判目标是否正确合理，与自己所设立的谈判目标的差距，以及自己的接受程度。

4．拟订谈判方案

在对上述情况进行综合分析的基础之上，应考虑到该项目可能面临的风险、双方的共同利益、双方的利益冲突，进一步拟订合同谈判方案。谈判方案中要注意尽可能地将双方能取得一致的内容列出，还要尽可能地列出双方在哪些问题上还存在着分歧，拟订谈判的初步方案，决定谈判的重点和难点，从而有针对性地运用谈判策略和技巧，获得谈判的成功。

12.1.2　合同谈判的策略和技巧

谈判是通过不断的会晤确定各方权利、义务的过程，它直接关系到谈判各方最终利益的得失。因此，谈判不是一项简单的机械性工作，而是集合了策略与技巧的艺术。常见的谈判策略和技巧有以下几种。

1．掌握谈判议程，合理分配各议题的时间

工程建设谈判涉及诸多需要讨论的事项，而各谈判事项的重要性并不相同，谈判各方对同一事项的关注程度也并不相同。成功的谈判者善于掌握谈判的进程，在充满合作气氛的阶段，对自己所关注的议题展开商讨，从而抓住时机，达成有利于己方的协议。在气氛紧张时，引导谈判进入双方具有共识的议题，一方面缓和气氛，另一方面缩小双方差距，推进谈判进程。同时，谈判者应懂得合理分配谈判时间。对于各议题的商讨时间分配应得当，不要过多地拘泥于细节性问题。这样可以缩短谈判时间，降低交易成本。

2．高起点战略

谈判的过程是各方妥协的过程，通过谈判，各方都或多或少会放弃部分利益以求得项目的进展。而有经验的谈判者在谈判之初会有意识地向对方提出苛刻的谈判条件，当然这种苛刻的条件是对方能够接受的。这样对方会过高估计自己的谈判底线，从而在谈判中更多地作出让步。

3．注意谈判氛围

谈判各方既有利益一致的部分，又有利益冲突的部分。各方通过谈判主要是维护各方的利益，求同存异，达到谈判各方利益的一种相对平衡。谈判过程中难免出现各种不同程度的争执，使谈判气氛处于比较紧张的状态。在这种情况下，一个有经验的谈判者会在各方分歧严重、谈判气氛激烈的时候采取润滑措施，舒缓压力。在我国最常见的方式是饭桌式谈判。通过餐宴，联络谈判各方的感情，拉近谈判双方的心理距离，进而在和谐的氛围中重新回到议题，使谈判议题得以继续进行。

4．适当的拖延与休会

当谈判遇到障碍，陷入僵局的时候，拖延与休会可以使明智的谈判方有时间冷静思考，在客观分析形势后提出替代性方案。在一段时间的冷处理后，各方都可以进一步考虑整个项目的意义，进而弥合分歧，将谈判从低谷引向高潮。

5. 避实就虚

谈判各方都有自己的优势和劣势。谈判者应在充分分析形势的情况下，作出正确判断，利用对方的弱点，猛烈攻击，迫其就范，作出妥协，而对于己方的弱点，则要尽量注意回避。

当然也要考虑到自身存在的弱点，在对方发现或者利用自己的弱势进行攻击时，己方要考虑到是否让步以及让步的程度，还要考虑到这种让步能得到多少利益。

6. 分配谈判角色，注意发挥专家的作用

任何一方的谈判团都由众多人士组成，谈判中应利用各人不同的性格特征，各自扮演不同的角色，有积极进攻的角色，也有和颜悦色的角色。这样有软有硬，软硬兼施，从而事半功倍。同时注意在谈判中充分发挥专家的作用。现代科技的发展使个人很难能成为各方面的专家，而工程项目谈判又涉及广泛的学科和领域。充分发挥各领域专家的作用，既可以在专业问题上获得技术支持，又可以让专家的权威性给对方以心理压力，从而取得谈判的成功。

12.2 建设工程合同的签订与审查

思维导图

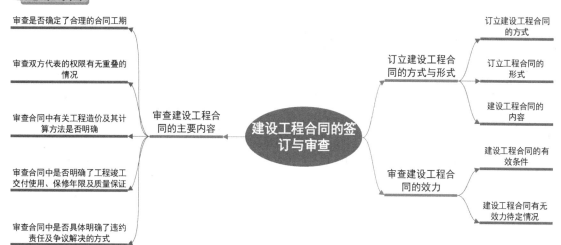

带着问题学知识

订立合同的方式有哪些？
审查建设工程合同的主要内容有哪些？

合同的订立，是指发包人和承包人之间为了建立承发包合同关系，通过对工程合同具

体内容进行协商而形成合意的过程。订立工程合同应遵循《民法典》关于合同订立的基本方式、形式，同时还要注意工程合同中的一些重要条款。

12.2.1　订立建设工程合同的方式与形式

1. 订立建设工程合同的方式

《民法典》合同编第四百七十一条规定："当事人订立合同，可以采取要约、承诺方式或者其他方式。"

关于订立合同的方式，即要约与承诺在本书合同法基本原理中已有详尽论述，此处不再重讲。建设工程合同的订立方式，更多的是通过招标投标的具体方式来进行的。根据《招标投标法》对招标、投标的规定，招标、投标、中标实质上就是要约、承诺的一种具体方式。《民法典》合同编第四百七十二条规定："要约是希望与他人订立合同的意思表示，该意思表示应当符合下列条件：内容具体确定；表明经受要约人承诺，要约人即受该意思表示约束。"

2. 订立工程合同的形式

《民法典》合同编第四百六十九条规定："当事人订立合同，可以采用书面形式、口头形式或者其他形式。"书面形式是以合同书、信件、电报、电传、传真等有形载体表现所载内容的形式。

音频2：订立工程合同的形式

以电子数据交换、电子邮件等方式表现所载内容，并可以随时调取查用的数据电文，现在也被视为书面形式。

《民法典》合同编第七百八十八条规定："建设工程合同是承包人进行工程建设，发包人支付价款的合同。建设工程合同包括工程勘察、设计、施工合同。"建设工程合同由于涉及面广、内容复杂、建设周期长、标的金额大，所以《民法典》合同编第七百八十九条规定："建设工程合同应当采用书面形式。"《民法典》合同编第七百九十条规定："建设工程的招标投标活动，应当依照有关法律的规定公开、公平、公正进行。"

《民法典》合同编第七百九十一条规定："发包人可以与总承包人订立建设工程合同，也可以分别与勘察人、设计人、施工人订立勘察、设计、施工承包合同。发包人不得将应当由一个承包人完成的建设工程支解成若干部分发包给数个承包人。"《民法典》合同编第七百九十二条规定："国家重大建设工程合同，应当按照国家规定的程序和国家批准的投资计划、可行性研究报告等文件订立。"《民法典》合同编第七百九十三条规定："建设工程施工合同无效，但是建设工程经验收合格的，可以参照合同关于工程价款的约定折价补偿承包人。"

3. 建设工程合同的内容

关于勘察设计合同、施工合同的内容，《民法典》合同编第七百九十四条、第七百九十五条分别作出了规定。例如勘察、设计合同的内容包括提交有关基础资料和概预算等文件的期限、质量要求、费用，以及其他协作条件等条款。施工合同的内容包括工程范围、建设工期、中间交工工程的开工和竣工时间、工程质量、工程造价、技术资料交付时间、材料和设备供应责任、拨款和结算、竣工验收、质量保修范围和质量保证期、双方相互协作等条款。

【例题 12-1】 某市拟修建一条越江隧道，该项目为该市规划的重点之一，且已列入地方年度固定资产投资计划，概算已被主管部门批准，征地工作尚未全部完成，施工图及有关技术资料齐全。现对该项目进行施工招标。因估计除本市施工企业参加投标外，还可能有外省市施工企业参加投标，因此业主委托咨询单位编制了两个标底，准备分别用于对本市和外省市施工企业投标进行评定。在投标截止日期前 10 天，业主书面通知各投标单位。在投标结束后，与中标单位签订工程合同。

问题：在签订工程合同时，应在施工合同中明确哪些内容？

12.2.2 审查建设工程合同的效力

1. 建设工程合同的有效条件

根据《民法典》合同编第五百零二条的规定："依法成立的合同，自成立时生效，但是法律另有规定或者当事人另有约定的除外。"合同生效，是指已经成立的合同在当事人之间产生了一定的法律拘束力，也就是通常所说的法律效力。这里所说的法律效力，并不是指合同能够像法律那样产生拘束力。合同本身并不是法律，只是当事人之间的合意，因此不可能具有法律一样的效力。所谓合同的法律效力，只是强调合同对当事人的拘束性。合同之所以能具有法律拘束力，并非来源于当事人的意志，而是来源于法律的赋予。合同生效必须具备以下条件。

(1) 行为人具有相应的民事行为能力。

行为人具有相应的民事行为能力的要件，在学理上又被称为有行为能力原则或主体合格原则。作为合同主体的自然人、法人、其他组织，应具有相应的行为能力。在建设工程合同中，订立合同的主体是发包人与承包人。无论是发包人还是承包人，在订立建设工程合同时，都必须有合法的经营资格。审查对方的资格，可以通过审查承包方法人营业执照来解决。

(2) 合同当事人意思表示真实。

意思表示是指行为人将其设立、变更、终止民事权利义务的内在意思表示于外部的行为。意思表示包括效果意思和表示行为两个要素。在实践中具体审查、确认意思表示不真实的合同是否有效，应依据法律的规定，既要考虑如何保护表意人的正当权益，又要考虑如何维护相对人或第三人的利益，维护交易安全。如果一方以欺诈、胁迫等行为，使对方在违背真实意思的情况下实施民事法律行为，那么受欺诈方或胁迫方就有权请求人民法院或者仲裁机构予以撤销。

(3) 不违反法律、行政法规的强制性规定，不违背公序良俗。

主要审查合同有无违反法律的强制性规定。所谓强制性规定，是指这些规定必须由当事人遵守，不得通过协议加以改变。此外，还要审查合同有无以合法形式掩盖非法目的、违背公序良俗。对于那些实质上损害了全体人民的共同利益，破坏了社会经济生活秩序的合同行为，都应认为是违背公序良俗。同时，将社会公共利益作为衡量合同生效的要件，也有利于维护社会公共道德。

2. 建设工程合同有无效力待定情况

(1) 审查有无限制民事行为能力人依法不能独立订立合同的情况。

《民法典》总则编第一百四十五条规定："限制民事行为能力人实施的纯获利益的民事法律行为或者与其年龄、智力、精神健康状况相适应的民事法律行为有效；实施的其他民事法律行为经法定代理人同意或者追认后有效。"相对人可以催告法定代理人自收到通知之日起三十日内予以追认。法定代理人未作表示的，视为拒绝追认。民事法律行为被追认前，善意相对人有撤销的权利。撤销应当以通知的方式作出。

(2) 审查是否有无代理权的人代订合同的情况。

无权代理主要有三种情况。①根本无代理权的无权代理。代理人在未得到任何授权的情况下，以本人的名义从事代理活动。②超越代理权的无权代理。代理人虽享有一定的代理权，但其实施的代理行为超越了代理权许可的范围。③代理权终止后的无权代理。委托代理权可能因本人撤销委托、代理期限届满等原因而终止。无权代理所产生的合同并不是绝对无效合同，而是一种效力待定合同，经过本人的追认是有效的合同。

音频3：建设工程合同有无效力待定情况

【例题12-2】某市决定对历史遗留的老城区环城水系进行改造和清淤，设计和施工所要实现的目标是既要满足河道排水的需要，又要满足美化城市环境的需要，全部工期为2年，预计投资1.2亿元。可行性研究论证、设计任务书等报市计划主管部门审核后，又报省计划委员会申请重大建设工程项目立项。在申请立项过程中，本项目的项目法人开始筹备工程的招标投标事宜，并通过招标确定了4家建设单位为中标单位，实行分段承包施工建设，工程价款采取固定总价加工程量增减价结算。但是后来省计委下达了项目立项批准书，明确指出，鉴于本项目在实施过程中涉及许多国家古文物的保护和城市发展的长远规划，对项目规划进行了部分修改，要求对原规划中没有涉及的部分旧城区进行拆除，同时增设人文景观，开挖两个人工湖，清淤泥土用于假山建设，希望通过这次改造可以达到一劳永逸的目的，为此追加项目工程款到1.8亿元。接到通知后，项目法人根据规划变化的情况，在涉及的承包段内追加了相应的工程款。但是由于各承包段内增加的工程量大小相差悬殊，有的承包人表示反对，主张对省计划委员会下达的文件中新增工程量部分和新增建设项目部分进行单独招标，在公开招标的基础上确定承包人，这种方法遭到了发包人的拒绝。对于反对强烈的个别承包人，发包人采取了单方面解除合同的做法，引起承包人的不满。部分承包人于是将发包人诉讼至法院，要求维护合法权益，维持合同的效力。

问题：法院能维护部分承包人的合法权益吗？

12.2.3 审查建设工程合同的主要内容

1. 审查是否确定了合理的合同工期

对发包方而言，工期过短，不利于工程质量以及施工过程中建筑半成品的养护；工期过长，不利于发包方及时收回投资。对承包方而言，应当合理计算自己能否在发包方要求的工期内完成承包任务，否则应当按照合同的约定承担逾期竣工的违约责任。

2. 审查双方代表的权限有无重叠的情况

在有监理委托的建设工程合同中，通常会明确甲方代表、工程师和乙方代表的姓名和职务，同时规定双方代表的权限。在合同审查时，要注意审查甲方代表、工程师在职权上有无重叠的现象。施工合同示范文本中规定，发包人派驻施工场地履行合同的代表在施工合同中也称工程师，其姓名、职务、职权由发包人在专用条款内写明，但职权不得与监理单位委派的总监理工程师职权相互交叉。

由于代表的行为即代表了发包方和承包方的行为，审查合同时，有必要对双方代表的权利范围以及权利限制做一定约定。例如，在施工合同中约定确认工程量增加、设计变更等事项，只需代表签字即发生法律效力，作为双方在履行合同过程中达成的对原合同的补充或修改。再如，确认工期是否可以顺延，应由甲方代表签字并加盖甲方公章方可生效。

3. 审查合同中有关工程造价及其计算方法是否明确

工程造价条款是工程施工合同的必备和关键条款，但通常会发生约定不明的情况，容易在合同履行中产生纠纷。人民法院或仲裁机构解决此类纠纷一般委托有权审理工程造价的单位进行鉴定，所需时间比较长，对维护当事人的合法权益极为不利。审查工程合同造价应从以下几个方面进行。

(1) 审查合同中是否约定了发包方按工程形象进度分段提供施工图的期限和发包方组织分段图纸会审的期限；承包商得到分段施工图后，提供相应工程预算以及发包方批复同意分段预算的期限。经发包方认可的分段预算是该段工程备料款和进度款的付款依据。

(2) 审查在合同中是否约定了承包商应按发包方认可的分段施工图组织设计和分段进度计划组织基础、结构、装修阶段施工。

(3) 审查在合同中是否约定承包商完成分阶段工程，并经质量检查符合合同约定的，可向发包方递交该进度阶段的工程决算的期限，以及发包方审核的期限。同时还要审查是否约定了发包方支付承包商分阶段预算工程款的比例，以及备料款、进度、工作量增减值和设计变更签证、新型特殊材料差价的分阶段结算方法。

(4) 审查合同中是否约定全部工程竣工通过验收后承包商递交工程最终决算造价的期限，以及发包方审核是否同意及提出异议的期限和方法。双方约定经发包方提出异议，承包商修改、调整后双方能协商一致的，即为工程最终造价。同时还要审查是否约定了承发包双方对结算工程最终造价有异议时的委托审价机构审价，以及该机构审价对双方均具有约束力，双方均应承认该机构审定的即为工程最终造价。审查有无约定双方自行审核确定的、由约定审价机构审定的最终造价的支付，以及工程保修金的处理方法。

4. 审查合同中是否明确了工程竣工交付使用、保修年限及质量保证

合同中应当明确约定工程竣工交付的标准。如果发包方需要提前竣工，而承包商表示同意的，那么应约定由发包方另行支付赶工费用或奖励。因为赶工意味着承包商将投入更多的人力、物力、财力，劳动强度增大，损耗亦会增加。明确最低保修年限和合理使用寿命的质量保证。《建筑法》第六十条规定："建筑物在合理使用寿命内，必须确保地基基础工程和主体结构的质量。"《建筑法》第六十二条规定："建筑工程实行质量保修制度。"《建设工程质量管理条例》第四十条明确规定，在正常使用条件下，建设工程的最低保修期限为：基础设施工程、房屋建筑的地基基础工程和主体工程，为设计文件规定的该工程的合理使用年限；屋面防水工程、有防水要求的卫生间、房间和外墙面的防渗漏，为 5 年；供热与供冷系统，为 2 个采暖期、供冷期；电气管线、给排水管道、设备安装和装修工程，为 2 年。其他项目的保修期限由发包方与承包方约定。建设工程的保修期，自竣工验收合

格之日起计算。

5. 审查合同中是否具体明确了违约责任及争议解决的方式

(1) 审查双方在工程合同中是否有违约责任的约定,以及违约责任规定得是否合理。违约责任的规定是双方履行合同的重要保证,也是处理合同纠纷的有力依据,还是承担不履行、不正确履行合同责任的前提条件。因此,对违约责任的约定应当具体、合理,不应笼统化。例如有的合同不论违约的具体情况而笼统地约定一笔违约金,这无法与因违约造成的损失额匹配,从而导致违约金过高或过低,是不妥当的。应当针对不同的情形作出不同的约定,例如质量不符合合同约定的标准应当承担的责任,因工程返修造成工期延长的责任,逾期支付工程款所应承担的责任。

(2) 审查合同中是否规定了解决合同争议的方式。《民法典》合同编第五百八十五条规定:"当事人可以约定一方违约时应当根据违约情况向对方支付一定数额的违约金,也可以约定因违约产生的损失赔偿额的计算方法。" 约定的违约金低于造成的损失的,人民法院或者仲裁机构可以根据当事人的请求予以增加;约定的违约金过分高于造成的损失的,人民法院或者仲裁机构可以根据当事人的请求予以适当减少。

12.3 实训练习

一、单选题

1. 工程合同谈判一般有几部分人员组成( )。
 A. 5 B. 4 C. 3 D. 2
2. 合同生效是指已经成立的合同在( )之间产生了一定的法律拘束力( )。
 A. 承包人 B. 发包人 C. 法人 D. 当事人

二、多选题

1. 建设工程合同包括哪些合同( )。
 A. 工程勘察合同 B. 工程设计合同 C. 工程施工合同
 D. 项目合同 E. 管理合同
2. 订立工程合同的书面形式包括( )。
 A. 合同书 B. 信件 C. 电传
 D. 传真 E. 电子邮件

三、简答题

1. 建设工程合同的谈判可以从哪几个方面入手?
2. 建设工程合同谈判中常见的策略和技巧有哪些?
3. 建设工程合同审查主要从哪几个方面进行?

第12章习题答案

项 目 实 训

班级		姓名		日期	
教学项目		建设工程合同的谈判、签订与审查			
任务	了解建设工程合同谈判的策略和技巧;审查建设工程合同的效力和内容		方式	查阅文献、资料,完成学习总结	
相关知识		建设工程合同的谈判 建设工程合同的签订与审查			
其他要求		无			
学习总结记录					
评语				指导老师	

第 13 章　建设工程合同的风险管理

> 🏷 **学习目标**
>
> (1) 掌握建设工程合同风险管理的相关内容。
> (2) 熟悉建设工程担保合同管理的相关内容。

🏷 **教学要求**

章节知识	掌握程度	相关知识点
建设工程合同风险管理概述	掌握建设工程合同风险管理的相关内容	建设工程合同的风险来源、应对措施等
建设工程担保合同管理	熟悉建设工程担保合同管理的相关内容	建设工程担保的概念和特点、方式、内容、要点等

🏷 **课程思政**

> 在市场经济条件下，合同是法制建设的载体，是信用经济的保证。就工程来说，合同管理贯穿于项目实施的全过程，其管理成效直接影响到施工单位利益。合同管理的关键在于事前管理，任何疏忽都有可能导致损失，而信用是履行合同的保障。工程项目的参建各方都应加强合同管理，完善合同管理制度，只有这样才能保证工程项目顺利实施，达到合同的预期目标。

第 13 章教案

第 13 章案例答案

第 13 章 建设工程合同的风险管理

案例导入

随着社会的发展与进步，人民的物质文化需求也在不断增长，涉及工程的方方面面越来越重要。然而，建设工程是一个耗时长、复杂程度大、牵连单位广泛的项目，其中每一项因素都能影响到建设工程的人身安全、施工进展和企业收益。一旦出现风险，建设工程合同便是降低风险和控制危险性的有效凭证。它是建设工程开发商和施工方之间的纽带，同时制约着双方履行各自的责任与义务。所以加强合同管理，建立完整的建设工程合同管理风险防范体系势在必行。

思维导图

13.1 建设工程合同风险管理概述

第 13 章案例答案

思维导图

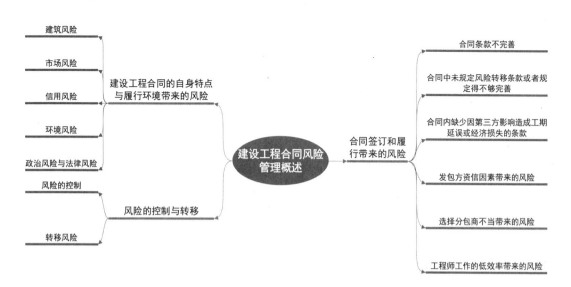

> **带着问题学知识**
>
> 建设工程合同的签订和履行具有哪些风险？
> 面对建设工程合同所具有的风险我们该怎么做？

风险，是指一种客观存在的、损失的发生具有不确定性的概率性事件。建设工程项目中的风险是指在工程项目的筹划、设计、施工建造以及竣工后投入使用的各个阶段可能遭受的风险。建设工程施工阶段风险的客观存在取决于建设工程的特点。建设工程具有规模大、工期长、材料设备消耗大；产品固定、施工生产流动性强；受地质条件、水文条件和社会环境因素影响大等特点，这些特点都不可避免地在环境、技术、经济等各方面给工程施工带来不可确定的风险。

13.1.1 合同签订和履行带来的风险

1. 合同条款不完善

建设工程合同在签订、履行过程中由于各种因素，可能会出现合同条款不完善、有漏洞的地方。例如，合同条款不全面、不完善；合同文字不细致、不严密，致使合同存在比较严重的漏洞；合同存在着单方面约束性、过于苛刻；在合同中存在合同当事人责权利不平衡条款等。

2. 合同中未规定风险转移条款或者规定得不够完善

合同中没有规定转移风险的担保、索赔、保险等相应条款或者规定得不够完善。在合同履行过程中，推行索赔制度是相互转移风险的一种有效方法。工程索赔制度在我国推行得不够普遍，合同双方对索赔的认识还很不足。从承包方、发包方对待索赔的态度上来看，索赔这种风险转移的方法尚需相当长的一段时间才能被人们所接受。对于索赔和反索赔的具体操作就更显得生疏。因此，政府主管部门和中介机构要向承发包双方不断宣传推行索赔制度，转移风险的意义，传授索赔方法，制定有关推行索赔的管理办法，使转移工程风险的合理合法的索赔制度健康地开展起来，逐步同国际工程惯例接轨。

音频1：发包方与分包商

3. 合同内缺少因第三方影响造成工期延误或经济损失的条款

建设工程合同当事人在订立合同时，往往注意对方造成工期延误或者由于对方原因造成经济损失的补救办法，而忽视了合同双方以外的第三方造成工期延误或其他经济损失的补救办法。一旦出现因第三方原因造成一方或者双方损失的情况时，合同当事人很难就此达成一致意见，这就给双方带来了不必要的麻烦和损失。

4. 发包方资信因素带来的风险

由于发包方的经济情况发生了变化，导致工程款不能及时到位甚至不能到位，合同履行于是存在一定风险。这种风险也可能是由于发包方信誉差、不诚实、有意拖欠工程款造成的。

5. 选择分包商不当带来的风险

由于选择分包商不当，会遇到分包商违约，不能按质、按量、按时完成分包工程，从而影响整个工程进度，以致发生经济损失。因此，在选择分包商及签订分包合同方面时，就要尽可能选择信誉、履约能力较好的企业，以此减少合同履行的风险。

6. 工程师工作的低效率带来的风险

在合同履行的过程中，由于发包方驻工地代表或监理工程师工作效率低，不能及时解决问题或付款，或者是发出错误的指令而造成损失。

【例题 13-1】 甲市钢材公司与本市中国工商银行签订合同。合同规定，由工商银行向钢材公司提供 150 万元贷款，借款期限为 3 年，贷款到期时，钢材公司还清借款，另付利息 30 万元。合同签订后，银行经调查，发现钢材公司经营不善，便提出终止合同。经某市某物资总公司出面说情，达成一致意见，原合同继续有效。另外，三方签订补充协议，物资公司签署保证，保证钢材公司到期将全部贷款及利息还给工商银行，并对资金使用进行监督。还款期限届至，工商银行前来催款，钢材公司只返还 100 万元，并请求工商银行允许余额 50 万元及利息 30 万元于两个月后返还。工商银行考虑到钢材公司的实际困难和与物资公司的长期良好关系，同意了钢材公司的请求，并签署了协议，但此事并未通知物资公司。到应还款之日，银行发现钢材公司账户资金所剩无几。此时，银行向人民法院起诉，要求物资公司与钢材公司负连带责任，偿还 50 万元及利息 30 万元。

问题： 物资公司还应承担担保连带责任吗？本案应由谁承担责任？

13.1.2 建设工程合同的自身特点与履行环境带来的风险

1. 建筑风险

建筑风险主要指工程建设中由于人为的或自然的原因而影响建设工程顺利完工的风险。具体而言，是指对建设工程的成本、工期、质量，以及完工造成不利影响的风险，包括设计失误、工艺不完善、原材料缺陷、工程损毁、施工人员伤亡、第三者财产的损毁或人身伤亡、自然灾害、工程间接损失等。

2. 市场风险

建筑市场是一个竞争日益激烈的市场，建筑市场并未发展成熟，在此情况下，业主有可能找不到一个有能力的适当的承包商，而承包商又会面临工程垫资、带资、无法及时收到工程款的风险，这都属于市场带来的风险。

3. 信用风险

市场体制的不健全带来的一个突出的问题就是信用。业主是否能保证按期支付工程款，承包商是否能保证保质、按期完工，在对方头脑里均是一个问号。

4. 环境风险

建设工程本身需要占用一定面积的土地。同时，有些工程项目不仅需要占用土地，还对周边环境有特定的要求。而这些项目的建设由于涉及材料、运输等方面，会对环境产生不利影响，因此工程建设不得不面对环境风险。

5. 政治风险与法律风险

稳定的政治环境会对工程建设产生有利的影响。反之，将会给各市场主体带来顾虑和阻力，加大工程建设的风险。另外，在一般涉外工程承发包合同中，都会有"法律变更"或"新法适用"的条款。一国建筑、外汇管理、税收管理、公司制度等方面的法律、法规的颁布和修订，将直接影响到建筑市场各方的权利和义务，从而进一步影响其根本利益。近年来，我国的建筑市场主体也愈发关注法律规定对其自身的影响。

【例题 13-2】某汽车制造厂土方工程中，承包商在合同标明有松软石的地方没有遇到松软石，因此工期提前一个月。但在合同中并未标明有坚硬岩石的地方遇到了更多的坚硬岩石，开挖工作变得更加困难，因此造成了实际生产率比原计划低得多，经测算影响工期 3 个月。由于施工速度减慢，使得部分施工任务拖到雨季进行，按一般公认标准推算，又影响工期 2 个月。为此承包商准备提出索赔。

问题：
(1) 该项施工索赔能否成立？为什么？
(2) 在该索赔事件中，应提出的索赔内容包括哪两个方面？
(3) 在工程施工中，通常可以提供的索赔证据有哪些？
(4) 承包商应提供的索赔文件有哪些？请协助承包商拟定一份索赔通知。

13.1.3 风险的控制与转移

1. 风险的控制

(1) 重视合同谈判，签订完善的施工合同。作为承包商宁可不承包工程，也不能签订不利的、独立承担过多风险的合同。减少或避免风险是谈判施工合同的重点，通过合同谈判，对合同条款拾遗补阙，使其尽量完善，防止不必要的风险，对不可避免的风险由双方合理分担。使用合同示范文本(或称标准文本)签订合同是使施工合同趋于完善的有效途径。由于合同示范文本内容完整，条款齐全，双方责权利明确、平衡，从而风险较小，对一些不可避免的风险进行分担，也比较公正合理。

(2) 加强合同履行管理，分析工程风险。虽然在合同谈判和签订过程中对工程风险已经发现，但是合同中还会存在词语含糊，约定不具体、不全面，责任不明确甚至矛盾的条款。因此在任何建设工程施工合同履行过程中都要加强合同管理，分析不可避免的风险，如果不能及时透彻地分析出风险，就不可能对风险有充分的准备，在合同履行中很难进行有效的控制。特别是对风险大的工程更要强化合同分析工作。

2. 转移风险

转移风险包括相互转移风险和向第三方转移风险。转移工程项目风险有以下措施。

(1) 推行索赔制度，相互转移风险。在合同履行的过程中，推行索赔制度是相互转移风险的有效方法。

(2) 向第三方转移风险。向第三方转移风险包括推行担保制度和进行工程保险。推行担保制度是向第三方转移风险的一种有法律保障的做法。我国《担保法》规定了 5 种担保方式，在建设工程施工阶段以推行保证和抵押为宜。工程保险是业主和承包商转移风险的一种重要手段。当出现保险范围内的风险、造成经济损失时,业主和承包商可以向保险公司索赔,以获得相应的赔偿。

【例题 13-3】 某施工单位(乙方)与某建设单位(甲方)签订了某项工业建筑的地基强夯处理与基础工程施工合同。由于工程量无法准确确定,根据施工合同专用条款的规定,按施工图预算方式计价,乙方必须严格按照施工图及施工合同规定的内容及技术要求施工。乙方的分项工程首先向监理工程师申请质量认证,取得质量认证后,向造价工程师提出计量申请和支付工程款。工程开工前,乙方提交了施工组织设计并得到批准。

问题:

(1) 在工程施工过程中,当进行到施工图所规定的处理范围边缘时,乙方在取得在场的监理工程师认可的情况下,为了使夯基质量得到保证,将夯基范围适当扩大。施工完成后,乙方将扩大范围内的施工工程量向造价工程师提出计量付款的要求,但遭到拒绝。试问造价工程师拒绝承包商的要求合理否?为什么?

(2) 在工程施工过程中,乙方根据监理工程师指示部分工程进行了变更施工。试问变更部分合同价款应根据什么原则确定?

(3) 在开挖土方过程中,有两项重大事件使工期发生较大的拖延:一是土方开挖时遇到了一些工程地质勘探没有探明的孤石,排除孤石拖延了一定的时间;二是施工过程中遇到数天季节性大雨后又转为特大暴雨引起山洪暴发,造成现场临时道路、管网和施工用房等施工设施损坏,运进现场的部分材料被冲走,乙方数名施工人员受伤,雨后乙方用了很多时间清理现场和恢复施工条件。为此乙方按照索赔程序提出了延长工期和费用补偿要求。试问造价工程师应如何审理?

13.2 建设工程担保合同管理

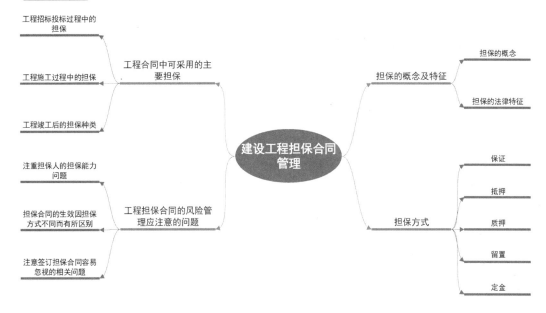

> **带着问题学知识**
>
> 建设工程中的担保主要包括哪些内容?
> 担保主要有哪些方式?
> 工程合同中采用的主要担保有哪几种?
> 工程担保合同的风险的具体内容是什么?

13.2.1 担保的概念及特征

1. 担保的概念

担保是为了保证债务的履行、确保债权的实现,在人的信用或特定的财产之上设定的特殊的民事法律制度。它与一般的民事法律关系的区别在于:一般的民事法律关系的内容即权利义务基本上处于一种确定的状态,而担保的内容则处于一种不确定的状态,即当债务人不按主合同之约定履行债务导致债权无法实现时,担保的权利义务方才确定并成为现实。

2. 担保的法律特征

(1) 担保具有附随性特征,又称从属性。担保是为了保证债权人受偿而由债务人或第三人提供的担保,具有从属于被担保的债权的性质。被担保的债权被称为主债权,主债权人对担保人享有的权利称作从债权。没有主债权的存在,从债权亦无所依托。主债消灭,可使担保之债同时归于消灭。

(2) 条件性。债权人依照担保合同行使其担保权利,只能以主债务人不履行或不能履行合同为前提条件。而在债务人已经按约定履行主债务的情形下,担保人无须履行担保义务。其中特别重要的是,在一般保证的情况下,保证人对债权人享有先诉抗辩权。

音频2: 先诉抗辩权

(3) 相对独立性。尽管担保具有从属性,但其仍然相对独立于被担保的债权。首先,担保的设立必须有当事人的合意,其与被担保的债权的发生或成立是两种不同的法律关系。其次,根据我国《担保法》的有关规定,当事人可以自行约定担保不依附于主债权而单独发生效力。即主债权无效,可以不影响担保债权的效力。

13.2.2 担保方式

我国《担保法》规定的担保方式有保证、抵押、质押、留置、定金五种。

1. 保证

(1) 保证的概念和方式。保证是指保证人和债权人约定,当债务人不履行债务时,保证人按照约定履行债务或者承担责任的行为。

保证的方式有两种,即一般保证和连带责任保证。在具体合同中,保

视频1: 担保方式

证方式由当事人约定，如果当事人没有约定或者约定不明确的，按照连带责任保证承担责任。一般保证是指保证人在保证合同中约定，债务人不能履行债务时，由保证人承担责任的保证。一般保证的保证人在主合同纠纷未经审判或者仲裁，并就债务人财产依法强制执行仍不能履行债务前，对债权人可以拒绝承担担保责任。连带责任保证是指当事人在保证合同中约定保证人与债务人对债务承担连带责任的保证。连带责任保证的债务人在主合同规定的债务履行期届满没有履行债务的，债权人可以要求债务人履行债务，也可以要求保证人在其保证范围内承担保证责任。

(2) 保证人的资格。具有代为清偿能力的法人、其他组织或者公民，可以作为保证人。但是，以下组织不能作为保证人。

① 企业法人的分支机构、职能部门。企业法人分支机构有法人书面授权的，可以在授权范围内提供保证。

② 国家机关。经国务院批准为使用外国政府或者国际组织贷款进行转贷的除外。

③ 学校、幼儿园、医院等以公益事业为目的的事业单位、社会团体。

(3) 保证合同的内容。保证合同主要有以下内容：被保证的主债权种类、数额；债务人履行债务的期限；保证的方式；保证的范围；保证期间；双方认为需要约定的其他事项。

(4) 保证责任。保证合同生效后，保证人就应当在合同规定的保证范围和保证期间内承担责任。保证担保的范围包括主债务及利息、违约金、损害赔偿金和实现债权的费用。保证合同另有约定的，按照约定。当事人对保证担保的范围没有约定或者约定不明确的，保证人应当对全部债务承担责任。一般保证的保证人未约定保证期间的，保证期间为主债务履行期届满之日起 6 个月。在保证期间内债权人与债务人协议变更主合同或者债权人转让债务的，应当取得保证人的书面同意，否则保证人不再承担保证责任。

2. 抵押

(1) 抵押的概念。抵押是指债务人或第三人不转移对《担保法》所列财产的占有，将该财产作为债权担保，债务人不履行债务时，债权人有权依照本法规定以该财产折价或者以拍卖、变卖该财产的价款优先受偿。抵押该财产的债务人或者第三人为抵押人，获得该担保的债权人为抵押权人，提供担保的财产为抵押物。

(2) 《担保法》规定可以抵押的财产。①抵押人所有的房屋和其他地上定着物。②抵押人所有的机器、交通运输工具和其他财产。③抵押人依法有权处分的国有的土地使用权、房屋和其他地上定着物。④抵押人依法有权处分的国有的机器、交通运输工具和其他财产。⑤抵押人依法承包并经发包方同意抵押的荒山、荒沟、荒丘、荒滩等荒地的土地使用权。⑥依法可以抵押的其他财产。

抵押人所担保的债权不得超出其抵押物的价值。财产抵押后，该财产的价值大于所担保债权的余额部分，可以再次抵押，但不得超出其余额部分。《担保法》同时规定，以依法取得的国有土地上的房屋抵押的，该房屋占用范围内的国有土地使用权同时抵押。以出让方式取得的国有土地使用权抵押的，应当将抵押时该国有土地上的房屋同时抵押。乡(镇)、村企业的土地使用权不得单独抵押。以乡(镇)、村企业的厂房等建筑物抵押的，其占用范围内的土地使用权同时抵押。

(3) 依法不得抵押的财产。根据《担保法》的规定，不得抵押的财产有：①土地所有权；②耕地、宅基地、自留地、自留山等集体所有的土地使用权；③学校、幼儿园、医院等以公益为目的的事业单位、社会团体的教育设施、医疗卫生设施和其他社会公益设施；④所有权、使用权不明或者有争议的财产；⑤依法被查封、扣押、监管的财产；⑥依法不得抵押的其他财产。

(4) 抵押合同的主要内容与抵押担保的范围。①抵押合同的主要内容包括：被担保的主债权种类、数额；债务人履行债务的期限；抵押物的名称、数量、质量、状况、所在地、所有权权属或者使用权权属；抵押担保的范围；当事人认为需要约定的其他事项。以无地上定着物的土地使用权、城市房地产或者乡(镇)、村企业的厂房等建筑物、林木、航空器、船舶、车辆、企业的设备和其他动产抵押的，必须向有关部门办理抵押物登记后方可生效。以其他财产抵押的，抵押合同自签订之日起生效，但当事人可以自愿办理抵押物登记。②抵押担保的范围包括主债权及利息、违约金、损害赔偿金和实现抵押权的费用。抵押合同另有约定的，从其约定。

(5) 抵押权的实现。债务人履行期届满抵押权人未受清偿的，可以与抵押人协议以抵押物折价或者以拍卖、变卖该抵押物所得的价款受偿；协议不成的，抵押权人可以向人民法院提起诉讼。抵押物折价或者拍卖、变卖后，其价款超过债权数额的部分归抵押人所有，不足部分由债务人清偿。同一财产向两个以上债权人抵押的，拍卖、变卖抵押物所得的价款按照以下规定清偿。①抵押合同已登记生效的，按照抵押物登记的先后顺序清偿；顺序相同的，按照债权比例清偿。②抵押合同自签订之日起生效的，该抵押物已登记的，按照已登记的先于未登记的顺序受偿。未登记的，按照合同生效时间的先后顺序清偿，顺序相同的，按照债权比例清偿。

3. 质押

(1) 质押的概念。质押，是指债务人或第三人转移财产(动产)或权利的占有，将之作为债权担保。债务人不履行债务时，债权人有权以该动产或权利折价或者以拍卖、变卖该动产的价款优先受偿。质押动产或权利的债务人或者第三人为出质人，获得该担保的债权人为质权人，移交的动产为质物。质押与抵押的主要不同在于出质人向质权人转移质物的占有，而抵押物在抵押期间仍由抵押人占有。

(2) 质押合同的主要内容与担保范围。质押合同的主要内容包括：被担保的主债权种类、数额；债务人履行债务的期限；质物的名称、数量、质量、状况；质押担保的范围；质物移交的时间；当事人认为需要约定的其他事项。质押合同自质物移交于质权人占有时生效。

质押担保的范围包括主债权及利息、违约金、损害赔偿金、质物保管费用和实现质权的费用。质押合同另有约定的，按照约定。

(3) 质押的分类。质押可分为动产质押与权利质押。动产质押是指债务人或者第三人将其动产移交债权人占有，将该动产作为债权的担保。

权利质押一般是将权利凭证交付质押人的担保。根据《担保法》的规定，可以质押的权利包括：汇票、支票、本票、债券、存款单、仓单、提单；依法可以转让的股份、股票；依法可以转让的商标专用权、专利权、著作权中的财产权；依法可以质押的其他权利。

音频3：仓单、提单

4. 留置

留置，是指债权人按照合同约定占有对方的动产，当债务人不按合同约定的期限履行债务时，债权人有权依照法律规定留置该财产，以其折价、拍卖或变卖的价款优先受偿。

依据《担保法》的规定，能够留置的财产仅限于动产，且只有因保管合同、仓储合同、运输合同、加工承揽合同发生的债权，债权人才可能实施留置。

5. 定金

当事人可以约定一方向对方给付定金作为债权的担保。债务人履行债务后，定金应当抵作价款或者收回。给付定金的一方不履行约定的债务的，无权要求返还定金；收受定金的一方不履行约定的债务的，应当双倍返还定金。定金的数额由当事人约定，但不得超过主合同标的额的20%。

【例题13-4】 A汽车制造厂因急需钢材，于2010年7月与B金属材料公司签订一份钢材购销合同，约定由B公司将该公司三种型号的钢材供应给A汽车制造厂。合同签订后，B公司按期将货送至汽车制造厂。该厂经验收合格后，支付了全部货款。时隔几日，C机械加工厂派代表到A汽车制造厂，称B公司提供给该厂的三种型号钢材中的两种型号货物系抵押物，机械加工厂是这两种型号钢材的抵押权人，该厂代表还出示了两种型号钢材的抵押资料和经公证的抵押合同书。汽车厂不愿交出这批钢材，机械厂坚持要运走这批货物，经多次协商，双方意见未能统一。A汽车制造厂便提起诉讼，将B金属材料公司起诉到法院。法院经审理确认这两种型号的钢材的抵押权属于C机械加工厂，判决B金属材料公司向A汽车制造厂承担权利瑕疵担保责任。

问题：人民法院的判决符合法律规定吗？为什么？

13.2.3 工程合同中可采用的主要担保

1. 工程招标投标过程中的担保

从招标方角度而言，招标单位应当具备《招标投标法》所规定的招标人应当具备的条件。例如，应符合《招标投标法》第九条的规定，即招标人应当有进行招标项目的相应资金或者资金来源已经落实，并应当在招标文件中如实载明。但在实践中往往会出现中标后投标人才发觉招标人资金不到位的情况。因此，招标人为证明自己有履约能力，大多以银行保函的形式担保其将来之债务的履行，即将已落实的一定金额的建设资金交给银行，设立专门账户，由该银行进行监管，并对投标人出具银行保函。

从投标方角度而言，投标担保在我国应用较为普遍。投标担保是履约担保的前奏，它的主要作用在于保证投标方在要约有效期内不撤回要约及在中标后与招标方签订承发包合同，并提供履约担保。履约担保的具体的方式是履约保证金或银行保函。

2. 工程施工过程中的担保

(1) 承包商履约担保。这里的承包商履约担保是狭义上的履约担保，仅指承包商为保证履行自己的合同责任而向发包方提供的担保。在承包商履约担保中，提供担保方是承包方，接受担保方是发包方，担保的内容是保证承包方按照承发包合同的约定履行一切责任和义务，如有违反，担保方将向发包方承担违约责任。承包商履约担保的有效期始于工程开工之日，终止日期可约定为工程竣工交付之日或保修期满之日。

(2) 业主付款担保。业主以设定担保方式保证其向承包方履行付款的义务，这就是业主付款担保。在业主付款担保中，提供担保方是发包方，接受担保方是承包方，担保的内容是保证发包方按照承发包合同约定的付款数额及支付方式向承包方付款，如果其超过一定时间没有足额付款，那么担保方或发包方自身将承担违约及损失赔偿责任。该担保开始的时间也是工程开工之日，终止的时间应为合同约定的最后一笔工程款付清之日，但其中作为保修金留存的款项可除外，因其可通过保修金支付担保的方式解决。

3. 工程竣工后的担保种类

工程竣工后，承包商仍然负有在保修期内予以保修的义务。它的作用在于保证当工程在交付后出现质量缺陷时，承包商能够及时履行保修义务。在保修担保中，提供担保方是承包方，接受担保方是发包方。担保的内容是承包商保证按照保修合同或条款的约定完成保修义务，如有违反，担保方或承包方自身将承担违约及损失赔偿责任。该担保始于保修期开始之日，一般指工程交付使用之第二日；终止的时间难以确定。鉴于目前工程各部分的保修期限长短不一，法定最低年限中最长的是地基基础工程和主体结构工程，合理使用寿命多达几十年甚至上百年，最短的仅几年，因此保修担保的期限在目前的实际操作中有一定难度。应当在这方面做进一步研究。

13.2.4 工程担保合同的风险管理应注意的问题

不论是作为债权人、债务人或担保人，工程担保合同的签订均涉及其重大经济利益：债权人在一定程度上分解了经营风险，债务人加重了履约的负担，担保人则无形中多负担了一定风险。因此，各方当事人均须审慎签订工程担保合同。在签订工程担保合同时，尤其应该注意以下几个问题。

1. 注重担保人的担保能力问题

(1) 担保人资格问题。担保人应当符合《担保法》规定的主体资格的条件。担保人应当是有足够代偿能力的法人、其他组织或者公民。《公司法》第十三条规定，公司可以设立分公司，分公司不具有企业法人资格，其民事责任由公司承担。公司可以设立子公司，子公司具有企业法人资格，依法独立承担民事责任。如果公司作为担保人，就要考虑该公司是否具有法人资格，能否提供担保。《公司法》第六十条规定，董事、经理不得以公司资产为本公司的股东或者其他个人债务提供担保。若公民作为保证人，应当是具有完全民事行为能力的人。

(2) 担保人的实际履行能力问题。这种能力一方面指担保的经济能力，例如，作为保证人是否有足够的资信，作为抵押人是否实际合法拥有抵押物的所有权等。一个注册资金仅为几十万元人民币且经营状况欠佳的企业是绝不能为上百万乃至上千万元的债务清偿提供担保的。另一方面指担保的履行能力，例如在母公司保证中，作为发展商的保证人的母公司是否有房地产开发的经营范围和资质；在同业保证中，承包商的保证人是否具有代为履行的经营范围和相应资质，如无此经营范围和资质，该保证人就不能代承包商履约，其承诺的代为履行的担保依法不能实现，而只能由其承担连带赔偿的担保责任。所以，一家仅有三级资质的工程施工企业是不能为必须由一级资质施工企业施工的项目的承包方提供代为履行担保的。

2. 担保合同的生效因担保方式不同而有所区别

我国《担保法》规定了五种担保方式，同一担保方式因担保物的不同，其生效条件也不尽相同。在实践中，当事人往往认为签订了担保合同也就设定了担保，而不了解有些担保是须经法定程序才能有效，因而出现担保合同无效或者担保虚设的情况。

(1) 关于保证担保。《担保法》并未对保证合同的生效做明文规定，而是赋予当事人自行约定保证合同的生效条件。当事人一般约定保证合同自各方当事人签字盖章之日起生效，也可以约定其他生效条件，例如经司法公证等。

(2) 关于抵押担保。因抵押标的物的不同，生效的条件也不同。例如，当事人以土地使用权、城市房地产、林木、航空器、船舶、车辆等财产抵押的，应当办理抵押物登记手续，抵押合同自登记之日起生效。当事人以其他财产抵押的，可以自愿办理抵押登记手续，抵押合同自签订之日起生效。当事人未办理抵押物登记的，不得对抗第三人。由此可以看出，抵押担保方式关于抵押合同生效有两种不同的生效条件。一种是必须履行抵押物登记才生效的抵押担保；另一种是法律授权给抵押合同当事人，由合同当事人决定抵押物是否登记，抵押合同自签订之日生效。

(3) 质押担保。质押担保可分为动产质押与权利质押两种。动产质押合同自质押物移交给质押权人占有时生效。权利质押情况较为复杂，例如以汇票、支票、本票、债券、存款单、仓单、提单等作为质物的质押合同，自权利凭证交付之日起生效；以依法可转让的股票作为质物的质押合同，自合同向证券登记机关办理登记之日起生效；以有限责任公司的股份作为质物的质押合同，自股份出质载于规定名册之日起生效；以依法可以转让的商标专用权、专利权、著作权中的财产权出质的质押合同，自管理部门登记之日起生效。

3. 注意签订担保合同容易忽视的相关问题

13.3 实训练习

注意签订担保合同容易忽视的相关问题.doc

一、单选题

1. 债务人将动产或权利移交给债权人进行担保的方式为(　　)。
   A. 保证　　　　B. 抵押　　　　C. 质押　　　　D. 留置
2. 我国《担保法》规定，采用抵押担保时，其抵押物应当是(　　)。
   A. 交付动产　　　　　　　　B. 交付不动产
   C. 货币　　　　　　　　　　D. 只交付不动产的法律文书

二、多选题

1. 下列建设工程施工合同的风险中，属于管理风险的有(　　)。
   A. 政府工作人员干预　　　　B. 环境调查不深入
   C. 投标策略错误　　　　　　D. 汇率调整
   E. 合同条款不严密
2. 下列属于项目外界环境风险的有(　　)。

A. 社会动乱造成工程施工中断　　B. 承包商的技术能力
C. 物价上涨　　D. 业主的受付能力差
E. 百年不遇的洪水

三、简答题

1. 试析签订合同与履行合同可能带来的风险。
2. 试析建设工程合同自身的特点与履行环境带来的风险。
3. 风险如何控制与转移？
4. 什么是担保？担保有哪些法律特征？
5. 担保方式有哪些？
6. 什么是保证？保证的方式有哪几种？
7. 哪些组织不能作为保证人？
8. 保证合同的内容有哪些？
9. 什么是抵押？哪些财产可以抵押？
10. 依法不能抵押的财产有哪些？
11. 什么是质押？质押有哪几种形式？
12. 工程担保合同的风险管理应注意的问题有哪些？
13. 工程保险的含义是什么？有什么特点？
14. 工程保险的种类有哪些？
15. 如何对保险合同进行管理？

第 13 章习题答案

项 目 实 训

班级		姓名		日期	
教学项目		建设工程合同的风险管理			
任务	掌握建设工程合同风险管理的相关内容 熟悉建设工程担保合同管理的相关内容		方式	文献、资料、实际施工组织设计，参考、学习总结	
相关知识		建设工程合同风险管理概述 建设工程担保合同管理			
其他要求		无			
学习总结记录					
评语				指导老师	

参 考 文 献

[1] 朱宏亮. 建设法规[M]. 武汉：武汉理工大学出版社，2018.

[2] 代春泉. 建设法规[M]. 北京：清华大学出版社，2018.

[3] 陈东佐. 建筑法规概论[M]. 5版. 北京：中国建筑工业出版社，2018.

[4] 住房和城乡建设部高等学校土建学科教学指导委员会. 建设法规教程[M]. 北京：中国建筑工业出版社，2018.

[5] 徐雷. 建设法规与案例分析[M]. 北京：科学出版社，2018.

[6] 皇甫婧琪. 建设工程法规[M]. 北京：北京大学出版社，2018.

[7] 常丽莎，洪艳，邓小军. 建筑法规[M]. 2版. 杭州：浙江大学出版社，2020.

[8] 全国二级建造师执业资格考试用书编写委员会. 建设工程法规及相关知识[M]. 北京：中国建筑工业出版社，2021.